各种钩织方法一应俱全

从零开始玩钩针

最详尽的小物件编织教科书

日本宝库社　编著
甄东梅　译

河南科学技术出版社
· 郑州 ·

目 录

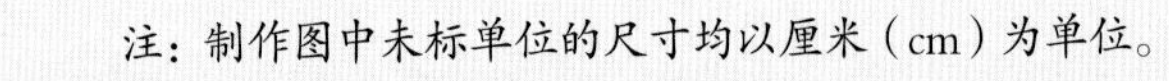

注：制作图中未标单位的尺寸均以厘米（cm）为单位。

钩织开始的第一步

需要了解和掌握的钩针编织基础

有些钩针编织的作品，看起来可能比较难织，但在实际编织时用最基础的编织技巧就可以解决了。肯定也有一些朋友特别想尝试一下钩针编织，但却不知道从何下手。为了让更多的朋友能够体会到钩针编织的乐趣，本书决定从准备工作入手，为大家详细介绍各种钩织方法。即使是初学者，如果能够很好地掌握和运用本书介绍的各种基本钩织方法，在以后的钩织过程中，不管碰到什么样的作品，都不会束手无策的!

STEP1 开始钩织之前

如果你抱着“想尝试用钩针编织一些小东西”这种想法的话，不妨先想一下到底想编织什么样的作品。这样做不仅能降低编织过程中失败的可能性，还能创作出自己最想要的作品，是不是非常好的选择呢?你也可以经常到书店或手工艺品店中寻找灵感。

●什么是钩针编织?

编织，从广义上划分为棒针编织和钩针编织两类。
对于初学者来说，推荐先学习钩针编织的各种方法。
钩针是一种手柄前面带钩的针，用一根钩针就可以钩织出各种花样。
在编织装饰品或包包等小物件时，钩针编织是非常方便的，不仅完成的速度快，而且准备起来也方便，不会耽误很多时间。

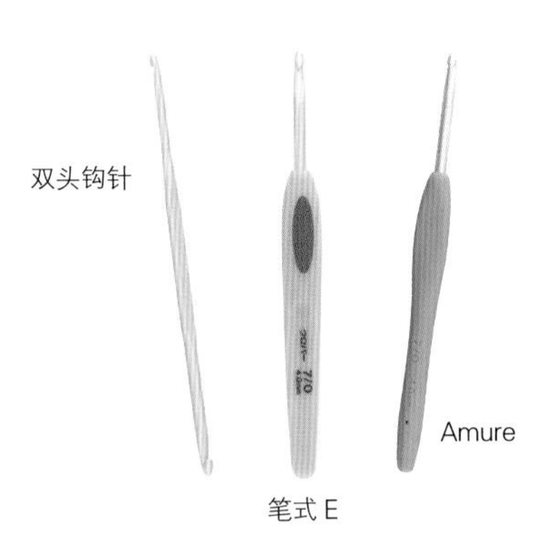

●有代表性的钩针编织方法

花片钩织

花片可以钩织成圆形、四边形、六边形、花形等各种不同的形状。第一次用钩针的朋友们，推荐按照这种方法钩织。

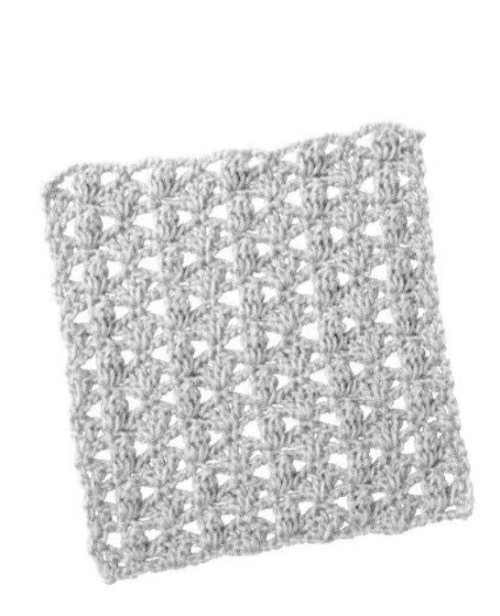
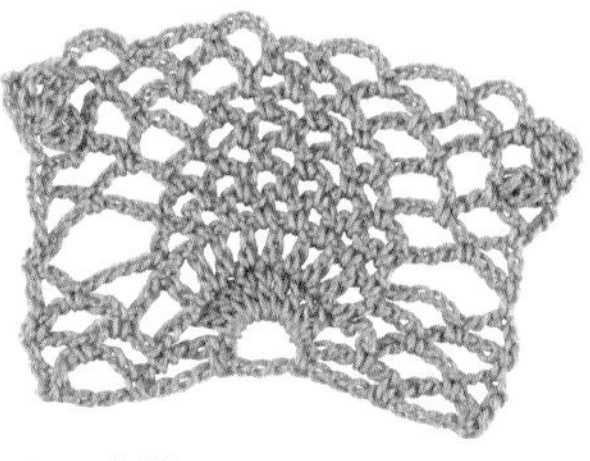

编织花样

编织花样是把扇形花样、菠萝花样等在织片中间嵌入的编织方法的总称。这种编织方法适合对钩针编织技巧掌握较熟练的朋友。

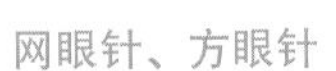

网眼针、方眼针

花样看起来就像网眼或方形孔似的。它们虽然只是编织花样的一种，但就是这种最基础的编织方法也能够完成围巾等大件的作品。

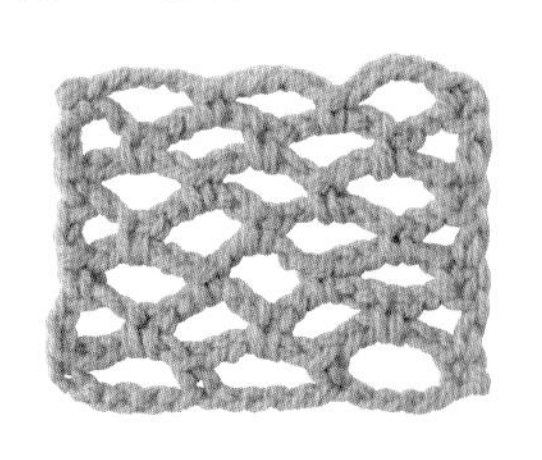
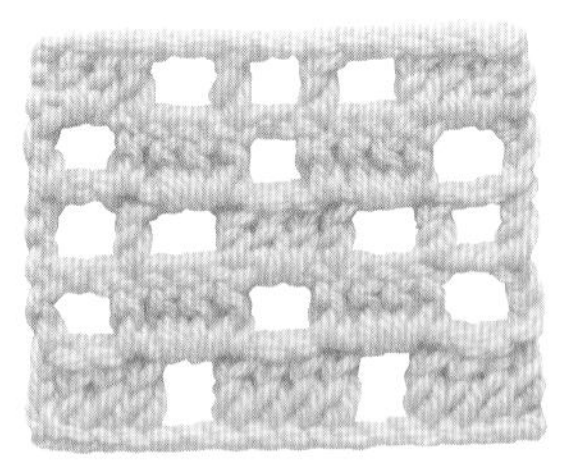

STEP2 请准备好线和钩针

为了使完成的织片漂亮、大方，一定要结合作品的特征选择合适的线和钩针。
对于初学者来说，建议使用针目清晰的平直毛线。
如果找到自己想钩织的作品，可以参照其制作材料来选择要使用的线和钩针。

●钩织小物件时需要准备的东西

在用钩针编织围巾、帽子、包包等时，要准备好需要的线和钩针。
如果是想尝试着钩织一下本书介绍的作品，
请事先准备好“材料和工具”中介绍的线和钩针。

线

如果决定了要钩织的作品，请先选择适合该作品的线。一般情况下，秋冬季的小物会使用羊毛线，春夏季的小物会使用亚麻线或者棉线。线的材质和粗细等会在每团线的标签上明确注明，所以在使用之前一定要认真确认。

→p.6 有详细的说明

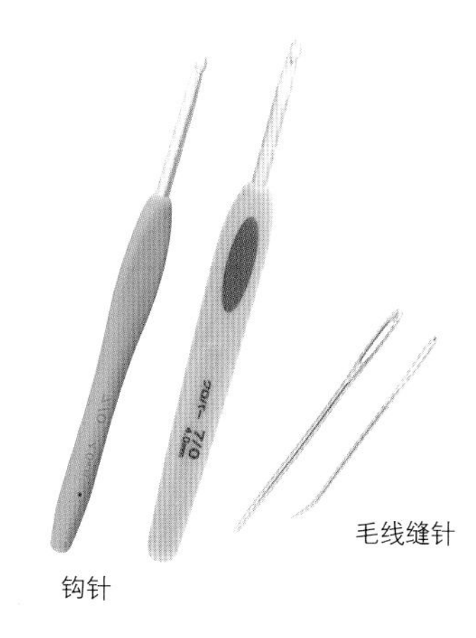
毛线缝针
钩针

钩针

钩针是把针的前端做成钩子的形状，这样能够保证在钩织的时候更好地钩住线。在钩织时，要根据线的粗细选择不同的钩针。线和钩针的粗细不同，完成品的大小也会不同，所以在选择的时候一定要注意。毛线缝针是在对织物进行收尾，处理线头或者连接织片时用。

→p.7 有详细的说明

Column

工具 / 可乐

有了这些小工具，编织会更方便！

除了钩针，如果还能准备好其他专用工具，绝对可以让你的编织工作进展得更加顺利，而且在易错行的确认、针目或者织片的形状调整上也能发挥作用，绝对是提高钩织效率，让编织工作更加轻松有趣的首选。哦，对了，也不要忘记准备剪刀和尺子。

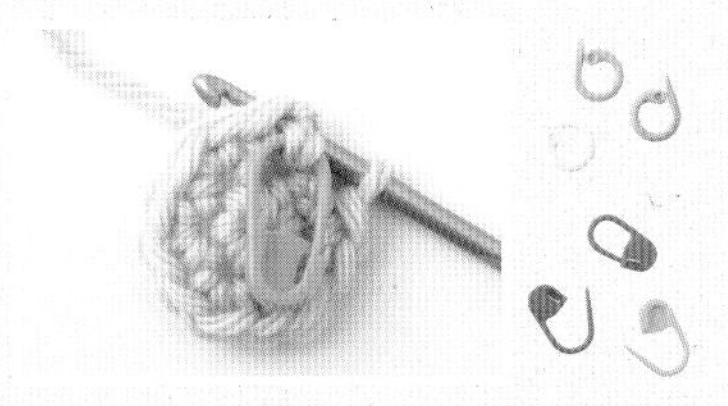

行数环、行数记号圈

在分行处或者加、减针的位置使用行数环或行数记号圈的话，编织途中就不需再费力去数针目，而且还可以保证编织工作的顺利进行。同时也推荐在连接织片时使用。

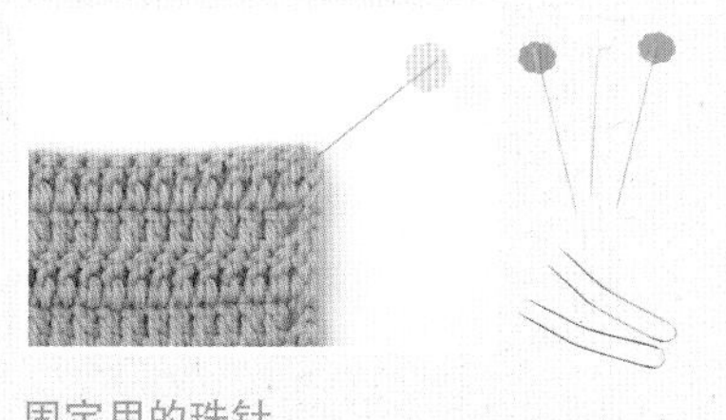

固定用的珠针

完成钩织后，用珠针按照成品的尺寸固定。固定好的织片用蒸汽熨斗熨烫，可以调整织片的针目、形状等。

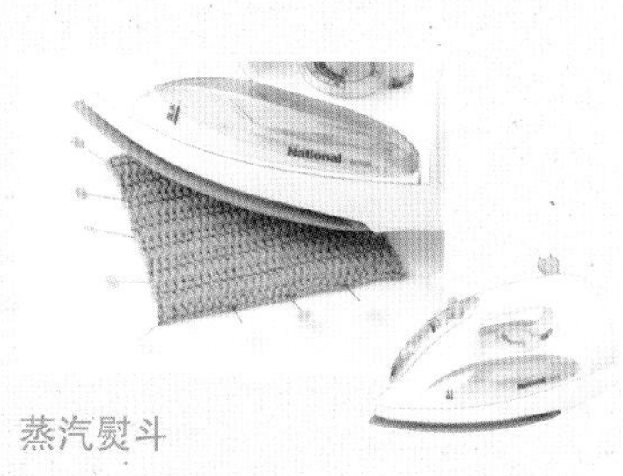

蒸汽熨斗

还需要准备一个蒸汽熨斗。在使用时，不要把熨斗直接放到织片上，而是要稍稍悬在织片上，通过蒸汽对织片的形状和边缘的卷曲等进行调整。

关于线

钩针编织使用的线从极细到超级粗，粗细程度不同。
而且线的材质和形状也非常多样，所以可以根据用途来选择。

●标签的看法

线团上一定会附有和线有关的各种信息（如右图）。在手工艺品店挑选线时，一定要记得先看标签。在挑选线之前，一定要收集好编织作品需要使用的线的种类、使用量、用几号钩针编织等信息，这样在挑选线的时候就会非常方便了（如果已经决定使用哪种线的话，一定不要忘记确认制造商、线号、色号等）。

用不同标记表示洗涤、完成时候的注意事项

使用棒针编织时适合的针号（针的粗细）

色号和批次。知道这些色号，如果在编织中途线不够时，找起来就会很方便。不过因为生产批次不同，色号相同的线，有时也会有一定的色差。购买时要注意

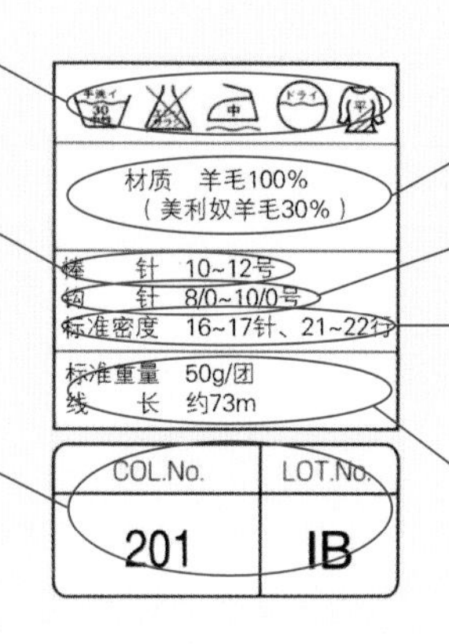

线的材质。虽然都是羊毛线，不过本品添加了 30% 柔软而且很有人气的美利奴羊毛

使用钩针编织时适合的针号（针的粗细）

用推荐的针号（多数情况下以棒针为基准）编织时，在 10cm×10cm 的面积内，所包含的针目、行数

1 团线的重量和长度。重量相同的线团因线的粗细程度不同，线的长度也不同

●线的粗细

线从极细到超级粗，有各种不同的类型。即使是相同类型的线，在粗细程度上也会有细微的差异，所以在钩织的时候不要忘记确认织片的尺寸。

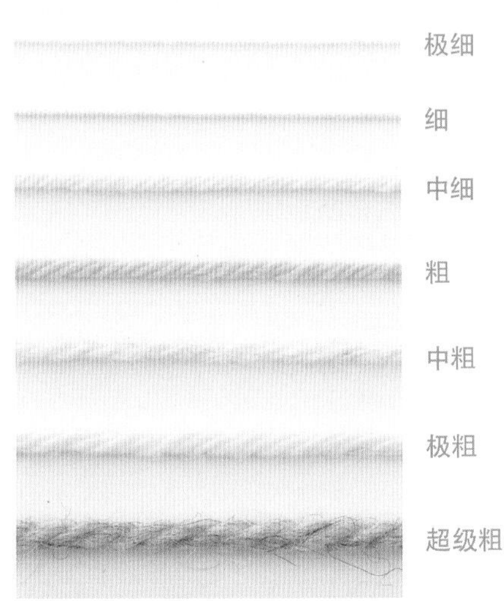

（实物粗细）

●线的种类

平直毛线对于初学者来说是比较容易钩织的。用带金线的或者是花式毛线编织的话，成品会呈现出不同的感觉。而且使用不同材质的线，钩织的手感也会完全不同，这也是钩针编织时非常令人期待的一点。

羊毛线

使用羊毛制作的，保暖性能好，色彩丰富，是冬季用的基本款毛线。羊毛线系列的平直毛线非常适合花片编织、镂空编织、配色花样编织等。

蕾丝线

使用棉线或者丝绸制成的细线，非常适合编织装饰品或者小杯垫。非常细的线可以用蕾丝钩针编织。

棉线

因其吸水性非常好，而且手感柔软，所以很受欢迎，非常适合用来编织包包或者装饰品等小物件。柔和的色调也是棉线的特色之一。

亚麻线

用亚麻材料制成的线，最显著的特征就是有光滑的手感以及自然的色调。亚麻线有一定的张力，可以广泛地应用在日用小物件或者是衣物的编织上。

花式毛线

花式毛线分为圈圈毛线、毛脚很长的毛线等。其多变性使毛线本身就能呈现出不同的感觉。虽然编织的时候针目会不容易看清，但因成品独特，会显得非常与众不同。

关于钩针

钩针分为单头钩针、双头钩针、带手柄的钩针等。在挑选钩针时，一定要根据线的粗细选择。虽然钩针有金属材质和塑料材质之分，但因为线本身的光滑程度有差异，所以一定要选择比较容易上手的钩针。

●钩针的粗细

钩针的粗细用号数来表示，数字越大钩针越粗，10/0 号以上以毫米（mm）（针轴的直径）为单位来表示。
在钩织作品时，按照使用线标签所注明的钩针使用标准选择就可以。下表为钩织时候的一般标注，请参考！

<table>
<tr><th>钩针的粗细（实物大小）</th><th>号数</th><th colspan="7">毛线</th></tr>
<tr><td></td><td>2/0 号</td><td>极细
2 根线</td><td rowspan="2">细
1 根线</td><td></td><td></td><td rowspan="3"></td><td rowspan="5"></td><td rowspan="7"></td></tr>
<tr><td></td><td>3/0 号</td><td rowspan="9"></td><td rowspan="2">中细
1 根线</td><td rowspan="3">粗
1 根线</td></tr>
<tr><td></td><td>4/0 号</td><td rowspan="8"></td></tr>
<tr><td></td><td>5/0 号</td><td rowspan="6"></td><td rowspan="2">中粗
1 根线</td></tr>
<tr><td></td><td>6/0 号</td><td rowspan="5"></td></tr>
<tr><td></td><td>7/0 号</td><td rowspan="4"></td><td rowspan="3">极粗
1 根线</td></tr>
<tr><td></td><td>7.5/0 号</td></tr>
<tr><td></td><td>8/0 号</td><td rowspan="3">超级粗
1 根线</td></tr>
<tr><td></td><td>9/0 号</td><td rowspan="2"></td></tr>
<tr><td></td><td>10/0 号</td></tr>
</table>

Column

其他工具

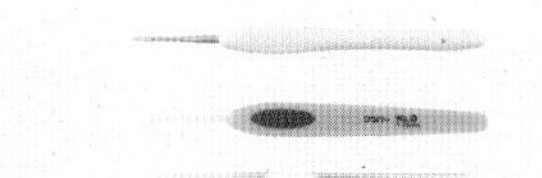

蕾丝针

我们把比 2/0 号针还要细的针叫作蕾丝针。一般的蕾丝针型号按照 0~12 号表示，不过与钩针不同的是数字越大针越细。

超粗钩针

我们把比 10/0 号针还要粗的针叫作超粗钩针，这种钩针的大小不是用号数表示，而是用针轴的直径，以毫米（mm）为单位表示。

其他“针”

毛线缝针

毛线缝针主要是在连接织片或者在织片收尾，处理线头时使用。因为针尖是圆形的，所以在连接织片时可以防止毛线断裂。但是要根据毛线的粗细程度选择不同型号的缝针。

STEP3 符号图的看法

钩针编织是把各种编织符号组合后，按照符号图进行编织的一种方法。
符号图上的所有符号都是从正面看到的针目的状态。
只要能够掌握符号的解读方法，一定可以顺利地进行编织。

●往返编织

往返编织时，每行都要翻面，从右向左编织。
符号图上立织的锁针针目，右侧的每行是从正面开始编织，左侧的每行是从反面开始编织。
正面开始编织的行，其符号图是从右向左编织；
反面开始编织的行，其符号图是从左向右编织的，所以针目的正、反面会交替出现。

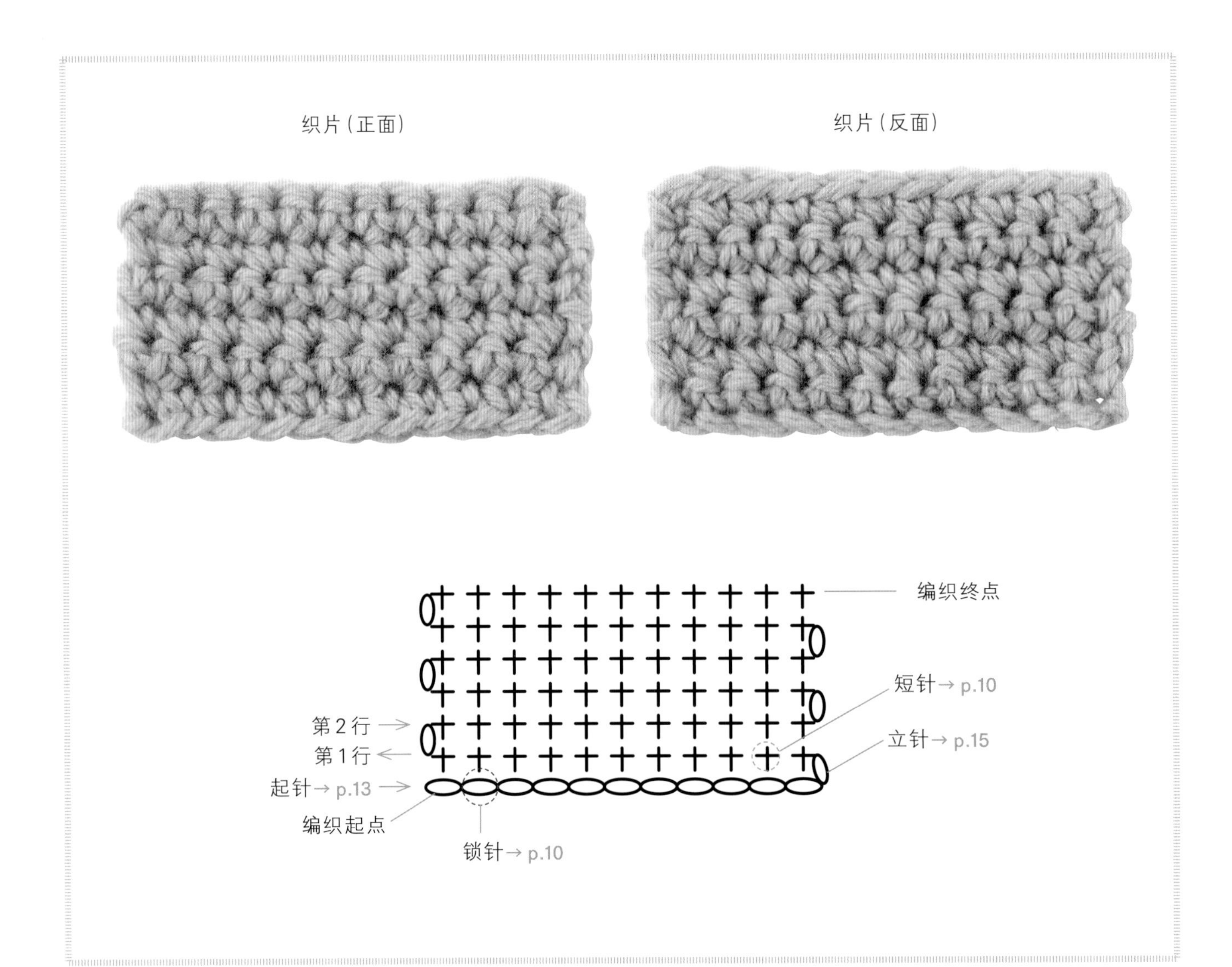

●环形编织

从符号图的中心开始一圈一圈地编织时，一般只需要在编织的时候确认织片的正面，而且编织的方向基本上都是逆时针。
编织起点也有不同，有的是在起点用线做成环（p.18），或者是用锁针连成环形（p.20）。
一般是在每行的最后编织引拔针，然后在下一行做立针编织，但是也有不用立针编织的情况。
针目只在织片的正面可见。

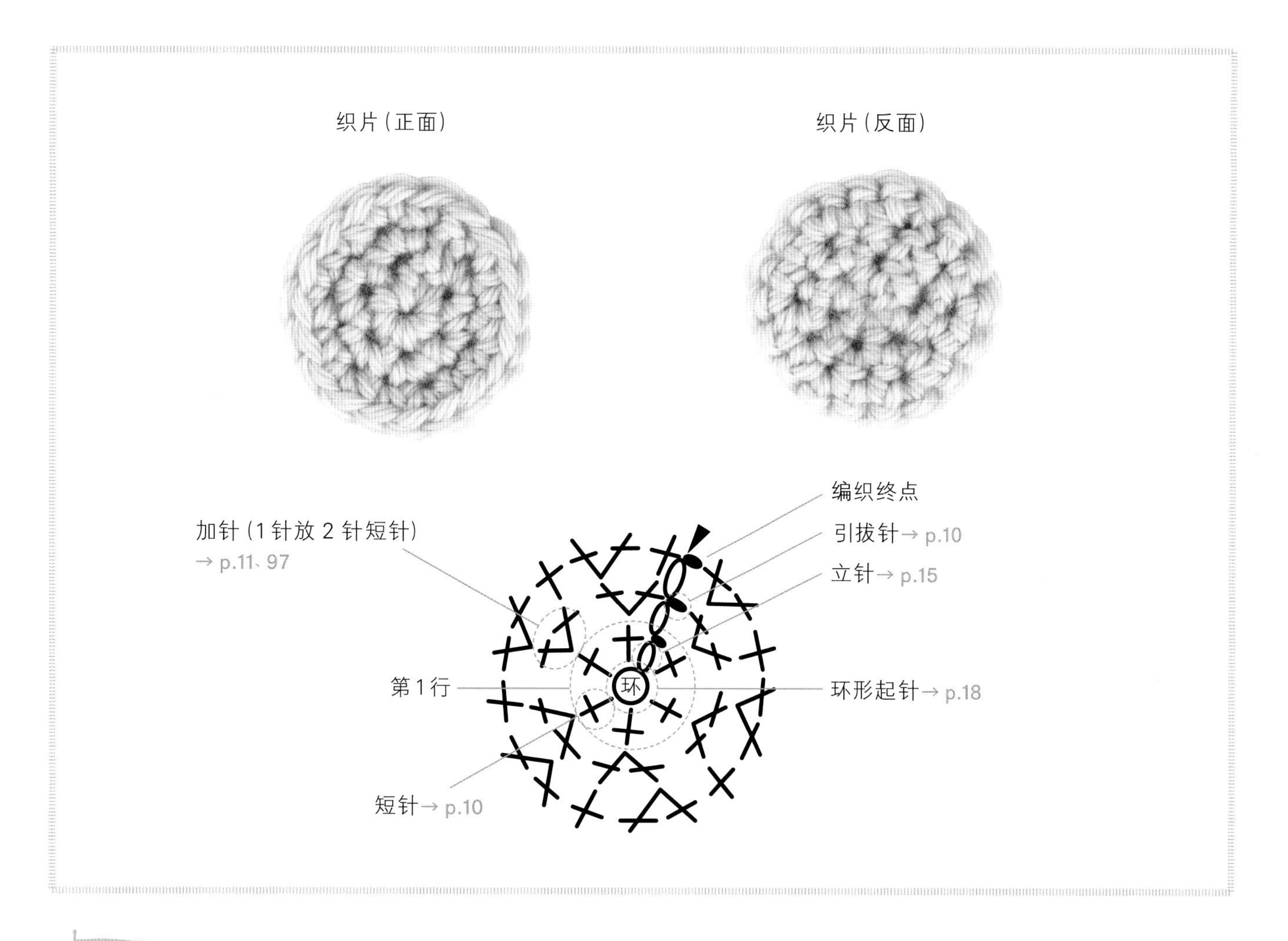

Column

关于密度

密度指的是一定面积内的针数和行数。编织时，密度的大小对织片的尺寸起到决定作用。如果织片的密度与要创作作品的密度大小相同，完成品的尺寸也会相同。

编织短针时

［密度的测量方法］

钩针编织的针目有规则排列和不规则排列之分，所以每种织片的密度测量方法是不同的。测量密度的时候，需要用蒸汽熨斗将针目熨平之后再测量。

- 规则排列的织片，在10cm×10cm面积内有多少针、多少行是可以数的。
- 复杂的织片就以花样为单位测量长和宽。

常用的编织符号和编织方法

钩针编织常用的编织方法有 5 种。学会这 5 种后，
只看着符号图就可以编织出很多作品。多数织片也都是将这些针目组合在一起编织的花样。

锁针

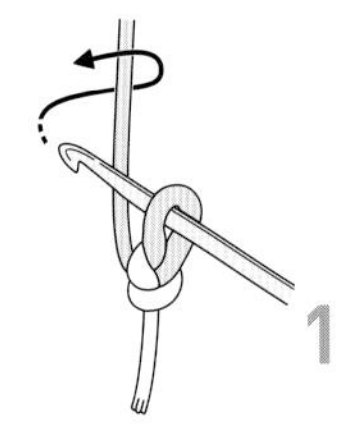

1 如箭头所示，转动钩针，将线从后面拉到前面。

2 将线从挂在钩针上的线圈中拉出。

1 针锁针

3 完成 1 针锁针。按照同样的方法，钩针挂线后拉出，编织所需针数的锁针。

短针

宝库社符号

JIS 符号

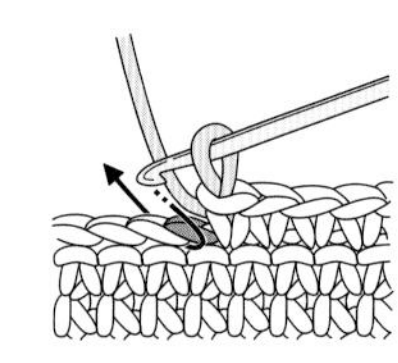

1 如箭头所示，在上一行针目的头部的锁针 2 根线处入针。

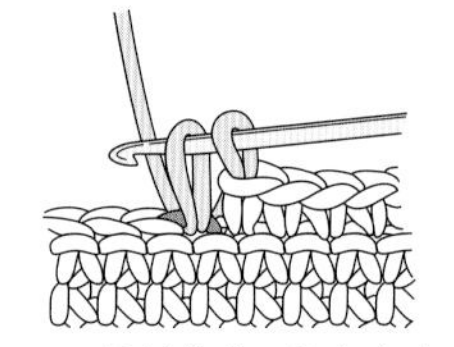

2 钩针挂线，拉出大致与 1 针锁针相同长度的线。

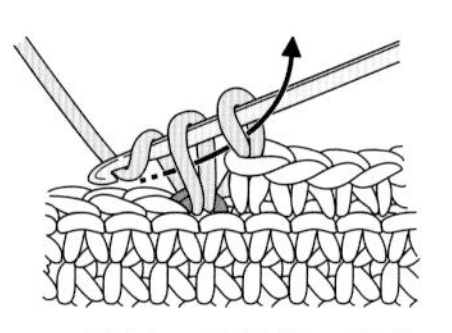

3 钩针再次挂线，从钩针上的 2 个线圈中一次引拔出。

※ 短针的编织符号，日本工业规格 JIS 中的短针符号是 ×，但宝库社使用的是 +。实际编织时为了简单易懂，"+"的竖杠表示入针的位置，横杠表示针目与针目的连接位置

中长针

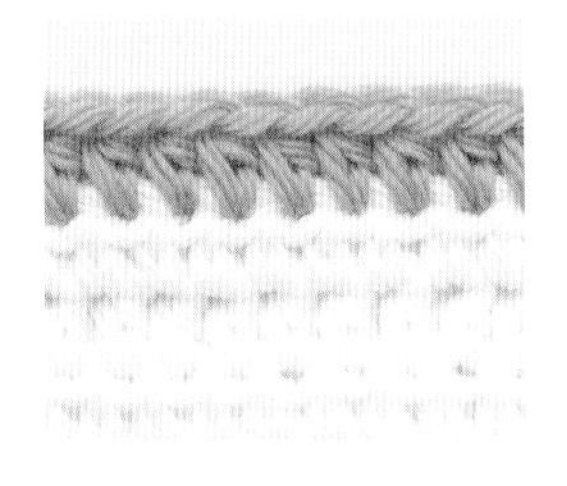

1 钩针挂线，在上一行针目的头部的锁针 2 根线处，如箭头所示入针。

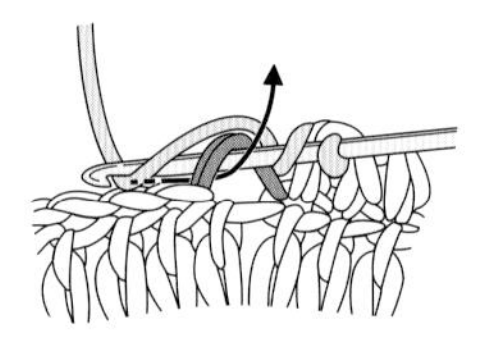

2 如箭头所示，用钩针将线从后面拉到前面。

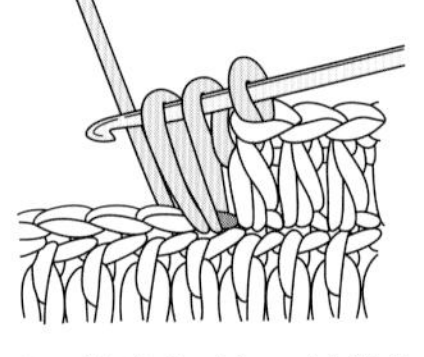

3 拉出大致与 2 针锁针相同长度的线。此时，钩针上有 3 个线圈。

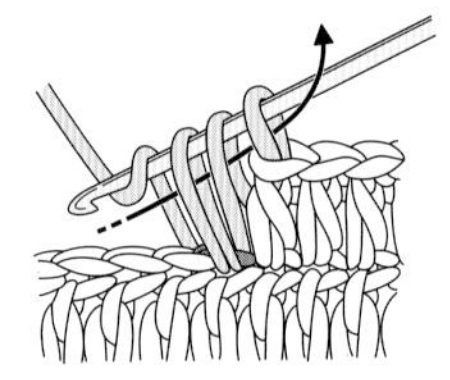

4 钩针再次挂线，从钩针上的 3 个线圈中一次引拔出。

长针

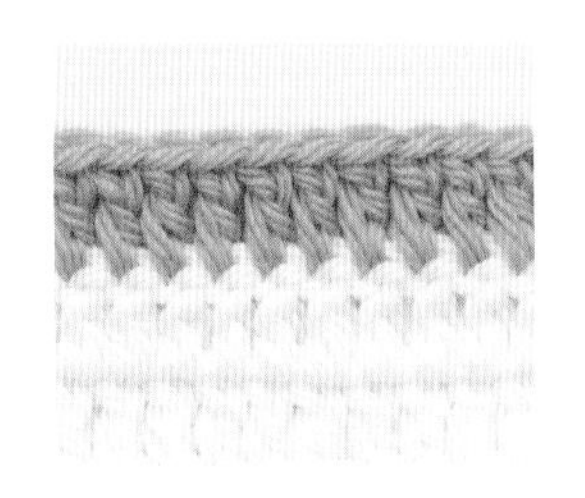

1 钩针挂线，在上一行针目的头部的锁针 2 根线处，如箭头所示入针。

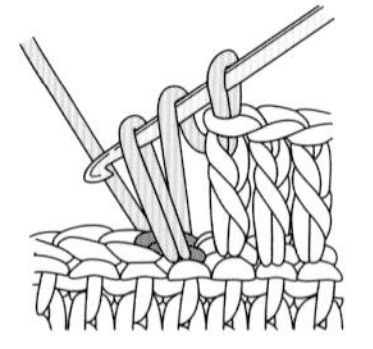

2 钩针挂线，拉出大致与 2 针锁针相同长度的线。

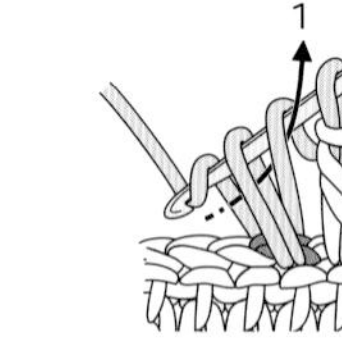

3 钩针挂线，如箭头所示方向，从挂在钩针上的 2 个线圈中拉出（未完成的长针）。

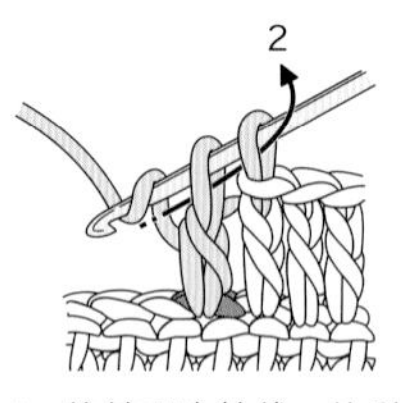

4 钩针再次挂线，从剩余的 2 个线圈中一次引拔出。

引拔针

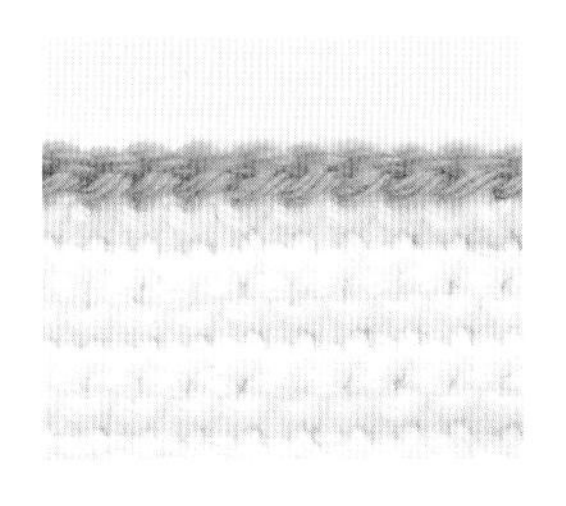

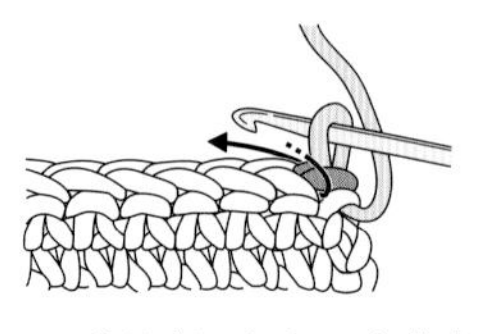

1 线放在织片后面，如箭头所示，在上一行针目的头部的锁针 2 根线处入针。

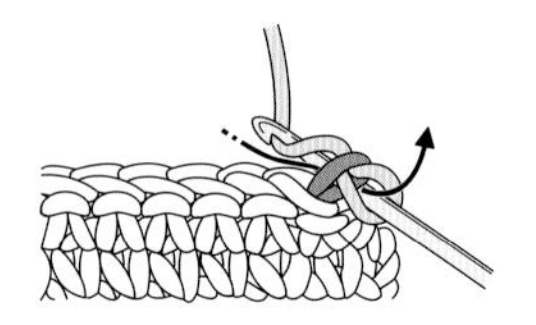

2 钩针挂线，如箭头所示将线引拔出。

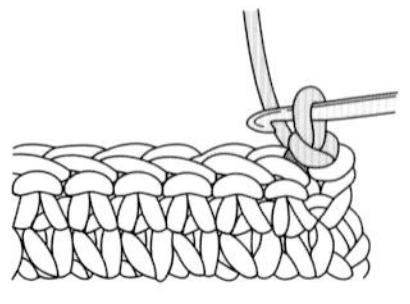

3 图中所示为完成 1 针引拔针的状态。

请熟记符号的规则

钩针编织符号都有自身的含义，它们一般形似编织针法，了解基本规则，也就很容易理解编织符号了，
这里介绍一些经常出现的编织符号，敬请参考。

●符号与编织方法的关系（长针编织的实际应用）

长针

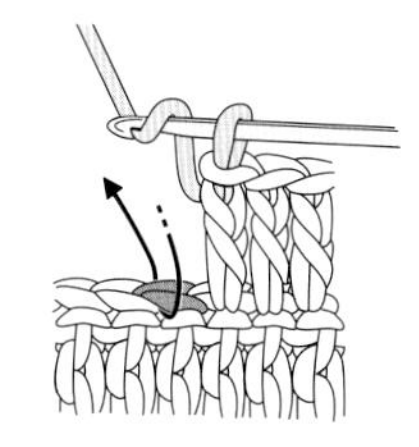

长长针

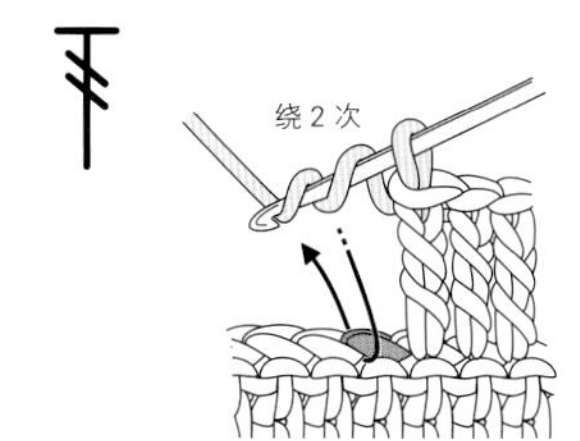

3 卷长针

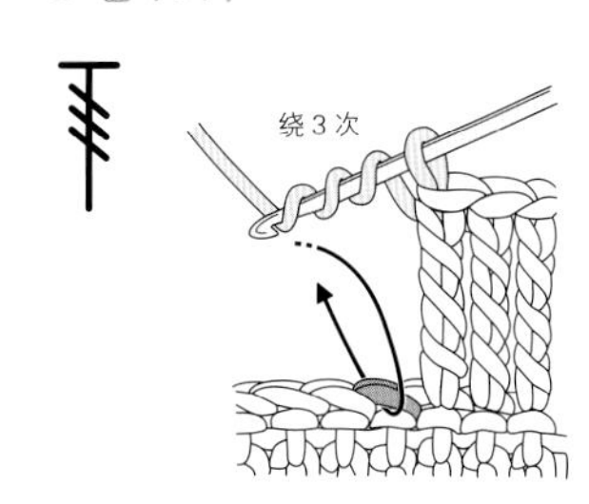

编织针目的符号多数都与编织的动作和连接方式相关。比如，长针、长长针、3卷长针的符号等，需要注意纵向（针目根部）的斜线数量。这3种编织方法都是先用钩针挂线之后编织的，这时斜线符号代表的是线在钩针上（绕）的次数。

●加针和减针

加针

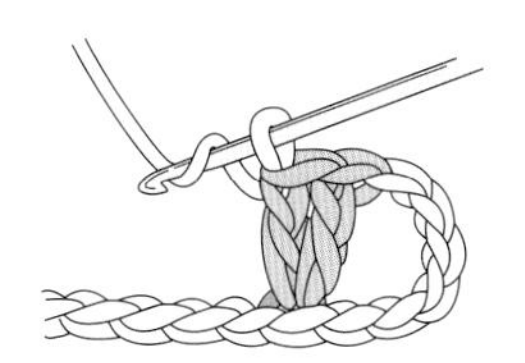

加针经常使用的符号是把几个不同符号的底部连接到一起呈扇形。图中所示是“1 针放 2 针长针”的符号，表示的是在上一行的 1 个针目里钩织 2 针长针，即为加针。

减针

减针经常使用的符号是把几个不同符号的顶部连接到一起呈倒扇形。图中所示是“2 针长针并 1 针”的符号，表示的是钩织 2 针未完成的长针后一起引拔，即为减针。

短针的加针和减针

短针的加针和减针的符号，虽然编织方法与长针不同，但是基本的思路是相同的。2 针短针加（减）针时，按照图中所示做标记。

●从 1 针中挑取和整段挑取

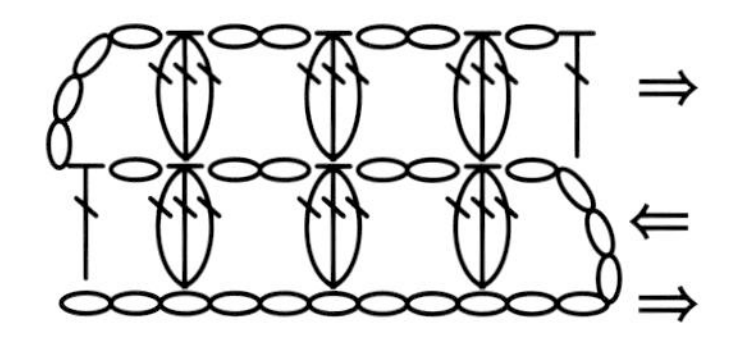

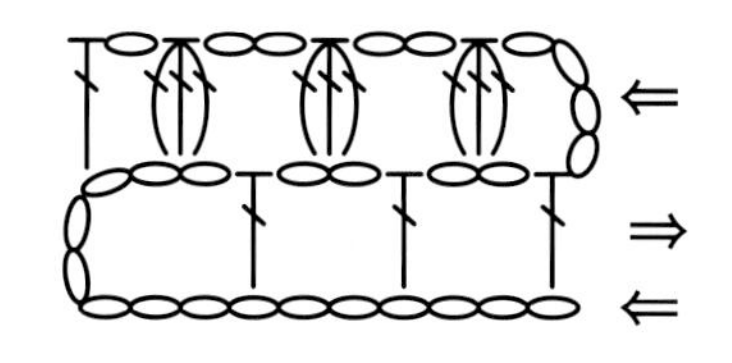

从 1 针中挑取

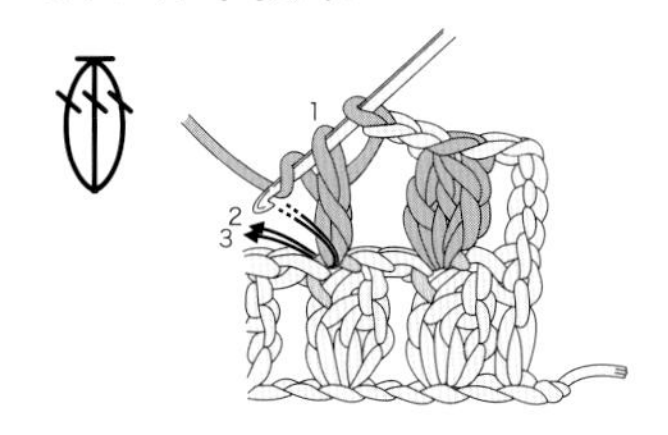

挑起上一行针目的头部的锁针 2 根线编织，这种编织方法也叫作“分开针目头部挑针”。1 个针目中织入了多针时，会把符号的底部连接在一起表示。

整段挑取

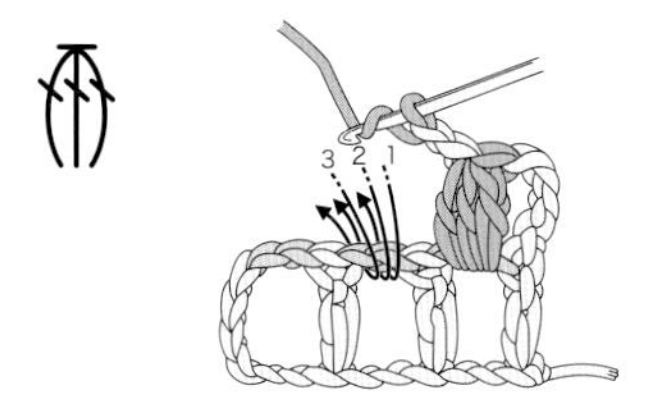

把上一行的锁针针目全部挑起进行编织，这种编织方法也叫作“整段挑取”。织入了多针时，如图所示，符号的底部呈现分离状态。

与其他的编织方法也可以通用

从 1 针中挑取

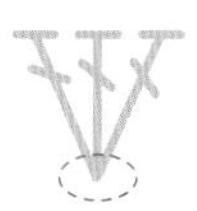

整段挑取

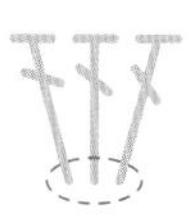

枣形针或者加针的编织符号，有底部连接在一起或者底部分开的两种情况。底部连在一起的是从针目中挑取编织，底部分开的就是整段挑取编织。

STEP4 那么，开始钩织吧！

选好了线和钩针，又记住了符号图的看法的话，准备工作就做好了。
接下来就来挑战一下钩针编织吧！
本书对编织的顺序、基本用语以及常用的编织小技巧等，从编织起点开始按顺序进行说明。

＊1 针与线要如何拿？

线和钩针有正确的挂线方法以及拿法。虽然按照自己的拿法也可以编织，
但是按照正确的拿法编织的话，不仅成品的形态会更加美观，而且也不易疲劳。

●钩针的拿法

右手

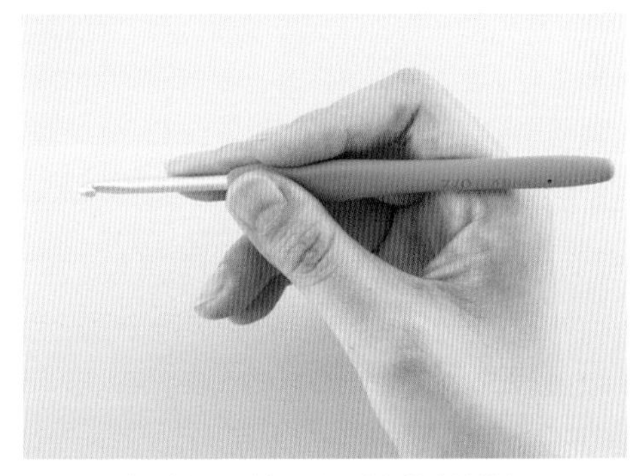

用拇指和食指轻握住针柄，然后中指搭在钩针上。

编织时的手势

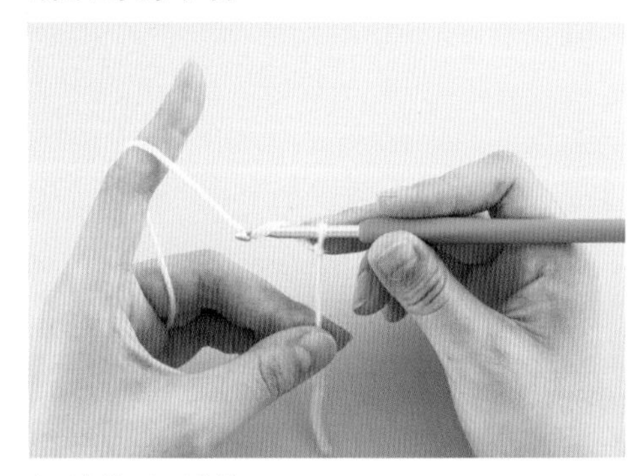

右手拿针，左手挂线。

●拉出线的方法

从线团中心找出线头，拉出使用。

圆形的线团也是从中心找出线头，拉出使用。

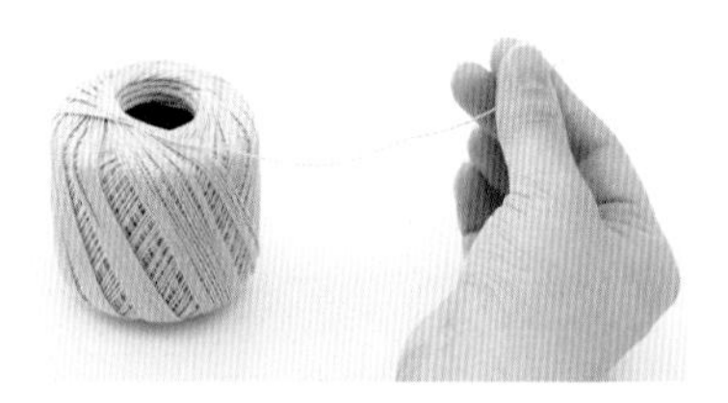

蕾丝线是从外侧线头开始使用。

●挂线的方法

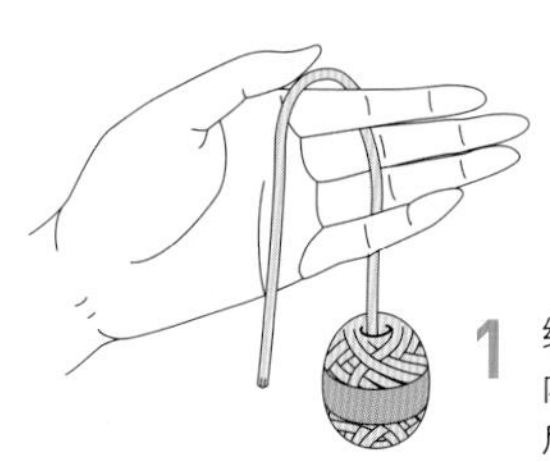

1 线从中指和无名指的内侧穿过，线团放在后面。

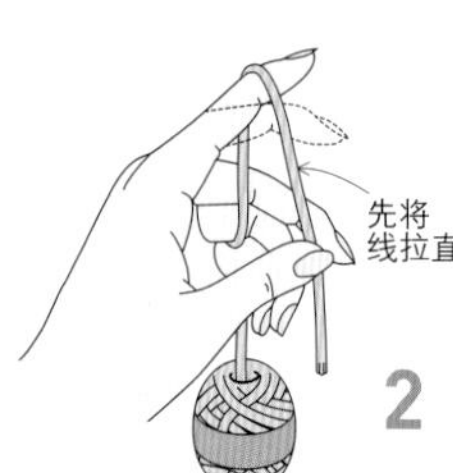

2 抬起食指，把线拉直。

Point

注意钩针的方向

○ ×

编织时，钩针的针尖都是朝下的，如果针尖朝上，在引拔时会比较困难。

※2 什么是起针？

我们把编织起点的基础针叫作起针，起针不计算在行数中。
起针的基本编织方法有锁针起针（本页）和环形起针（p.18~22）。

●锁针起针

锁针是钩针编织中最基本的钩织方法，也是非常重要的一种编织方法。
用锁针编织出需要的针数，这就是编织起点的基础了。

起针方法

这是锁针编织起点的编织方法，最初的针目不计算在起针的数量中。

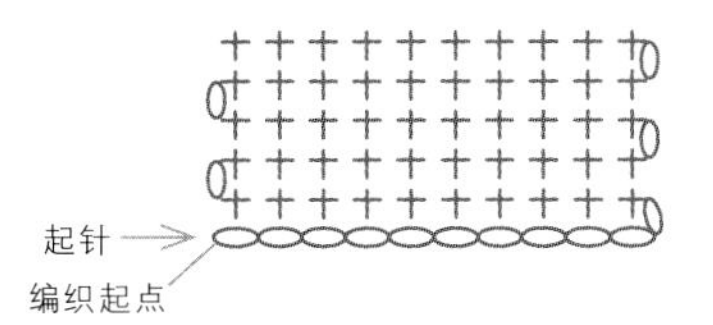

※p.13~17，按照如上符号图对编织方法进行说明

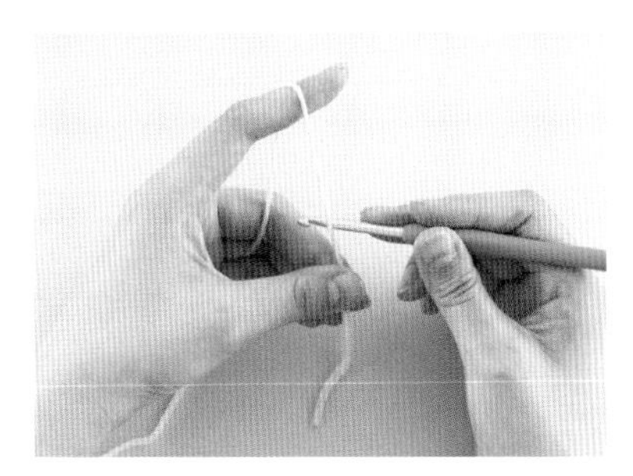

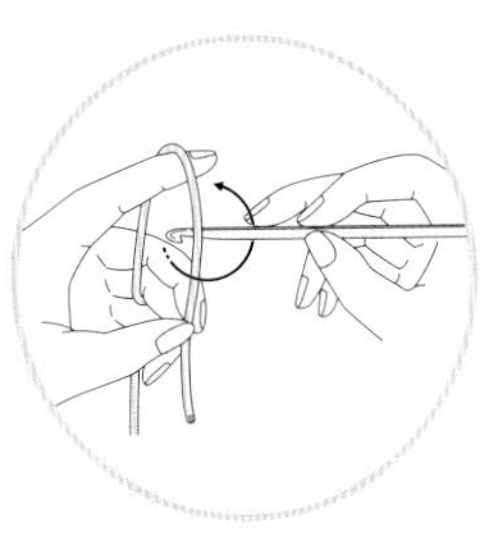

1 钩针放在线的后面，然后转动一次钩针。

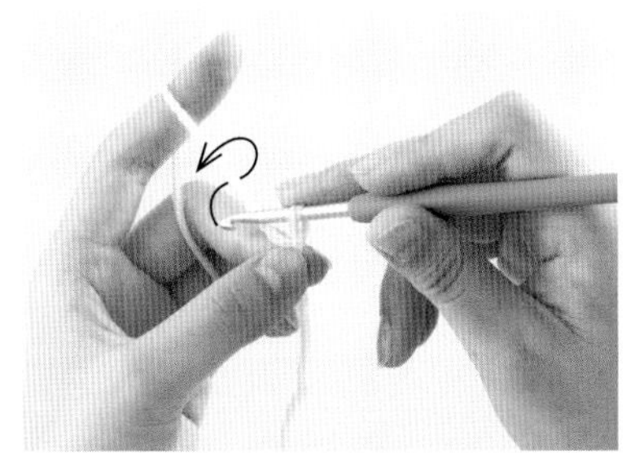

2 钩针挂线，用左手拇指和中指捏住线圈交叉处，如箭头所示转动钩针挂线。

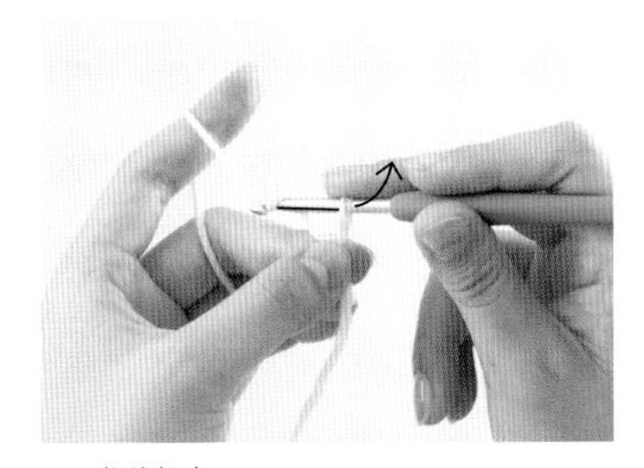

3 将线拉出。

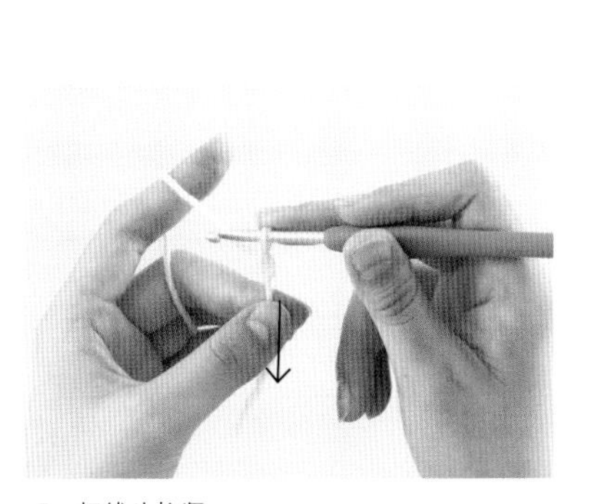

4 把线头拉紧。

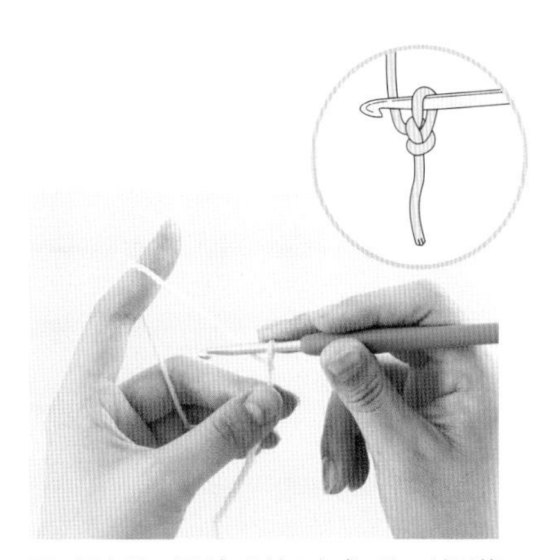

5 图中所示是最初的针目完成。这一针不算在起针的针数中。

用大号钩针起针时

从起针的锁针针目处挑针，开始编织第1行的话，锁针的针目会因为挑针而被拉紧，导致起针的宽幅变小。为防止此类情况发生，最简单的方法就是使用粗一些的钩针。钩针的粗细程度参照下表。

花样的种类	起针的钩针号数（与织片的钩针号数的差异）
短针、长针	大2号
方眼针	大1~2号
网眼针	同号或大1号
普通镂空花样	大1~2号

※ 编织方法中，一般不会专门说明起针时的钩针号数，所以在购买的时候需要自己决定

从锁针开始的编织

这里开始编织的锁针是要计算在起针里的。这是钩针编织的基础针目。

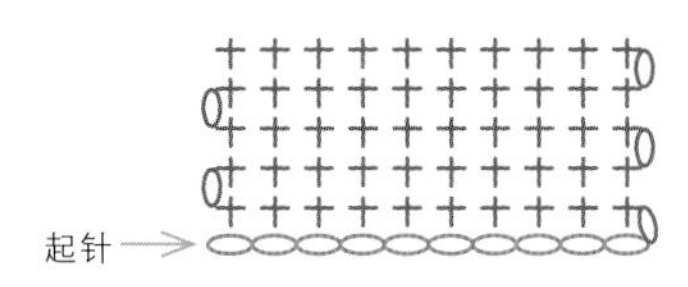

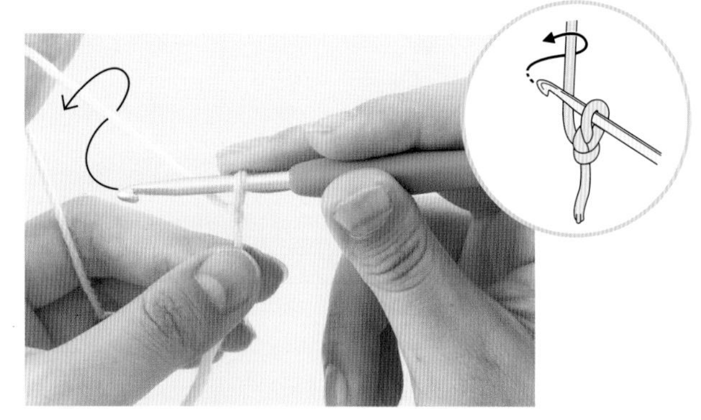

1 如箭头所示移动钩针，挂线。

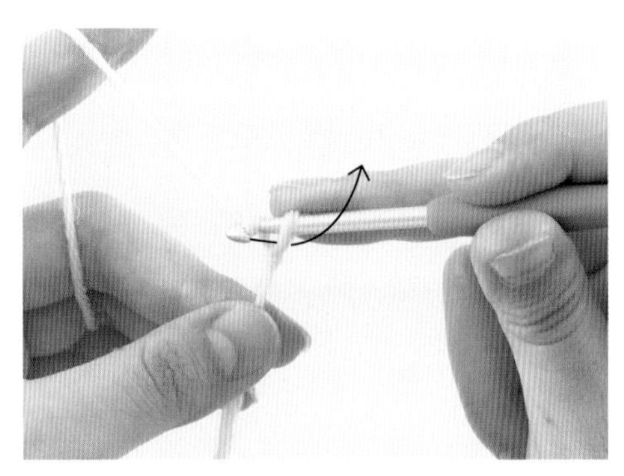

2 从钩针所在的针目中将线拉出就完成了 1 针锁针。

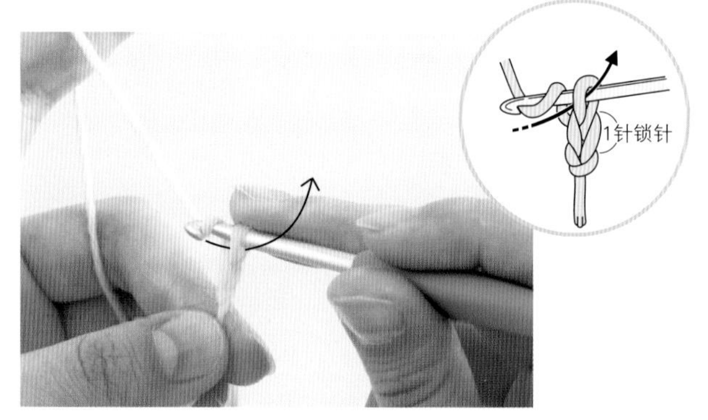

3 图中是完成 1 针锁针的状态。针目位于挂在钩针上的线圈的下方。接着按照步骤 2 的方法挂线后，从钩针所在的针目中拉出。

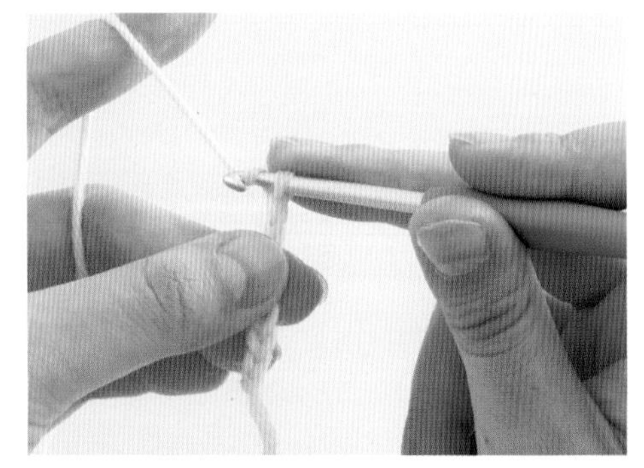

4 每编织三四针，就要移动一下左手拇指和中指的位置，直到编织完所需的针数。

Column

起针较长时如何编织?

起针的针目较多时，每编织好三四针就要把左手拇指和中指的位置移动到钩针的下侧。这样编织起来会比较简单，而且还可防止针目不整齐等。

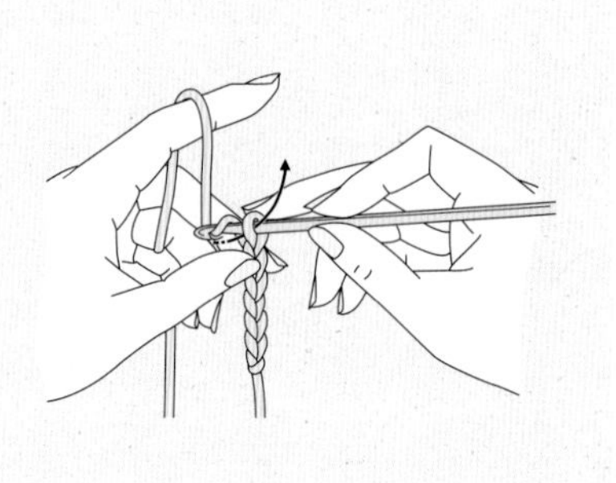

*3 什么是立针编织？

立针是编织在每行的编织起点处，所以也可以说是用锁针针目代替原本要编织针目的高度（长度）。
根据原本要编织的针目，决定锁针针目的数量。

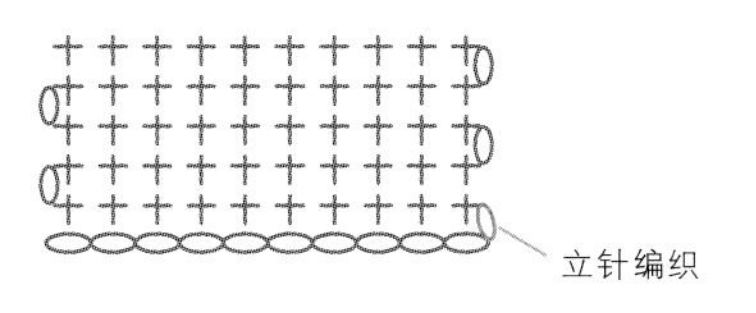

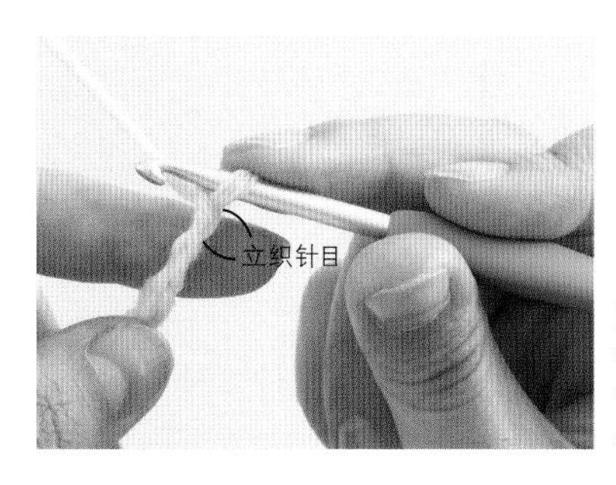

图中所示为完成立织 1 针锁针的状态。编织短针时，立织的针目应该是起针 +1 针。

立针编织后

立针编织后，织片的边端会变得平整，整体看起来也会更美观。

不用立针编织

如果不用立针编织，而是直接就编织下一行的话，织片的边端会有被压扁的感觉。

针目高度与立针编织的关系

根据编织针目的不同，决定是否把立针编织算作第 1 针。如果针目的高度是中长针以上的话，立针编织就算作 1 针；如果编织短针时就不算。另外，如果立织的锁针算作 1 针，需要有立针编织的基础针。除了编织短针，其他的编织方法都需要按照立织锁针的针目高度进行编织，实际的针数要从编织的针目中减去 1 针。因为立织的锁针也算作 1 针，所以要据此编织完成所需的针数。

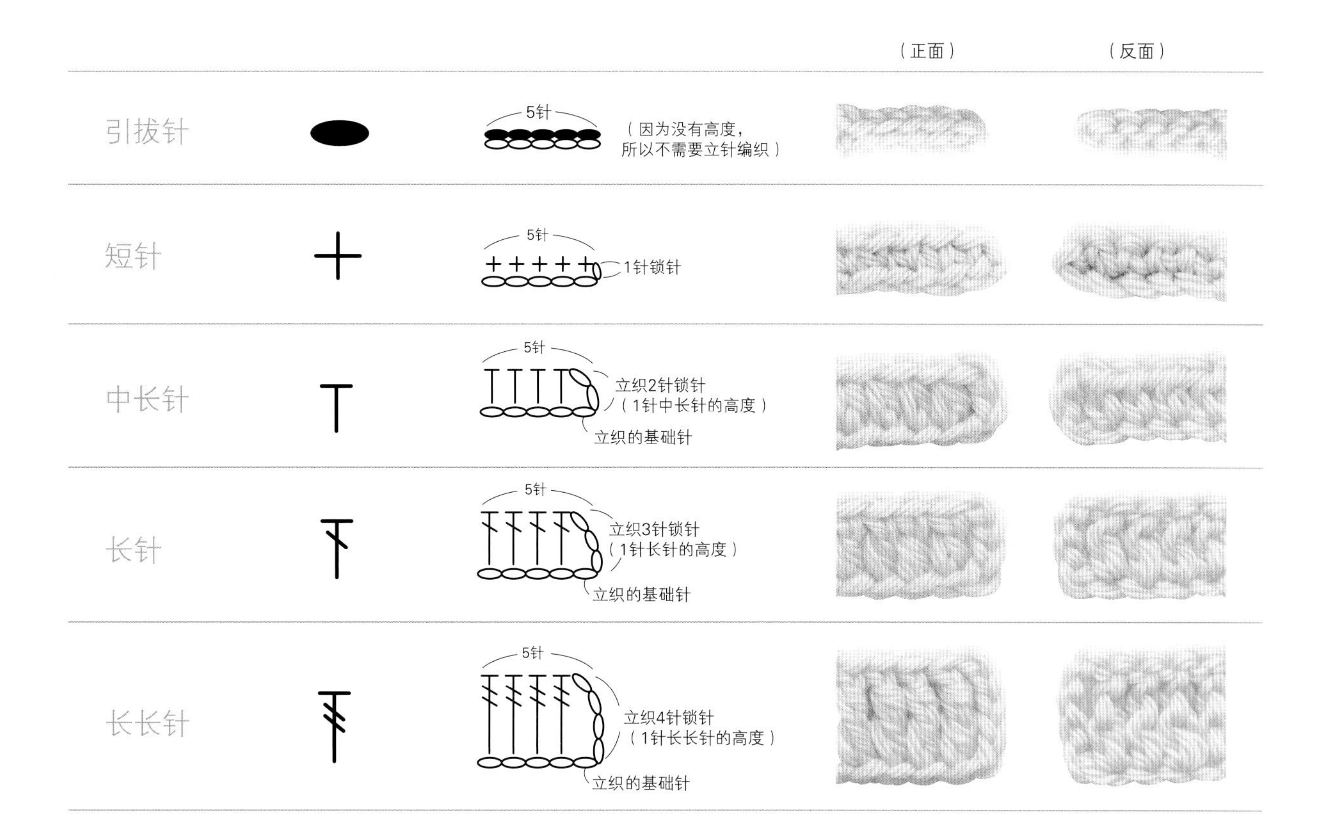

※4 锁针的挑针方法

锁针起针时，挑针方法有 3 种。
每一种都有各自的特点，所以一定要在比较织物的完成情况或者编织的难易度后，选择一种最适合的挑针方法。

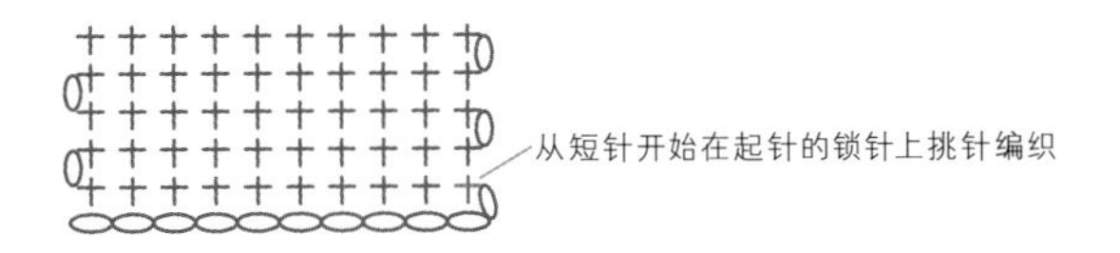

●锁针的正面和反面

锁针（线圈）状连续排列的是锁针的正面。
针目的中间有如同打结似的突起（里山），这是锁针的反面。

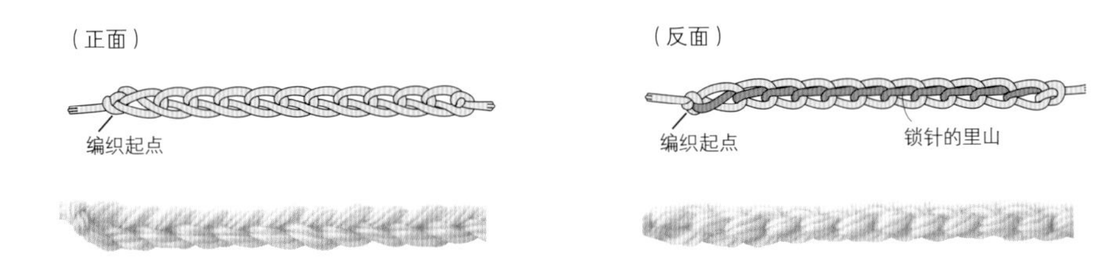

●锁针的各种挑针方法

从锁针的正面可见的每一根线都叫作半针。
半针和里山的挑针方法是挑针编织的关键点。

挑取里山

这是常见的挑针方法。挑起里山后，正面的锁针不会变形，可以把边缘编织得很漂亮。非常适合编织织片边端朝外的作品。

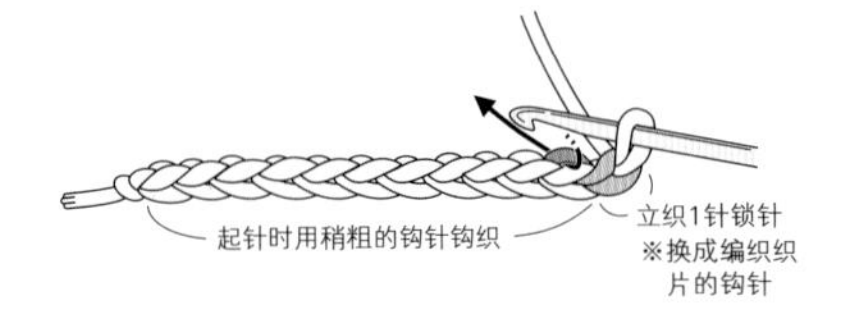

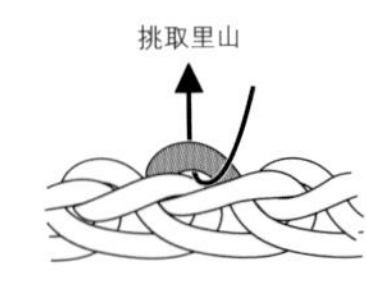

挑取锁针的半针

挑取锁针的上半针（1 根线）后开始编织，希望起针的边有一定的伸缩性，或是从起针的两侧挑针时使用。

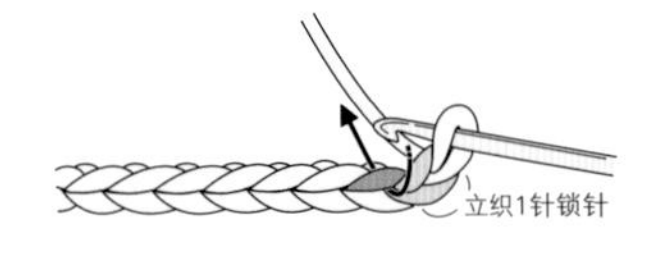

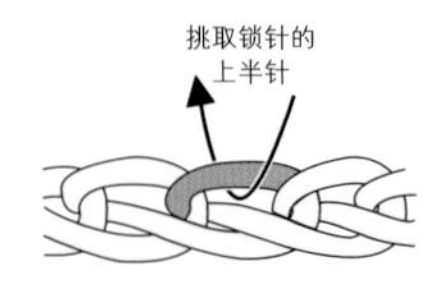

挑取锁针的半针和里山 2 根线

挑取锁针的上半针和里山的 2 根线后开始编织。这种编织方法的挑针针目很稳定，非常适合编织镂空花样。

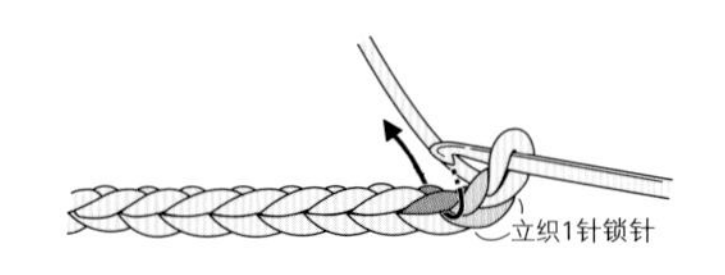

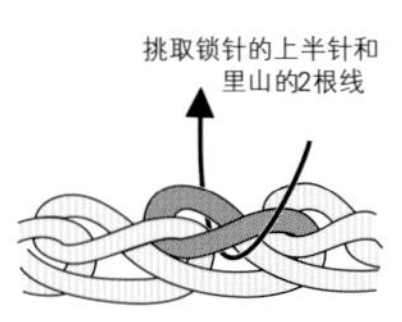

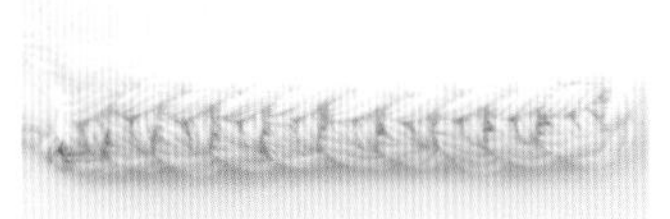

※5 不如就来钩织第 1 行看看吧！

这里为大家介绍的是锁针起针的方法（本页），和环形起针的方法（p.18~22）。
如果挑针的位置弄错的话，完成的织片会歪斜或者出现针数不够等情况，所以请认真确认挑针的位置。

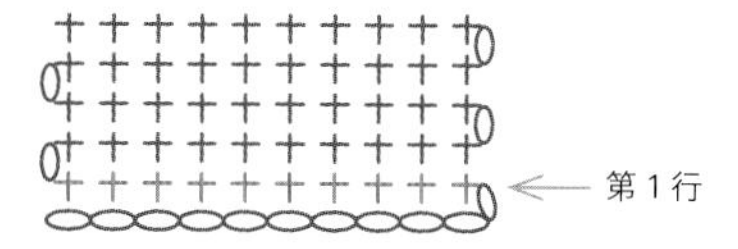

●锁针起针 ~挑取里山时~

第 1 行钩织短针。因为织片的针目会有一定的收缩性，
所以为了使成品更美观，建议在起针时用大 2 号的针。

第 1 行

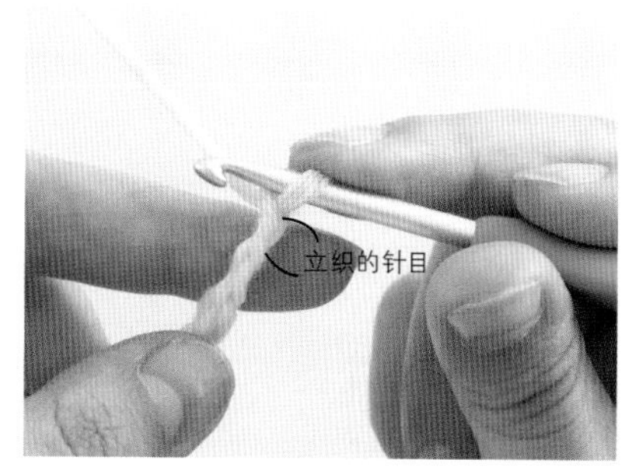

1 起针时，要用比编织织片时大 2 个号的粗针钩织。然后再换成编织织片用的钩针，立织 1 针锁针。

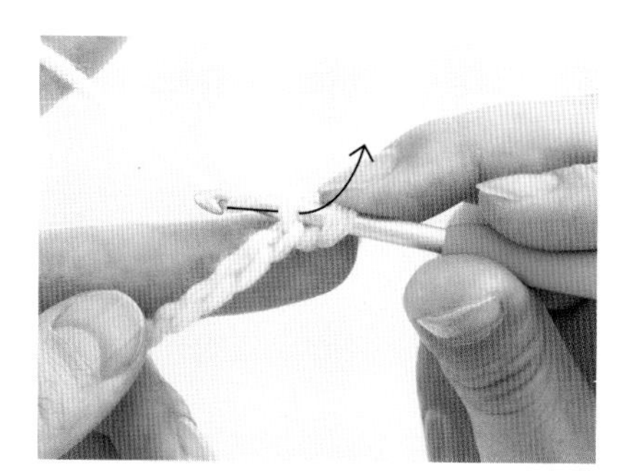

2 在起针的里山入针，钩针挂线后拉出。

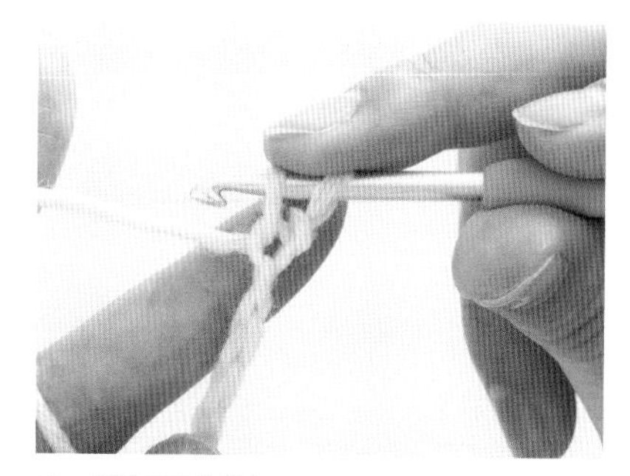

3 线拉出后的状态。

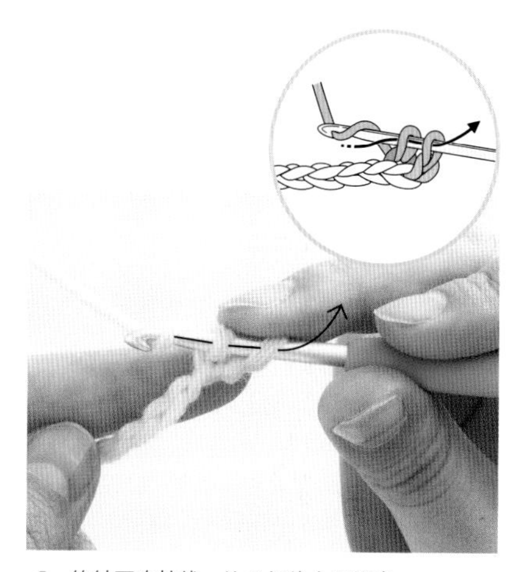

4 钩针再次挂线，从 2 根线中引拔出。

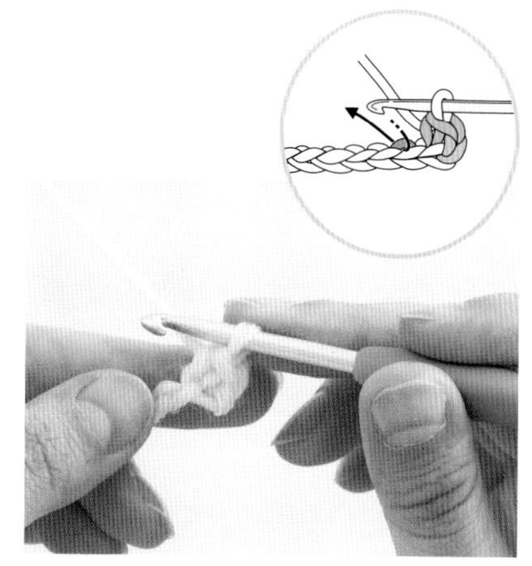

5 1 针短针编织完成。

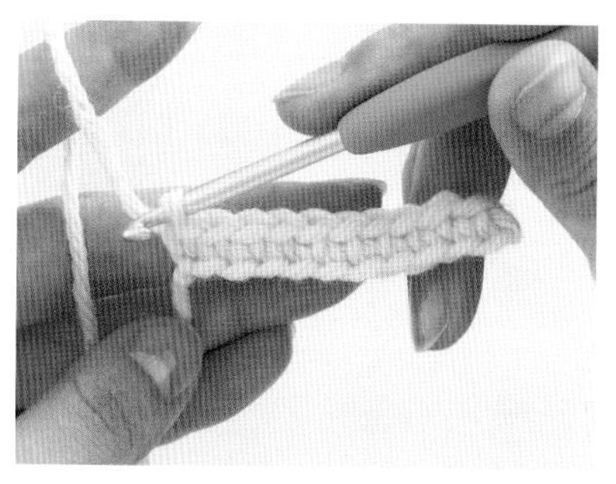

6 下一针开始也是挑取锁针的里山编织。图中所示为第 1 行编织好的状态（→下接 p.23）。

※p.13~15 在介绍编织方法时用的是 7/0 号针。如果编织短针用 7/0 号针，起针时要用 9/0 号针

●环形起针 ~ 用线做成环 ~

将线环形起针，从中心开始向外侧编织的一种方法。
编织的时候，经常是用手指捏住中心处，我们把这种编织方法叫作环形起针。

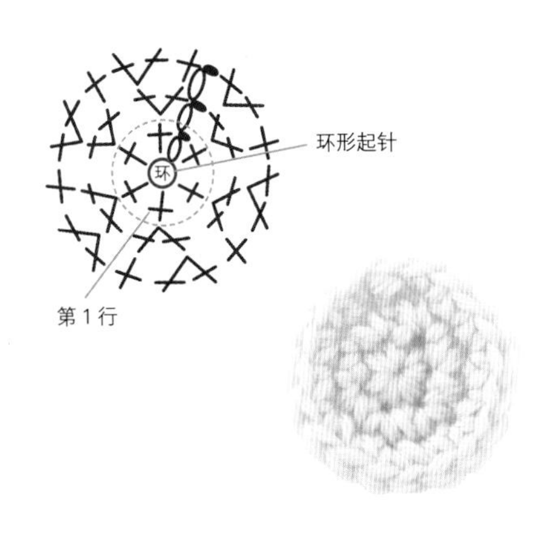

手指挂线后开始编织

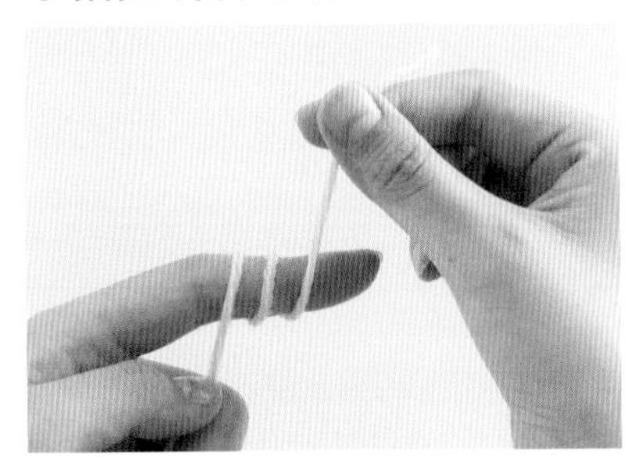

1 将线在左手的食指上绕 2 圈。

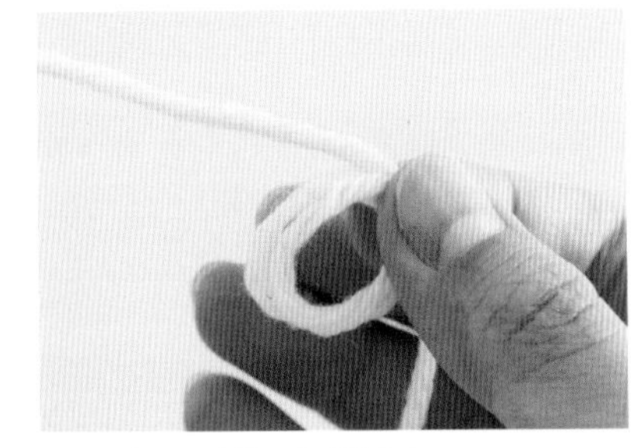

2 图中所示为线圈完成的状态。

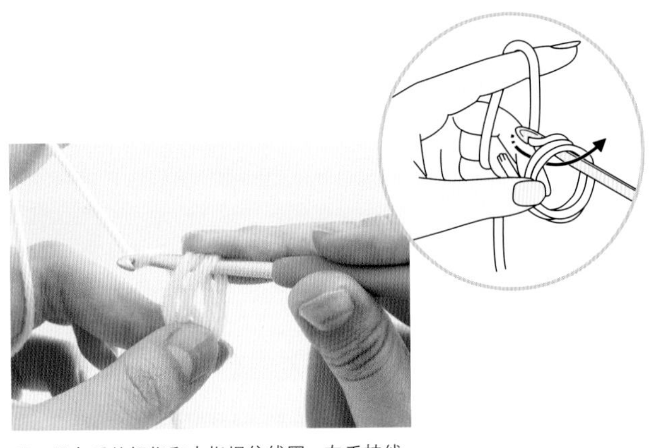

3 用左手的拇指和中指捏住线圈，左手挂线。钩针放入线圈中，挂线后拉出。

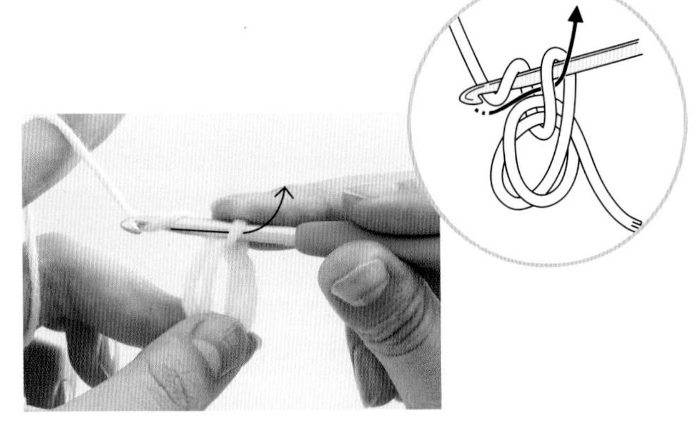

4 钩针再次挂线后拉出。

第 1 行

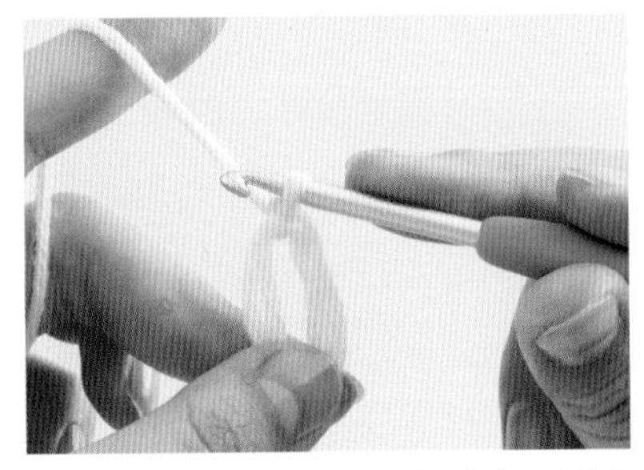

5 图中所示为最初的针目完成的状态（此针不计入针数）。

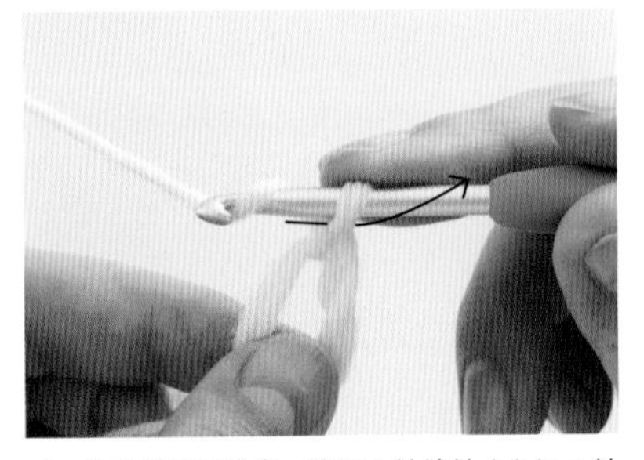

6 钩针挂线后拉出，编织 1 针锁针（立织 1 针锁针）。

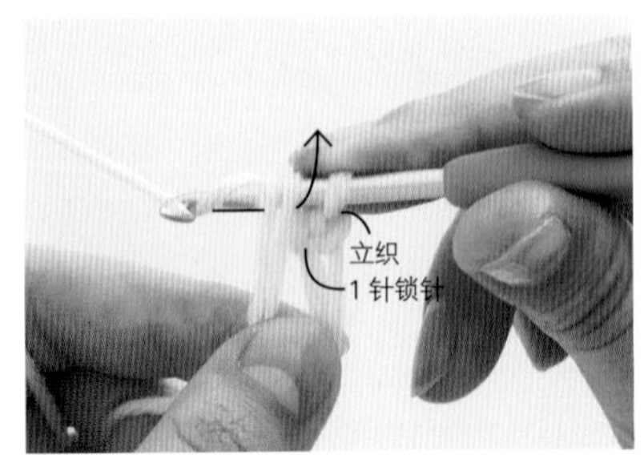

7 在线圈中入针，挂线并拉出。

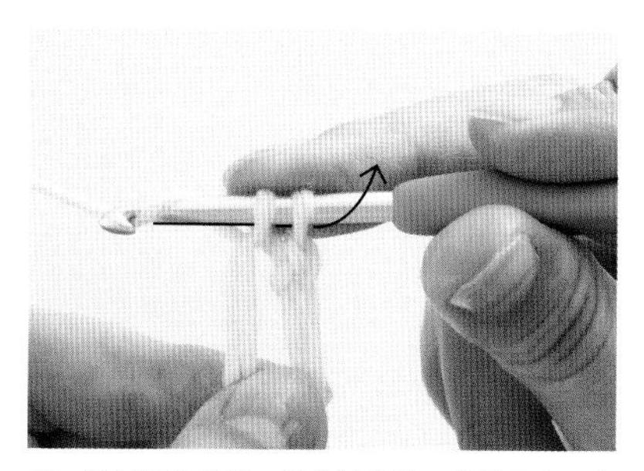

8 钩针再次挂线，从钩针上的 2 个线圈中一次引拔出（1 针短针）。

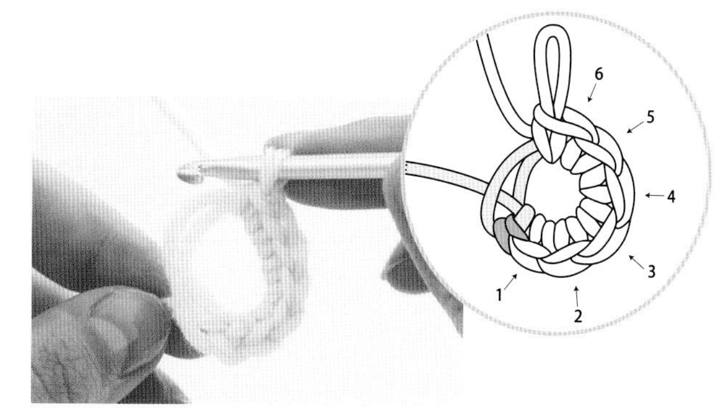

9 用相同方法编织所需针数的短针（图中是 6 针）。

把中心拉紧

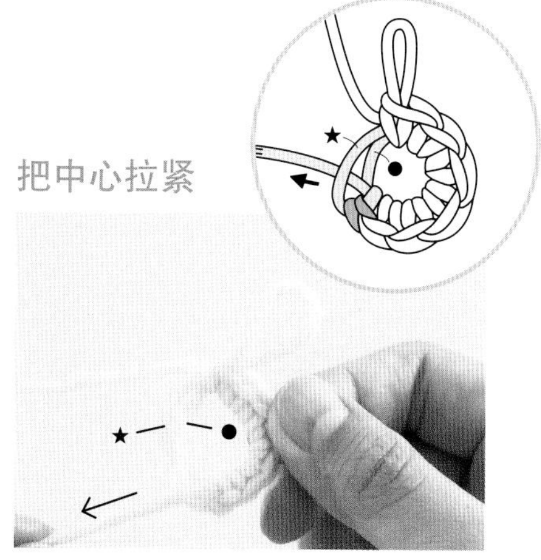

10 把钩针所在针目拉大，先将钩针抽出。稍微拉一下线头，线圈中 2 根线中的 1 根将会变短（●），这是距离线头较近的线。

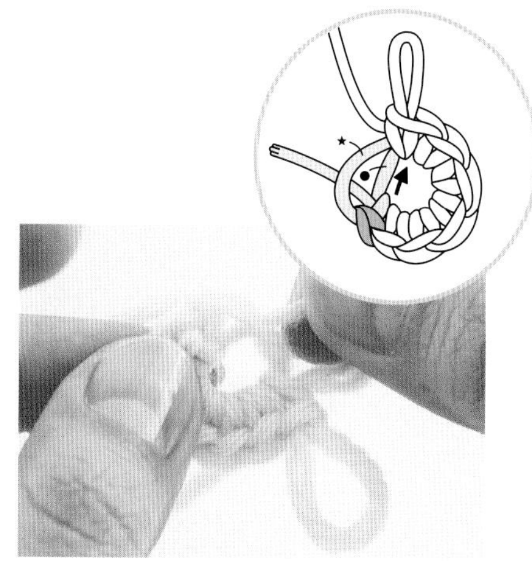

11 用手拉扯变短的那根线，缩短距离线头较远的那根线（★）。

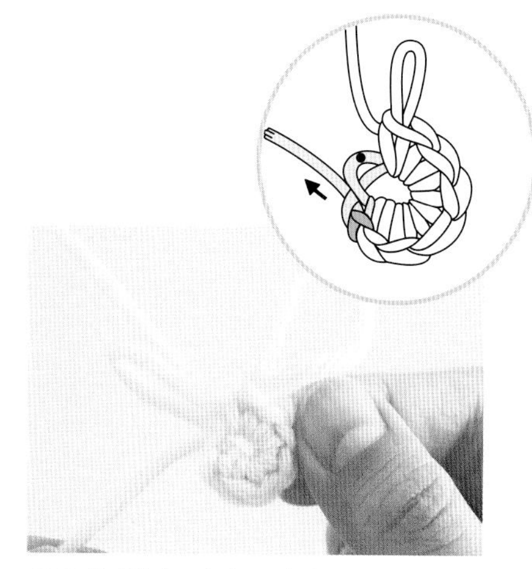

12 拉动线头，这时，距离线头较近的线（●）收紧了。线圈缩小后，把步骤 **10** 中拉大的针目及钩针还原。

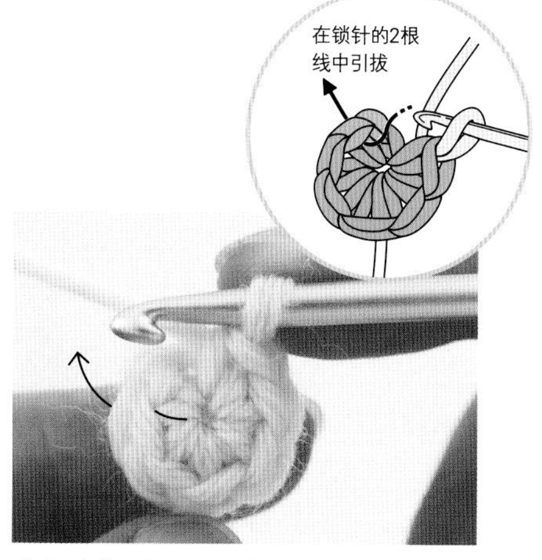

13 在第 1 行的终点，挑起最初的短针头部的 2 根线后入针。

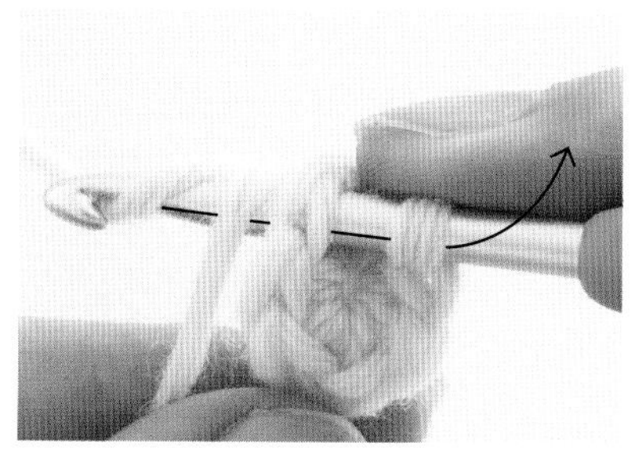

14 钩针挂线，钩织引拔针。这时，线头也挂在钩针上，一次性引拔出。

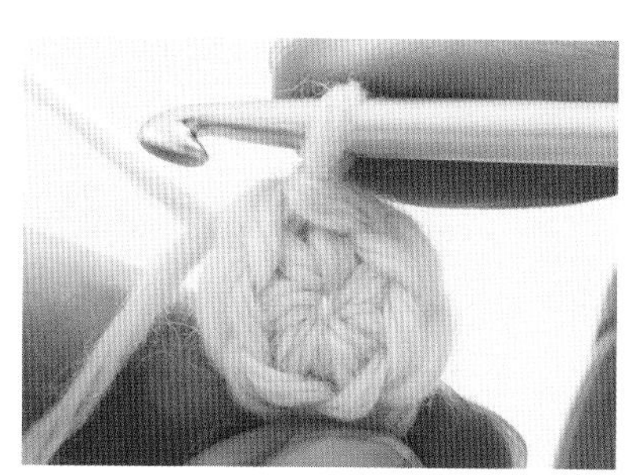

15 第 1 行编织完成了（→下接 p.23）。

●环形起针 ~用锁针连成环形~

锁针环形起针，开始编织。
可以从中心开始向外侧扩展钩织，还可以钩织成筒状。

从小环形开始钩织

起针环无法拉伸调整，所以从开始就在中心预留出一个小圆圈。

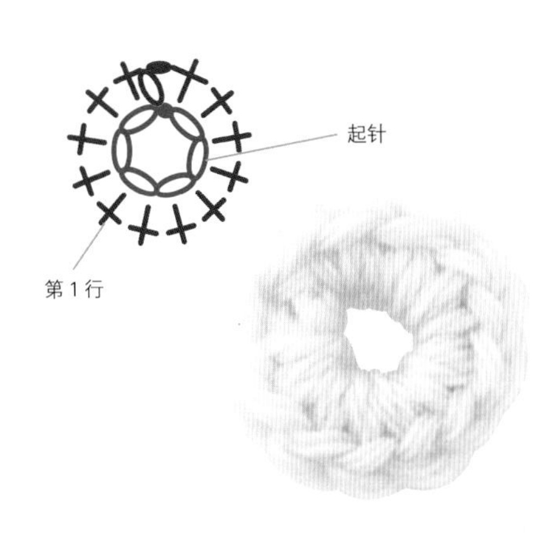

起针

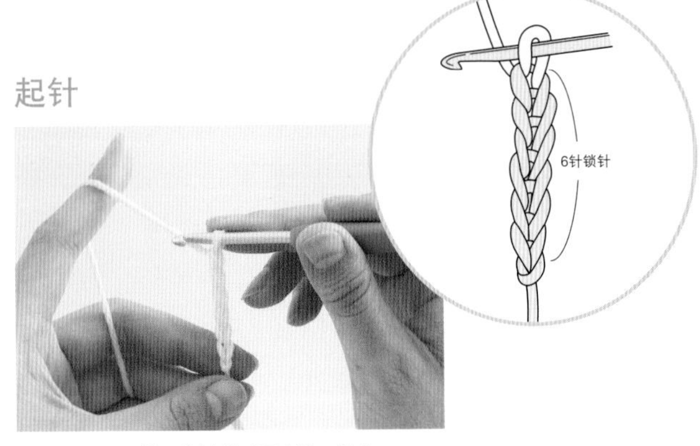

1 钩织所需数量的锁针（图中是6针）。

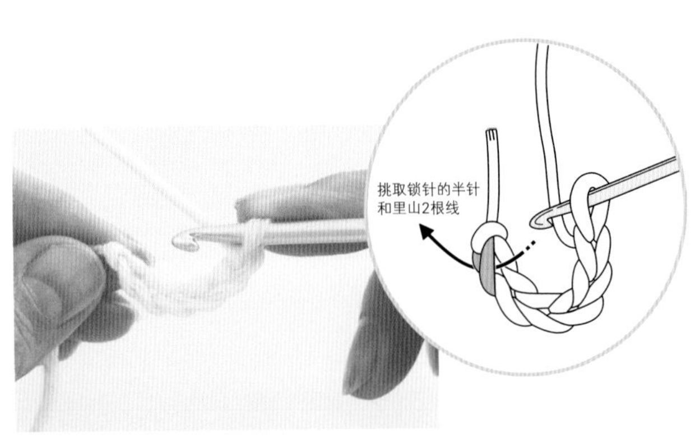

2 挑取第1针锁针的半针和里山的2根线后入针。

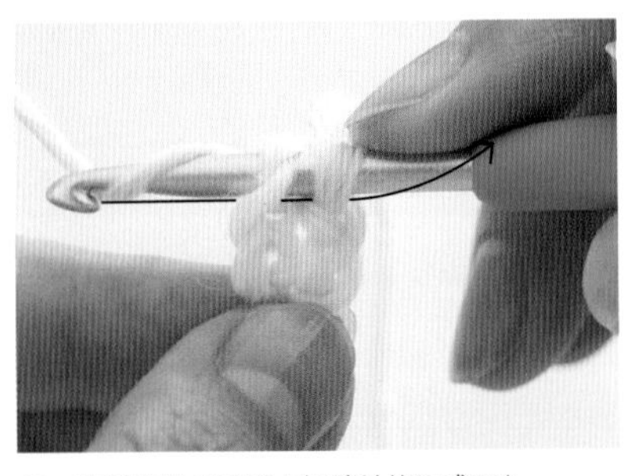

3 钩针挂线并引拔（把锁针编织成环）。

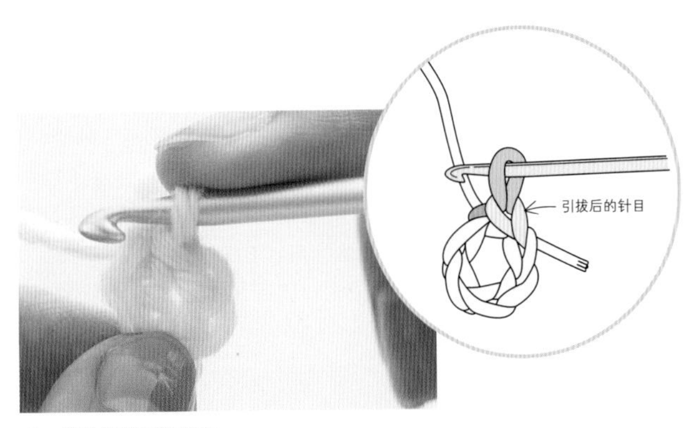

4 锁针引拔后的状态。

第1行

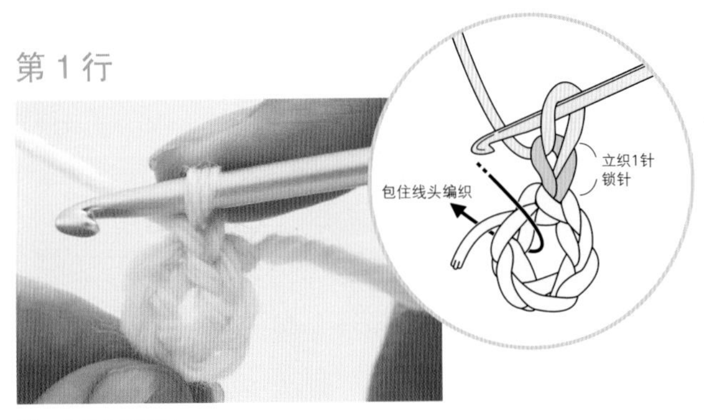

5 立织1针锁针。

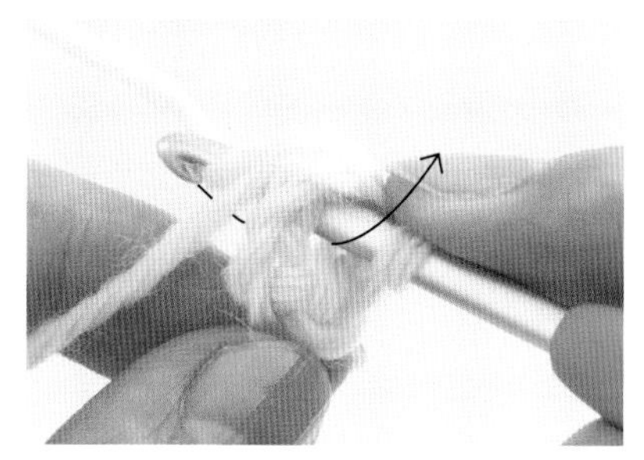

6 钩针放入环中，钩针挂线后拉出。

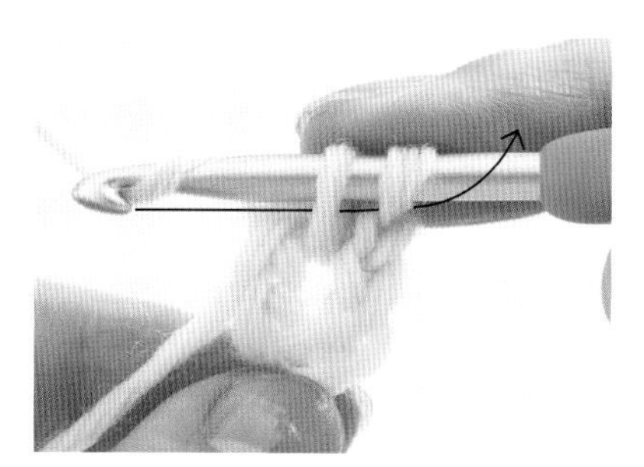

7 再次挂线，从钩针上的 2 个线圈中一起引拔出（包住线头编织）。

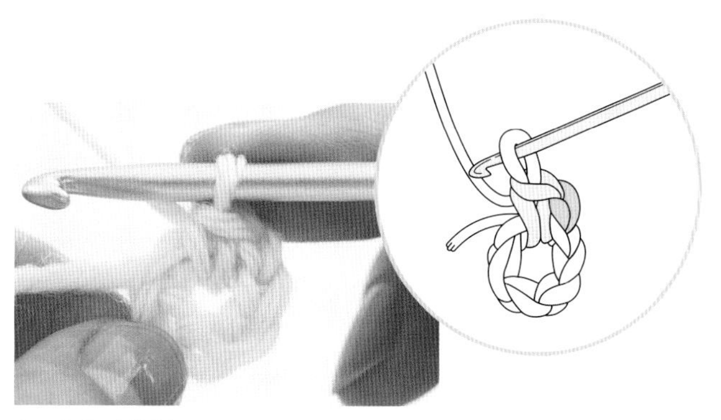

8 完成 1 针短针。

9 按照相同的方法钩织 12 针短针。

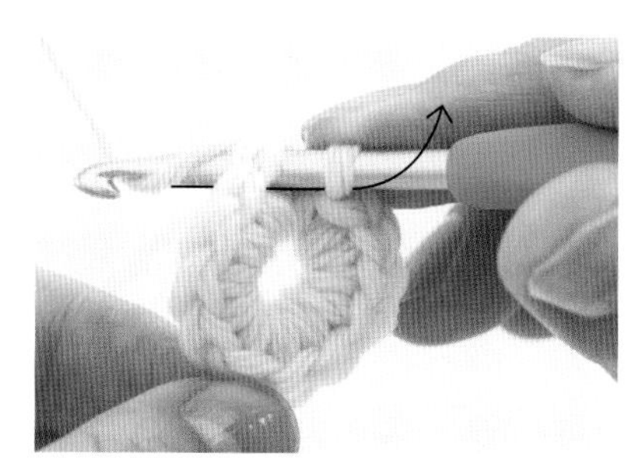

10 在第 1 行编织终点处，挑取最初短针头部的锁针的 2 根线后入针，钩针挂线后引拔。

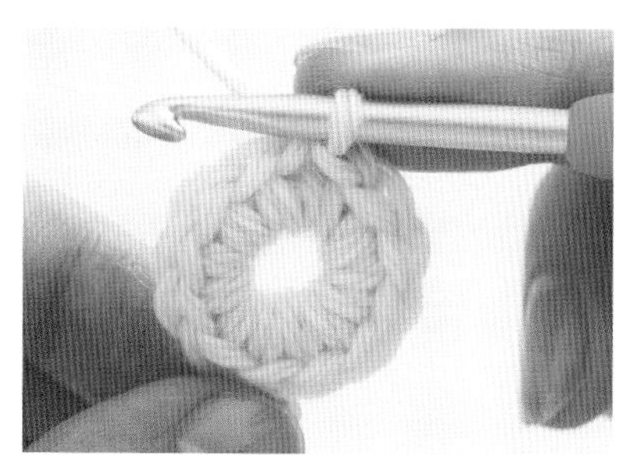

11 第 1 行钩织完成。

从大环形开始钩织

这是钩织帽子等筒状织物时，经常使用的起针方法。注意不要扭转锁针环。

起针

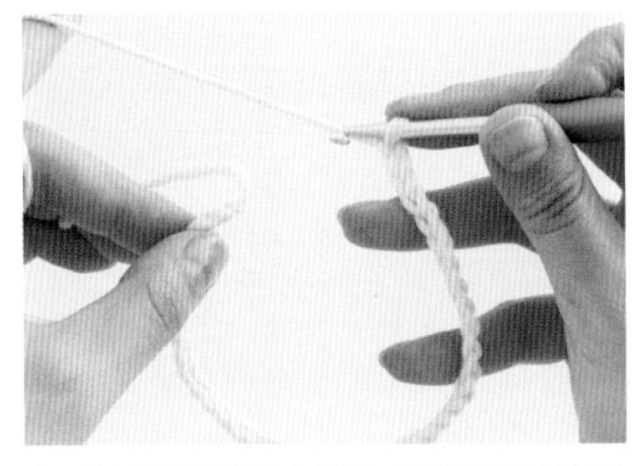

1 钩织出所需数量的锁针，在锁针第 1 针的里山入针。

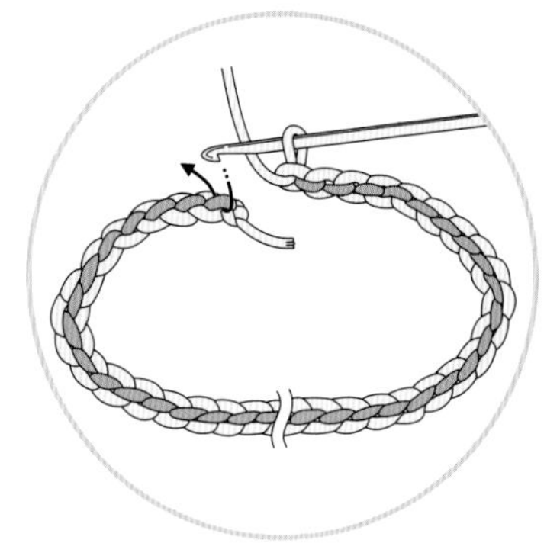

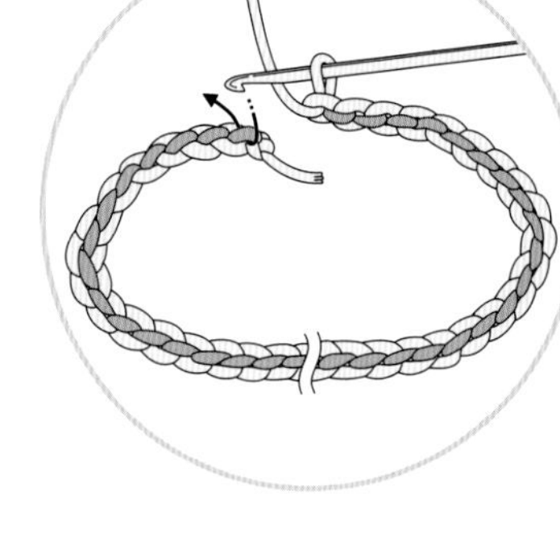

2 钩针挂线引拔，用锁针连成环。

第 1 行

3 锁针连成了环形。

4 立织 1 针锁针。

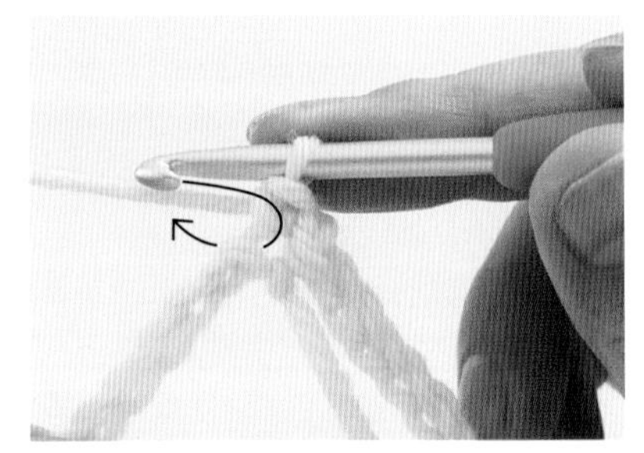

5 同步骤 1，挑取里山，编织 1 针短针。

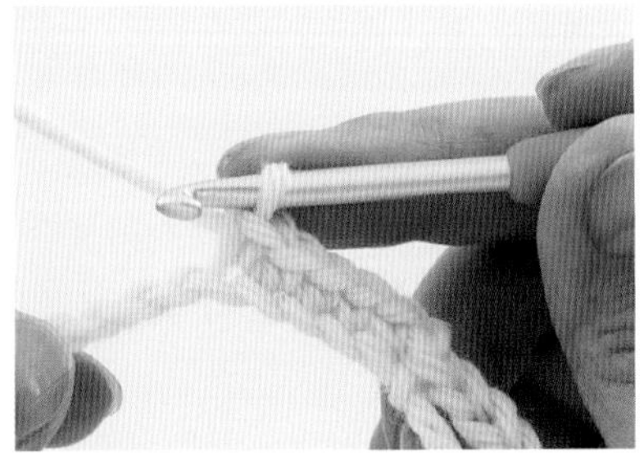

6 按照相同方法挑取锁针起针的里山，钩织短针。

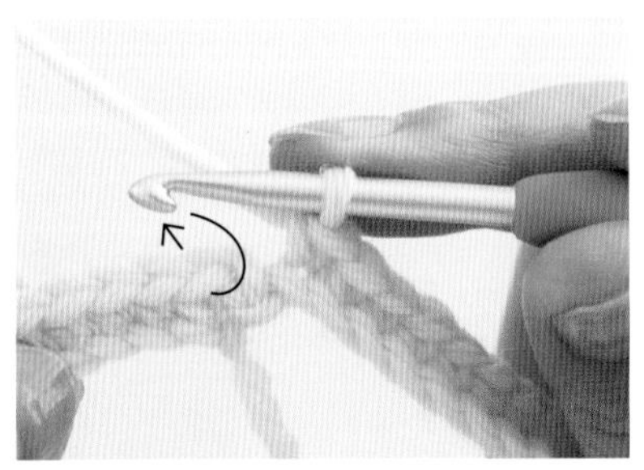

7 在第 1 行编织终点处，挑取编织起点处短针头部的锁针的 2 根线后引拔。

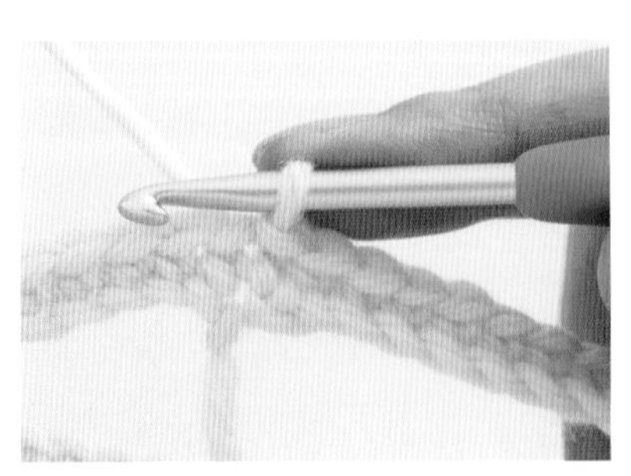

8 第 1 行钩织好了。

第 1 行编织好后

把第 1 行编织好后，就来编织第 2 行吧。
从第 2 行开始，钩织的时候很容易把挑针的位置等弄错，一定要多加注意。

●往返钩织时

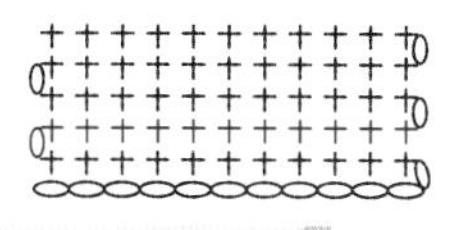

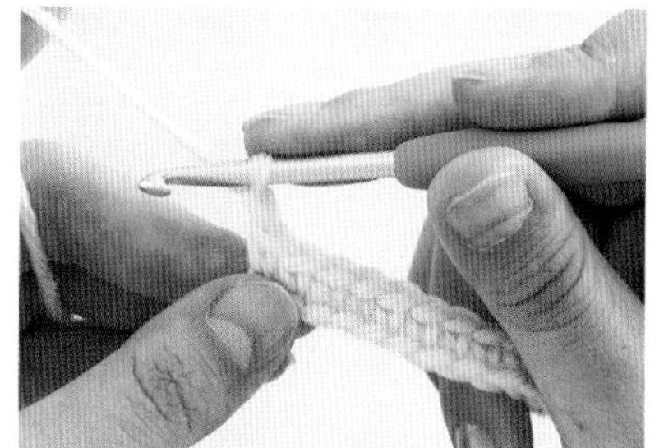

1 第 1 行钩织完成后，立织 1 针锁针。

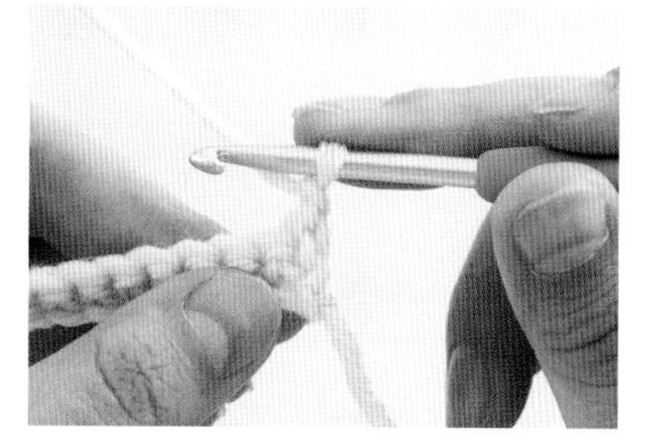

2 将步骤 1 中织片的右侧旋转按压至后面，然后用左手拿织片。

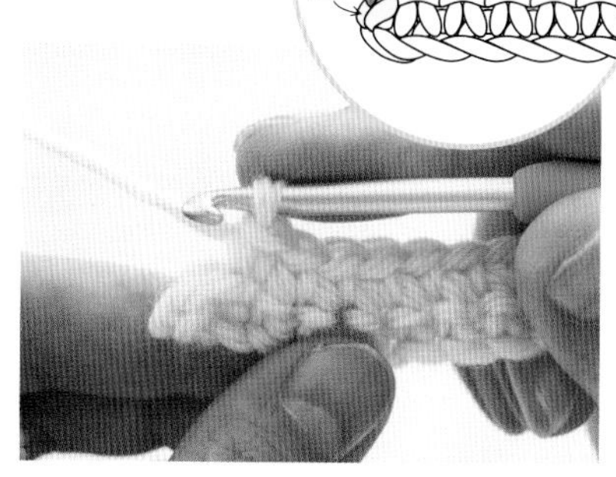

3 从右侧的针目开始钩织短针。注意不要挑第 2 行编织终点处的立织锁针。

●环形钩织时

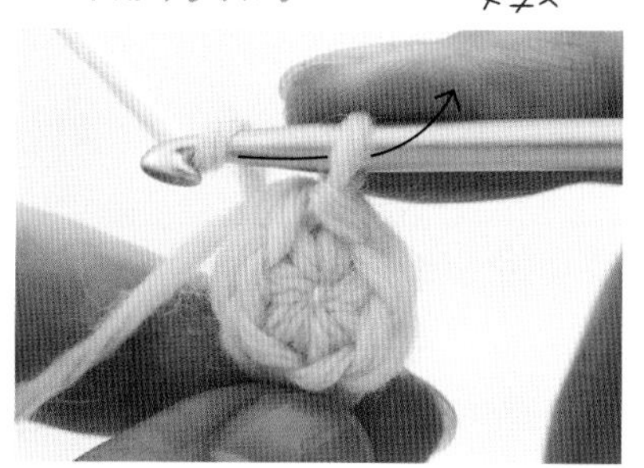

1 第 1 行钩织好的状态。然后接着立织 1 针锁针。

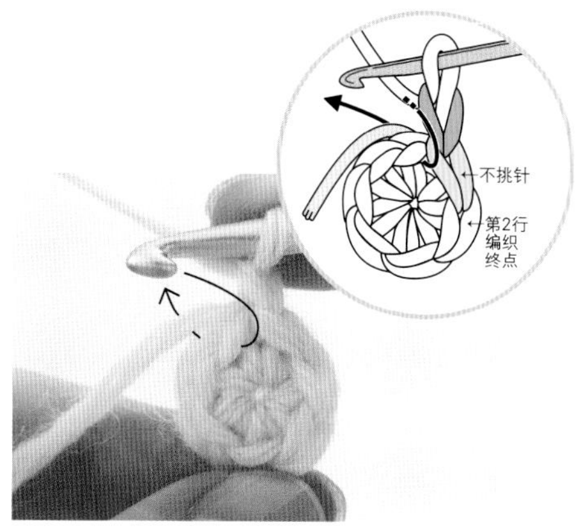

2 在上一行第 1 针的头部入针，钩织短针。因为线头在靠近织片的一侧，钩织的时候一起编入针目中。

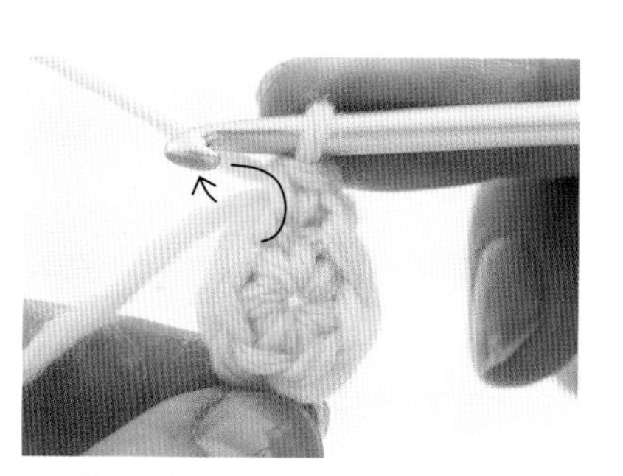

3 第 2 行钩织短针，在上一行每针短针头部的锁针 2 根线处钩入 2 针，最后钩织引拔针。

Point

短针以及其他编织方法在编织起点和编织终点挑针时的注意事项！

从第 2 行开始，因编织方法不同，短针的每行编织起点和编织终点的挑针位置，和其他的编织方法会有差异。

【短针】

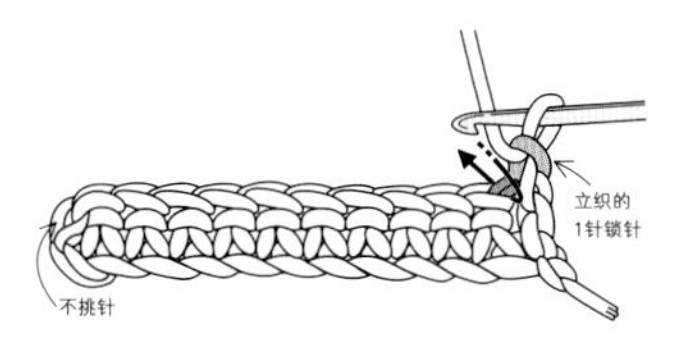

编织起点

在立织的锁针的根部入针。

编织终点

挑取上一行边端短针头部锁针的 2 根线。

【其他的编织方法】

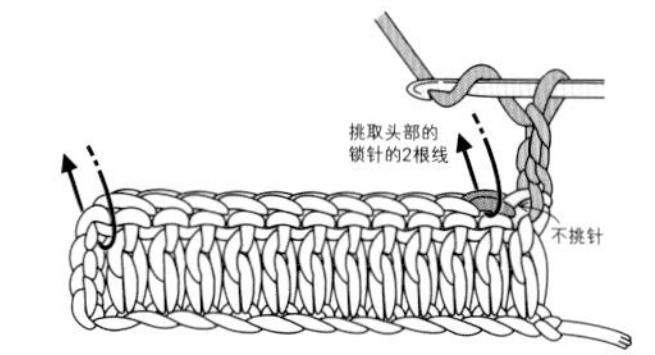

编织起点

在立织的下一个针目入针。

编织终点

把上一行立织针目头部（长针编织的话是第 3 针锁针）的 2 根线（锁针的里山和外侧半针）分开挑针编织。

※ 编织终点处针目的挑针方法参照 p.43

STEP5 完成篇

钩织完成后，还有一步就可以出成品了。那就是要把编织好的织片连接到一起，然后调整形状，或是处理线头等。
一定要按照正确的顺序，把作品整理得干净漂亮。最后再用蒸汽熨斗定型。

●编织终点线头的处理方法

在编织终点，预留好一定长度的线后剪断，再引拔。
如果只是穿过织片的话，大概需要预留 15cm 长；如果是接合或缝合的话，大概需要预留连接长度的 2.5~3 倍长的线头。

1 在编织终点处钩针挂线，引拔。

2 引拔时，线拉出的长度要多一些。

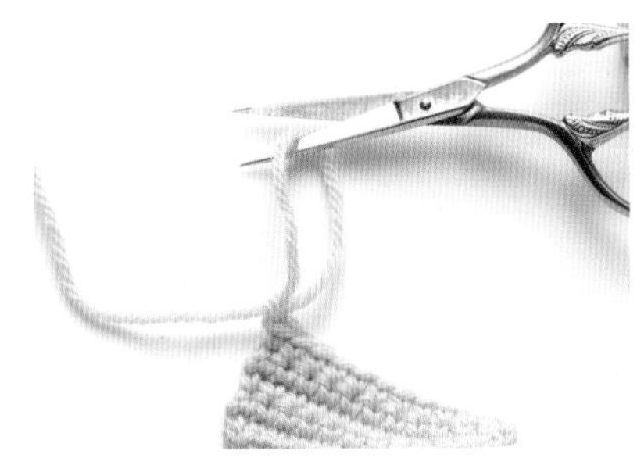

3 从环的中间剪断，拉出线。

●不同情况下线头的处理方法

毛线缝针穿过线的边端，尽量用不显眼的方式处理线头。
为了使成品更漂亮，尽量使用与织片同色的线缝合。

编织终点线头的处理

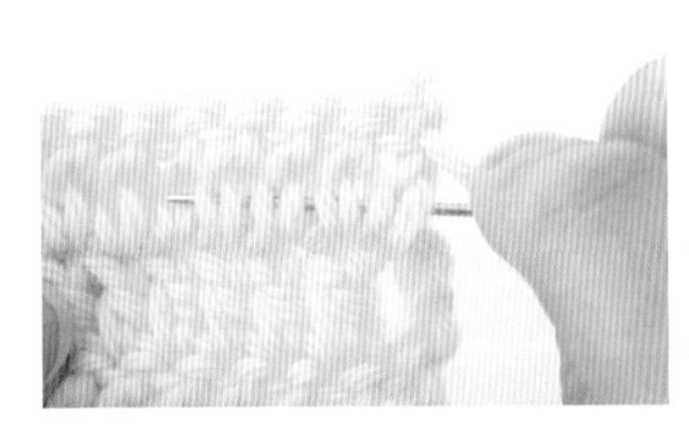

钩织区分正、反面的作品时，用针穿线后，在织片的反面留 3~4cm 长的线后剪断线头。

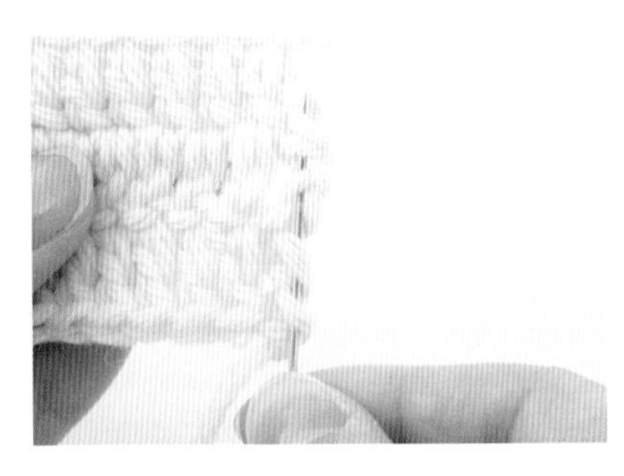

如果是反面也可看见的作品，就把线卷针缝缝到边端的针目里，这样成品看起来就会很漂亮。

编织起点线头的处理

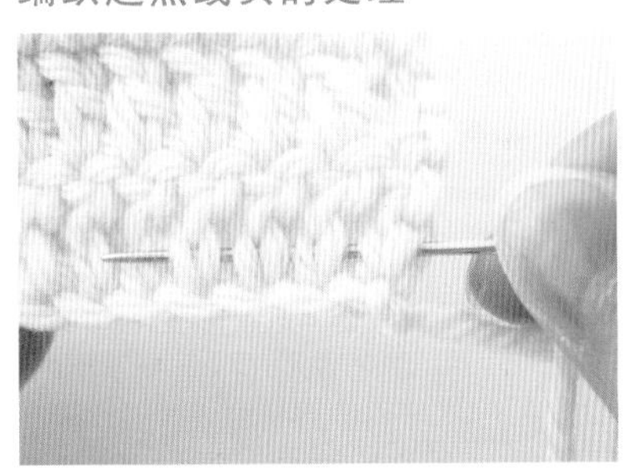

钩织区分正、反面的作品时，就把线头藏到织片反面。

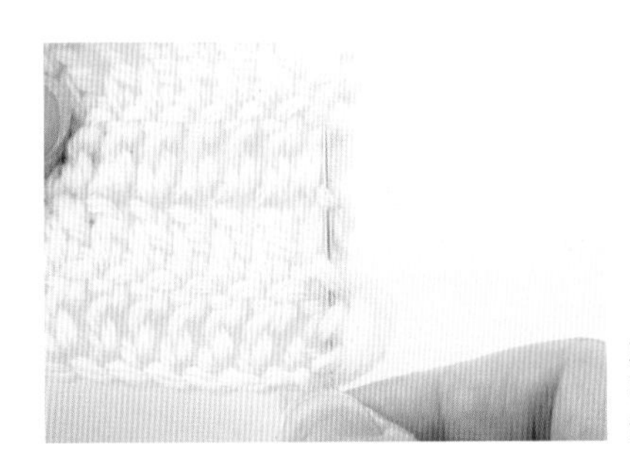

如果是反面也可看见的作品，就把线藏到边端的针目后剪断。

●接合方法、缝合方法

一般来说，把两个织片连接在一起，如果是行与行连接时，就用接合；如果是针目和针目连接时，就用缝合。
不论是哪种连接方式，保证成品美观漂亮的技巧都是一样的，挑针的间隙都要保持均匀，不能过松，也不能过紧。

引拔接合（在针目头部入针）

因为针目会重叠到一起，所以接合处会有点厚。

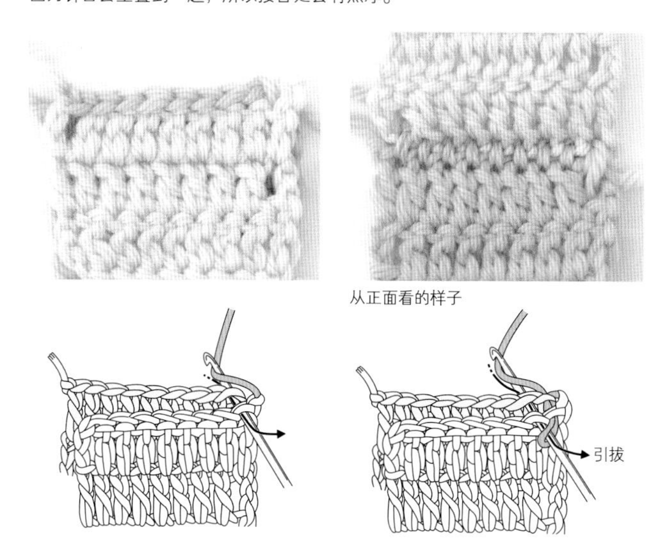

从正面看的样子

把织片正面相对对齐，在最后一行的头针处，将钩针插入 2 片织片中引拔。这里的要点是引拔针针目的大小要与织片针目的大小相同。接合终点的线头处理方法与“编织终点线头的处理”（p.24）方法相同。

卷针缝缝合（在针目头部入针）

使用毛线缝针做卷针缝缝合。

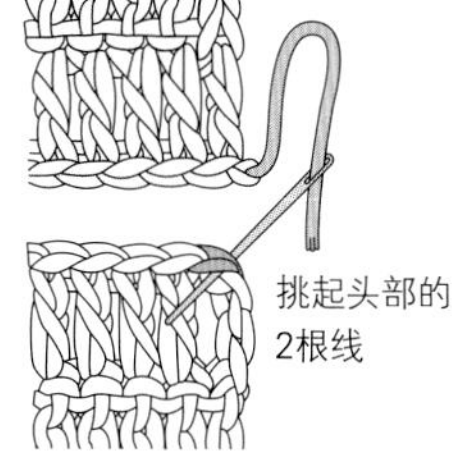

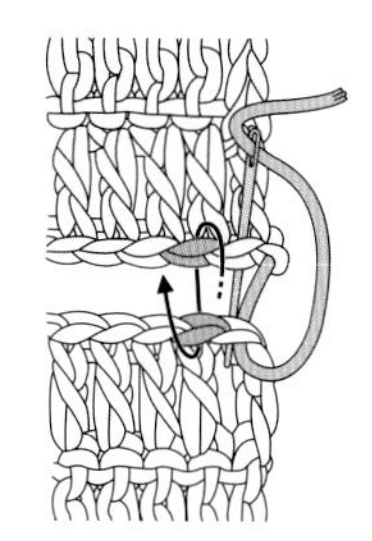

把织片的正面对齐，分别挑起 2 片织片最后一行锁针头部的 2 根线（有时候也会把头部的半针缝合）。毛线缝针如图所示，从后向前入针，一针一针地缝合。在缝合的终点处，在相同位置重复入针一两次，然后在反面处理线头。

引拔接合（在针目上入针）

两端的半针完全消失，所有接合的针目都可以看到。

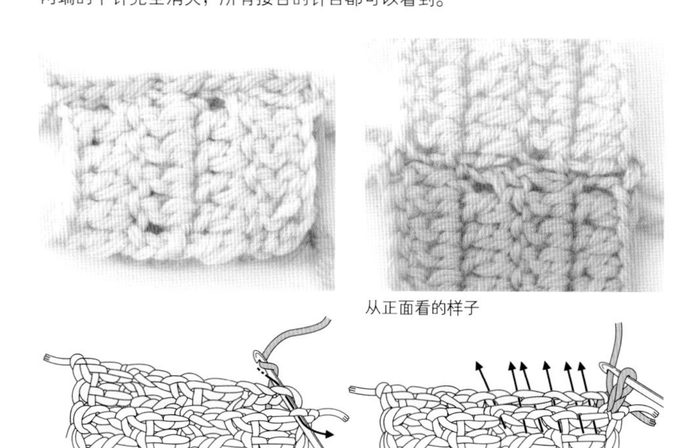
从正面看的样子

将织片正面相对对齐，把起针的锁针对齐钩引拔针。然后，把 2 片织片边端的针目分开后入针，重复编织与织片针目高度相应的针数。接合终点处的线头处理方法与“编织终点线头的处理”（p.24）方法相同。

卷针缝缝合（在针目上入针）

使用毛线缝针在同一个地方入针缝合。

从正面看的样子

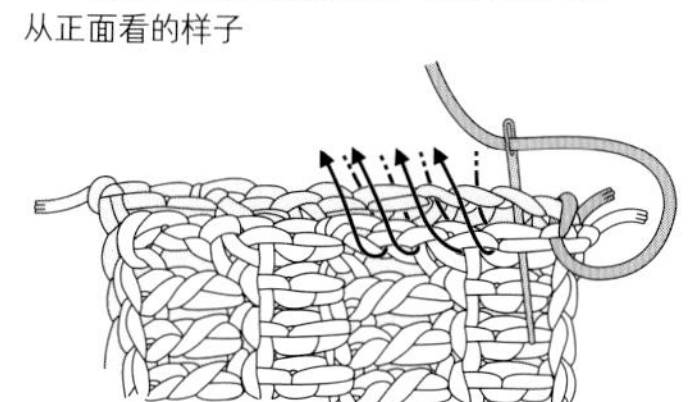

将 2 片织片正面相对对齐，用毛线缝针在起针的锁针针目处（从后向前）入针。然后，分开 2 片织片边端针目接合。如果是长针，那么 1 行的高度需要缝合两三次。接合的终点处，用毛线缝针在同一个地方重复入针一两次，然后在反面处理线头。

●熨烫的方法

把卷曲或歪斜的织片用蒸汽熨斗熨平，成品会非常漂亮。
但是，千万不能直接把熨斗放在织片上，这样会破坏针目。

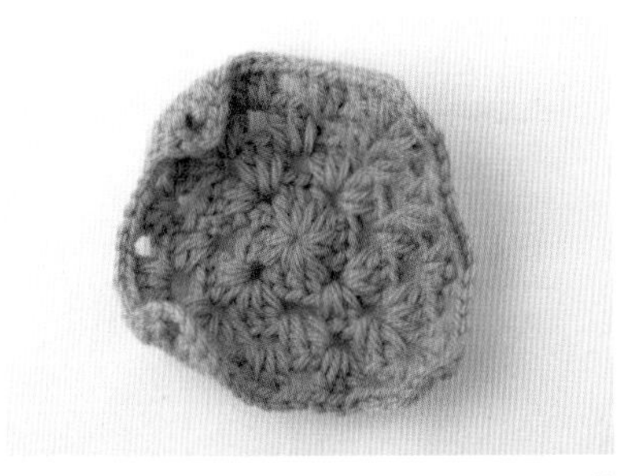

1 图中是编织完的花片。织片的边角上卷，整个织片看起来有些变形。

2 将织片反面朝上放置，把织片调整到与成品大致相同的尺寸，然后用扁平头珠针固定在操作台上，调整织片的形状。可以一边测量成品的尺寸一边插入扁平头珠针。如果有成品的原尺寸图，也可以对照着尺寸图插针。当然，也可以在下面铺上方眼用纸。

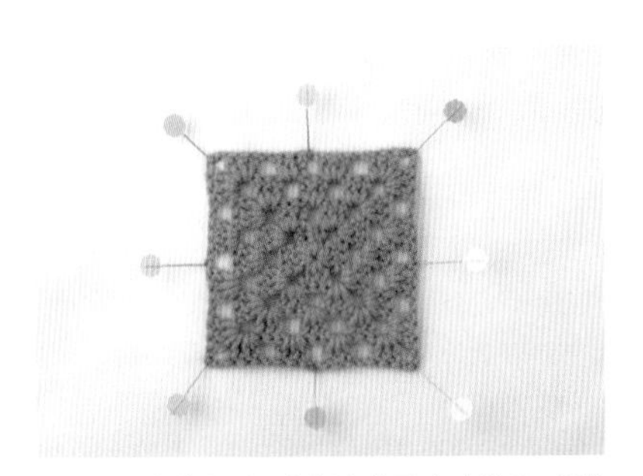

3 在对角线上的四角插上扁平头珠针后，调整织片的形状，然后在每条边中间也插上扁平头珠针固定。

扁平头珠针呈 45° 角倾斜插在操作台上，熨烫时会比较方便。

4 用蒸汽熨斗把每个地方都均匀地熨平，熨斗不要直接放到织片上。

熨斗距织片 2~3cm 加热效果会更好。

5 等熨斗的热气完全消退，织片形状稳定后再取掉扁平头珠针。

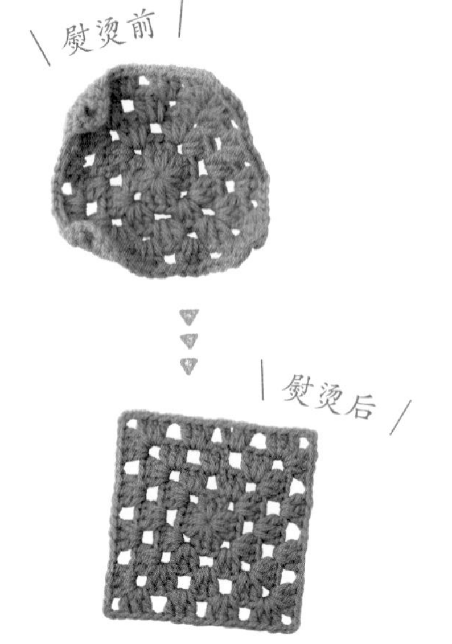

掌握后
更方便

一定要掌握的钩针编织小技巧

如果遇到小问题能自己解决，或是能够把自己的创意编织出来，那么钩针编织是不是会变得更加有趣呢？
所以，为了让编织工作进展得更加顺利有趣，我们一起来学习一些有用的编织小技巧吧。

中途线不够时

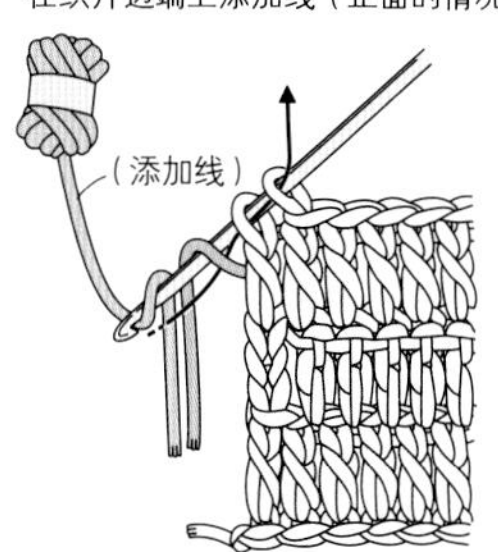

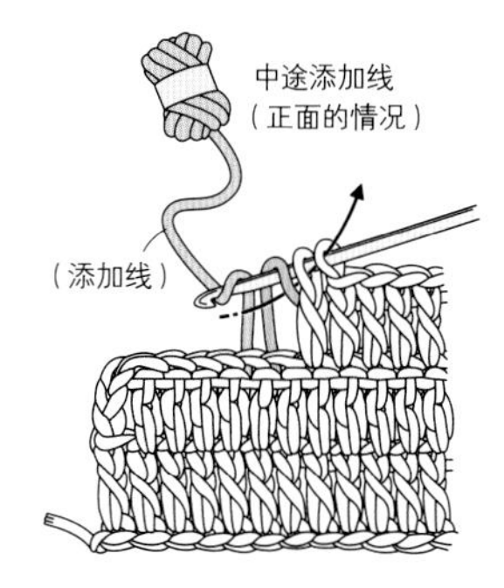

尽可能在织片的边端上替换线。在替换线之前的最后一针钩引拔针时，如果是正面朝前钩织，就把正在使用的线挂在钩针上，从前面拉向后面；如果是反面朝前钩织，就把线从后面拉向前面，然后用新线引拔钩织。在中途换线时，多余的线头和新线一起编织到织片中；在边上换线时，可以把多余的线头穿插到上、下针目中，这样织片整体看起来会整洁、美观。

中途线出现打结的情况时

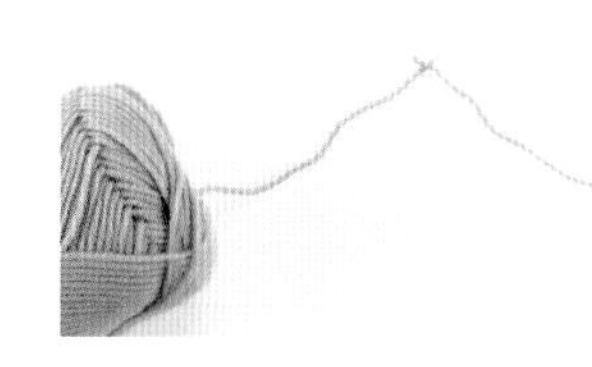

把打结的地方剪掉，在针目最后的引拔针处，接着钩织剪掉打结部分的线。因为这种情况大多会在钩织中途发生，所以要在钩织的时候把多余的部分钩到织片中。

在中途想换其他颜色的线时

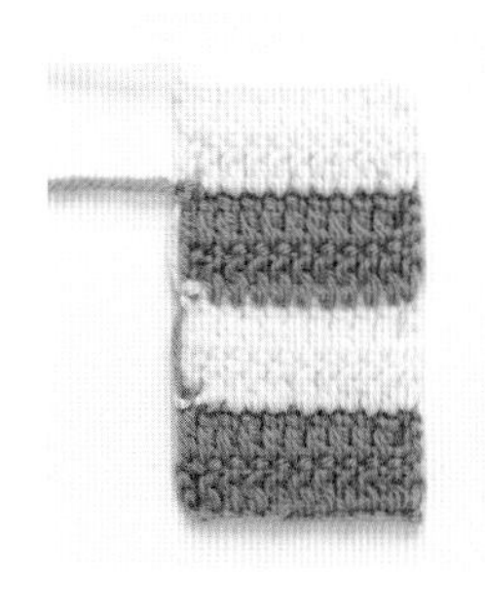

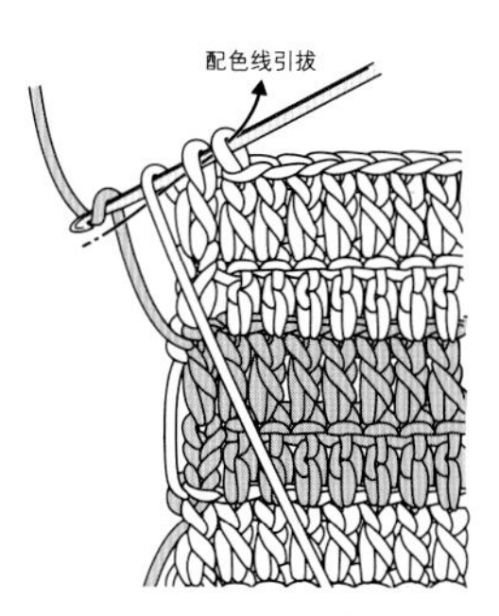

【在织片边端上换不同颜色的线】

边端最后一针引拔时更换为配色线钩织。替换方法与左侧的“中途线不够时”的方法相同。如图所示，把线绕到织片的反面，从正面看织片的整体感觉就会很美观。

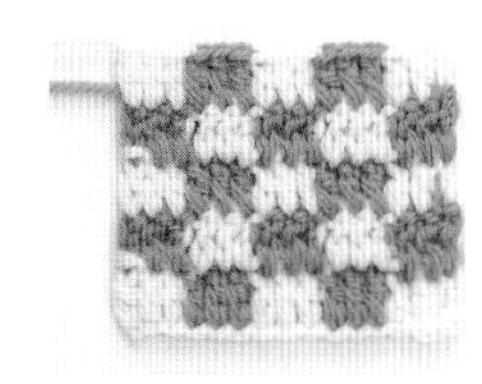

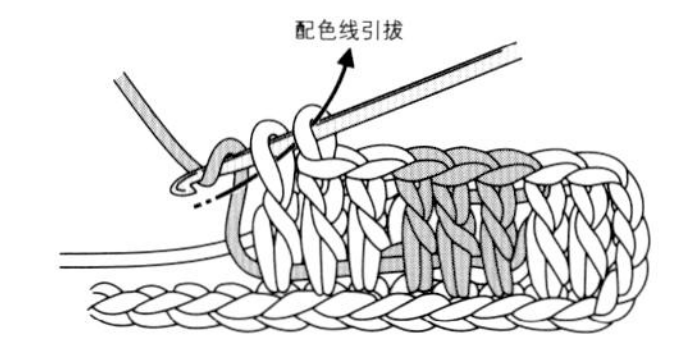

【在织片的中途换其他颜色的线】

在颜色交替前一针，最后引拔的位置换成配色线。如图所示，如果换线部分较短的话，可以把没编织的部分直接编到织片中。

Column

经常会出现的一些问题

虽然编织的是四边形织片，但是织完后发现织片成了梯形，这是因为忘了在每行编织终点的针目处挑针。因为在钩织的时候针数在不断减少，所以织片的宽度才会不断变小。在对钩织方法完全掌握和习惯之前，建议大家还是在钩织的时候确认每行的针数吧。

起针的地方收缩啦！这是因为起针部分的针目比织片紧造成的。如果是把起针全部挑起编织的织片，锁针针目的线会被拉拽，导致起针的宽度或长度变小。为了防止此类情况出现，推荐在起针时使用较粗的钩针，钩织的时候手劲儿也松一些（参照 p.13）。

课堂实践

灵活运用各种编织方法！

为了记住钩针编织的各种技巧，最好的方法就是编织作品。
在创作的过程中，手脑并用能够更快、更好地掌握常用的编织方法和步骤。

花朵花片小饰品

在钩织花片的时候就能把最重要的 4 种编织方法都掌握了。小饰品即使只有 1 片，存在感也很强。当然也可以用 2 根线制作稍大一些的作品。

设计和制作…浦 静华
制作方法…p.29~31、p.34

Level 1

花朵花片

因为尺寸都很小，所以很快就能完成，在做小饰品时很受欢迎。

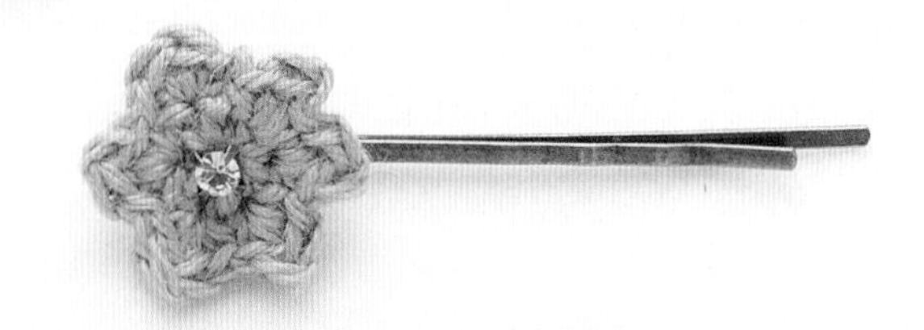

【使用的针法】

 环形起针…p.18　 锁针…p.10　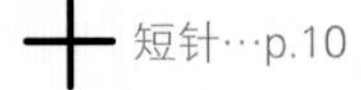 短针…p.10　 长针…p.10　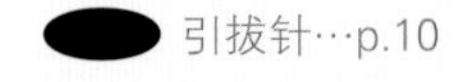 引拔针…p.10

How to make

花朵花片

※ 这是基础的花朵花片钩织方法。p.28 的戒指、包包饰物、发夹的制作方法参照 p.34

材料和工具
和麻纳卡 Pom Beans 橘黄色（8）少量
钩针 5/0 号

成品尺寸
花朵花片直径 3.5cm

编织要点
●环形起针开始编织。
●参照编织图编织 2 行。

花朵花片 ※符号图的看法参照p.9
（通用）

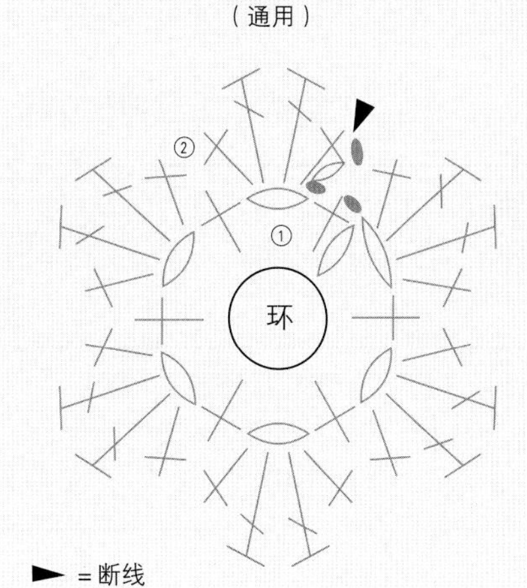

► = 断线

1 环形起针

●环形起针（用线做成环）

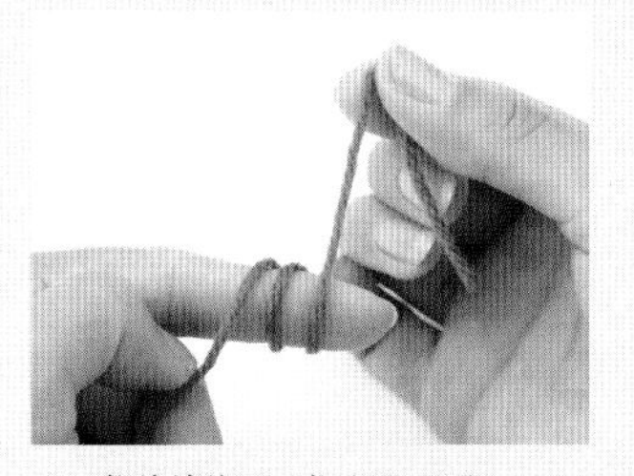

1 将线缠绕到手指上呈环形。
环形起针（用线做成环）参照 p.18

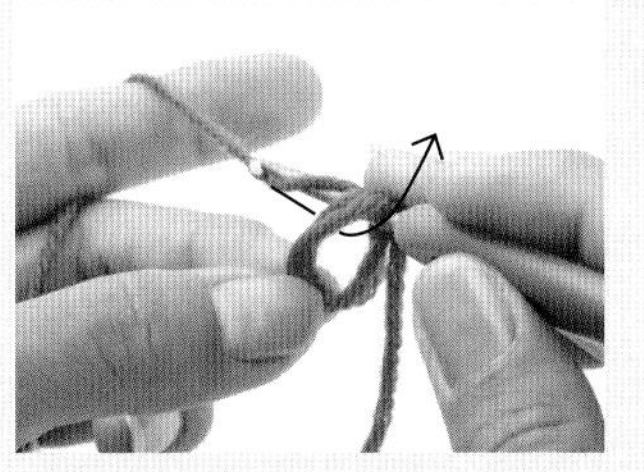

2 钩针插入环中，挂线后拉出。

3 图中所示是拉出后的样子。

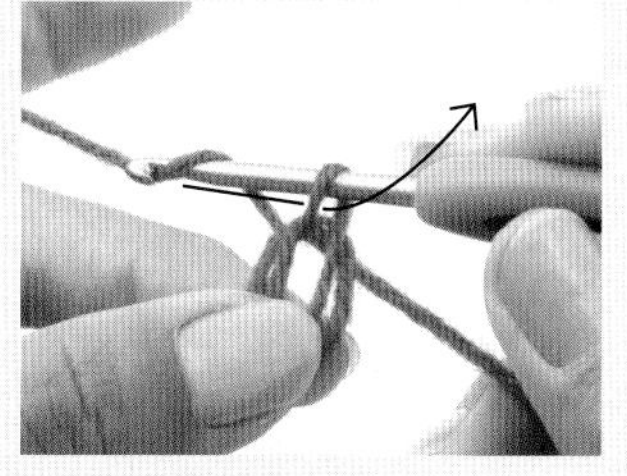

4 钩针再次挂线后拉出。

2 编织第 1 行

●立织（锁针）

5 最初的针目完成（这 1 针不计入针数）。

6 钩针挂线并拉出。
锁针参照 p.10

7 立织 1 针锁针后的样子。
立针编织参照 p.15

●短针

8 钩针插入环中，挂线后拉出。
短针参照 p.10

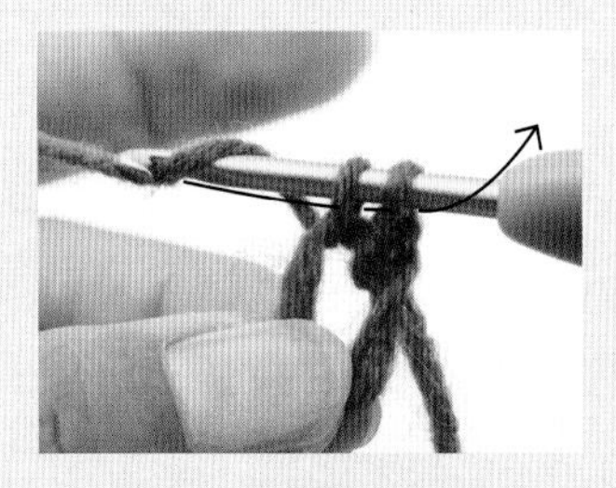

9 钩针再次挂线后，如箭头所示从2个线圈中引拔出。

10 1针短针编织完成。

11 然后，重复5次“1针锁针、1针短针”，最后编织1针锁针。编织完成后，抽出钩针，用力拉紧双层的中心的环。

环的拉紧方法参照 p.19 步骤 10~12

12 再用力拉紧线的一端。

●引拔针

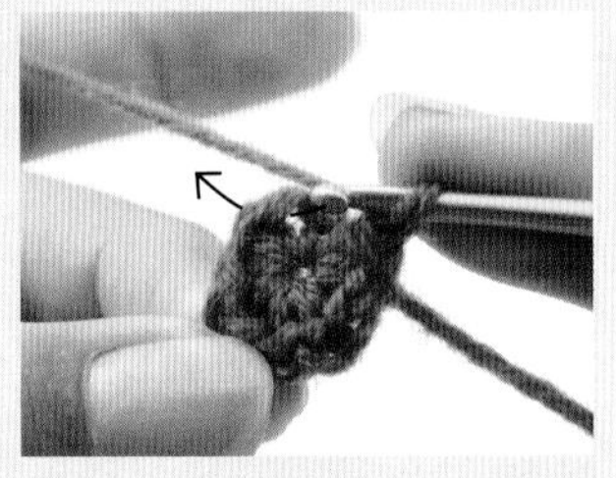

13 再把钩针放回针目中，在短针第1针的头部入针。

引拔针参照 p.10

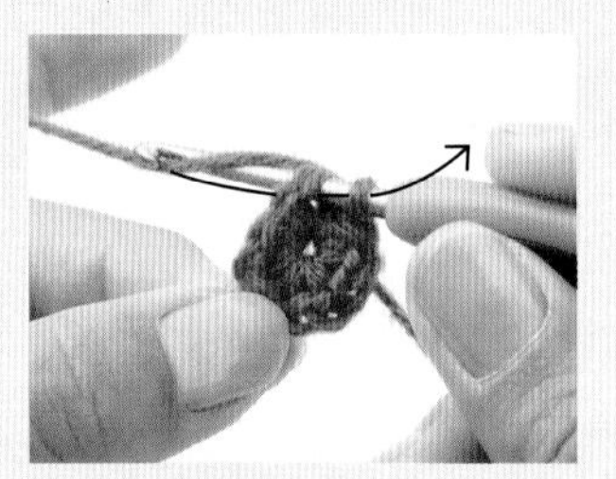

14 钩针挂线，如箭头所示引拔。

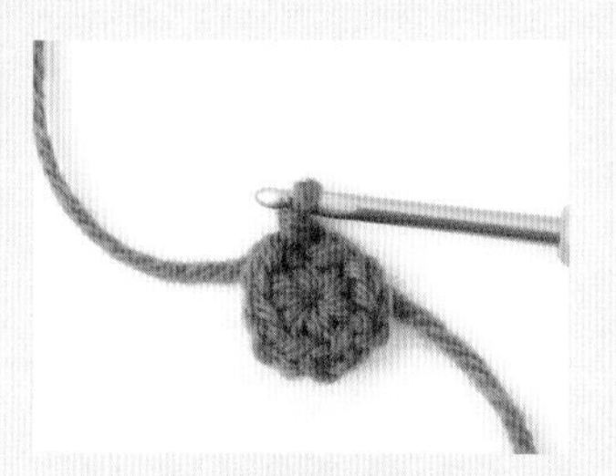

15 引拔后的样子，第1行钩织完成。

3 编织第2行

16 整段挑起上一行最初的锁针的针目后入针，钩织引拔针，移动位置。然后，立织1针锁针。

整段挑取参照 p.11

17 与步骤16相同，把上一行的锁针整段挑起后入针，然后钩针挂线拉出，最后钩针再次挂线。

18 从2个线圈中一起引拔出。图中所示是短针编织完成的样子。

●长针

19 钩针挂线。

长针参照 p.10

20 与步骤17相同，把上一行的锁针整段挑起后入针，然后钩针挂线拉出。

21 钩针挂线，从靠近针头的 2 个线圈中引拔。

22 再次挂线，从剩余的线圈中一并引拔出。

23 1 针长针钩织完成的样子。

24 然后，在与步骤 **17** 相同的位置，分别钩织 1 针长针和 1 针短针，这样就完成了 1 个花瓣。

25 同样，把上一行的锁针整段挑起后，按照 1 针短针、2 针长针、1 针短针的顺序重复钩织。

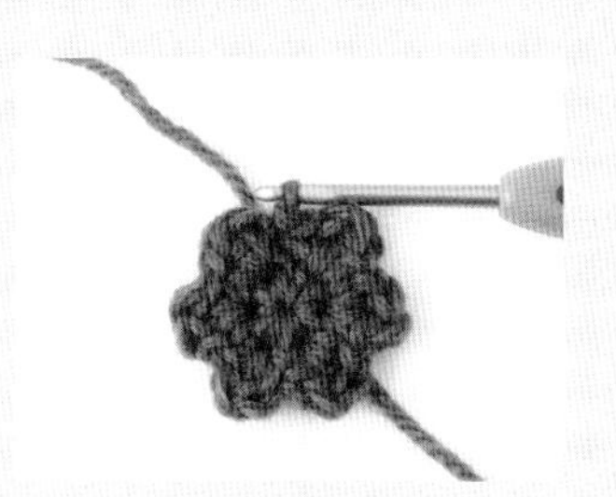

26 在短针的第 1 针的头部钩织引拔针，第 2 行钩织好的样子。

4 处理线头

27 钩针挂线后，如箭头所示引拔。

28 然后把线拉出足够长度，大约长 15cm，最后将拉出的线环剪断。

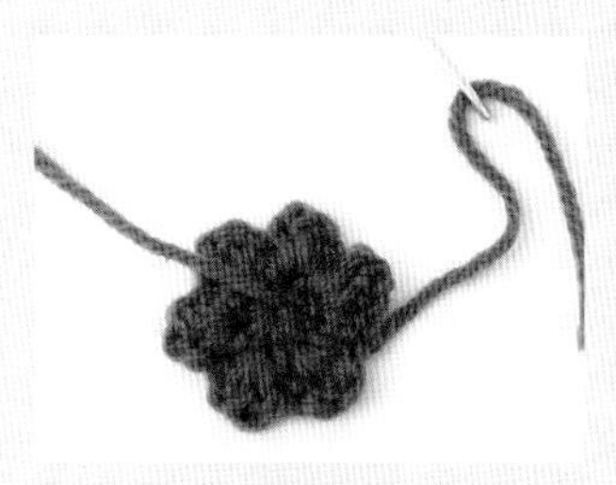

29 编织终点处的线头穿过毛线缝针。

30 在花片的反面，用毛线缝针把多余的线缝好。

31 剪断线时，尽量贴近织片。编织起点处的线头，缝到第 1 行的反面后剪断。

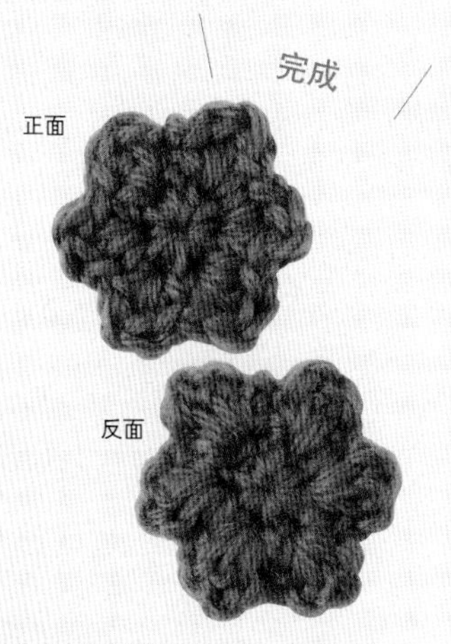

花片边缘有锁针状针目的一面是正面。如果织片有些卷曲，可以用蒸汽熨斗熨平。

Arrange

改变花片的材质和数量！

只需要掌握 1 片花朵花片的编织方法，
就可以在编织各种小饰品时随意变化。

使用马海毛线

项链

不妨尝试用蓬松柔软的马海毛线编织花朵花片，然后再缝到链子上，当作项链使用。花片数量不同，会使作品呈现出不同的感觉，这也是创作的关键。推荐装饰在貂皮大衣上。

制作方法…p.29~31、33

使用棉线

鞋花

把 3 片花朵花片组合在一起使鞋花看起来更大。用编织起点处多出来的棉线把 3 片花朵花片缝合到一起。其中一片花朵花片用原白色的棉线钩织，会使整个鞋花呈现出清爽宜人之感。

制作方法…p.29~31、33

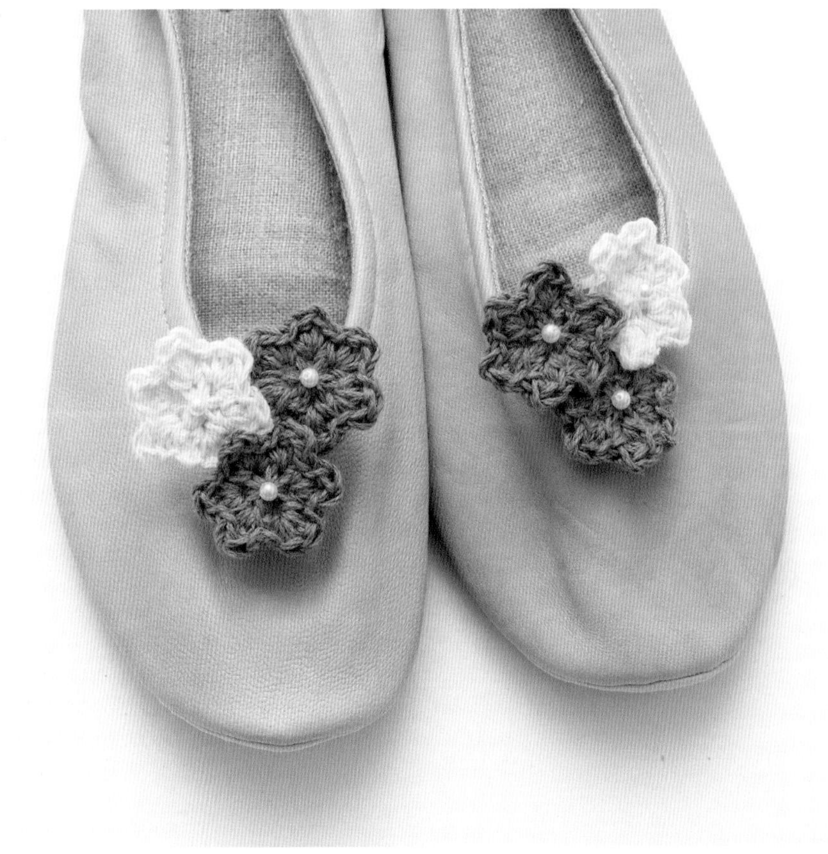

在背面用黏合剂粘上金属配件。

两个作品设计和制作…浦 静华

How to make

项链 图片 p.32

材料和工具

和麻纳卡　Mohair 奶油色（11）少量、链条62cm、直径3mm的圆环2个、直径4mm的圆环3个、项链扣1个、貂毛球1个、钩针4/0号

成品尺寸

花朵花片直径2.5cm

编织要点

●花朵花片的钩织方法参照通用的编织图（p.29），钩织2行。

●共钩织6片。

●参照成品图，将花朵花片与配件连接在一起。

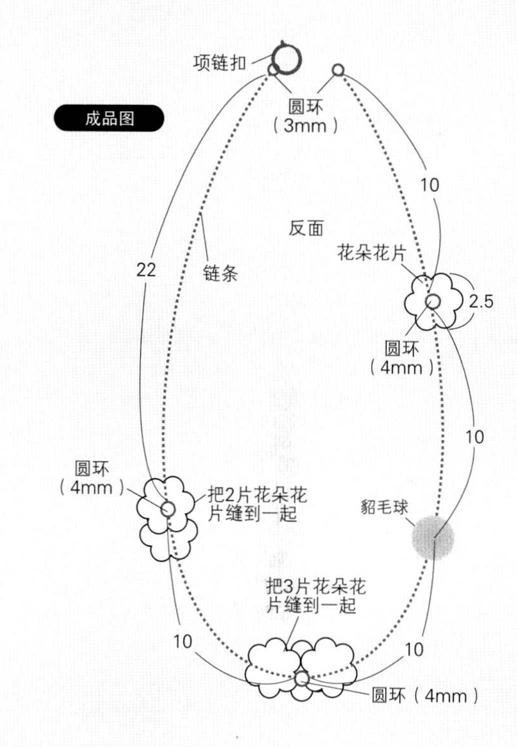

鞋花 图片 p.32

材料和工具

和麻纳卡　Flas C 淡紫色（5）少量、原白色（1）少量，金属夹扣2个，直径4mm的珍珠6颗，钩针5/0号

成品尺寸

花朵花片直径3cm

编织要点

●花朵花片的钩织方法参照通用的编织图（p.29），钩织2行。淡紫色花片钩织4片，原白色花片钩织2片。然后在每个花片的中心缝上珍珠，进行点缀。2片淡紫色和1片原白色花朵花片搭配在一起，共制作2组。

●金属夹扣粘在花朵花片的反面。

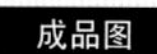

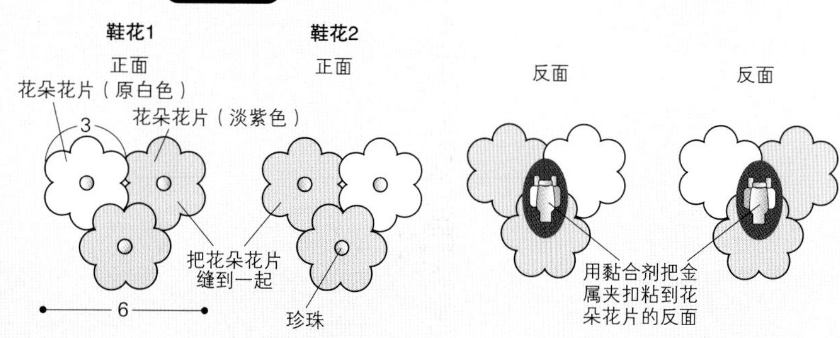

用小花片装饰一下其他的饰品如何?

根据 p.29~31 的编织方法钩织出小花片后，再尝试着搭配一些小饰品，改变一下吧！

把织好的花片固定到金属配件上，用手工用黏合剂（干燥后透明的一款）粘贴固定即可。

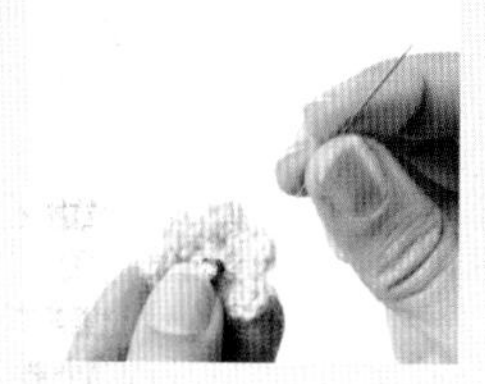

如果想添加一些串珠进行点缀，就用针把串珠缝到花片上即可。注意缝的时候要把针脚缝到织片的反面，在反面打结。

戒指 图片 p.28

材料和工具

和麻纳卡 Mohair 淡紫色（8）少量、带垫圈的戒托 1 个、直径3mm的带爪人造钻石1颗、钩针4/0号

成品尺寸

花朵花片直径3cm

编织要点

●花朵花片的钩织方法参照通用的编织图（p.29），钩织2行。

●带爪人造钻石缝在花朵花片的中心，然后在花朵花片的反面缝上戒托。

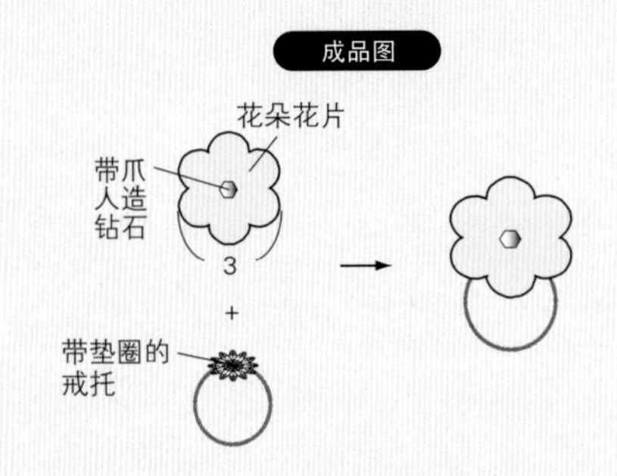

包包饰物 图片 p.28

材料和工具

和麻纳卡 Organic Wool Field 紫红色（8）、粉红色（7）各少量，直径3mm的串珠2颗，宽13mm的蕾丝15cm，链条8cm，直径5mm的圆环2个，直径13mm的金属环1个，龙虾扣1个，钩针5/0号、7/0号

成品尺寸

花朵花片直径（1根线）3cm

花朵花片直径（2根线）5cm

编织要点

●花朵花片的钩织方法参照通用的编织图（p.29），钩织2行。1根线的花片（用5/0号钩针），紫红色和粉红色各钩织1片，2根线的花片（用7/0号钩针）只需要用紫红色线钩织1片即可。

●串珠缝在用1根线钩织的花片的中心。

●参照成品图，把花朵花片和配件连接在一起。

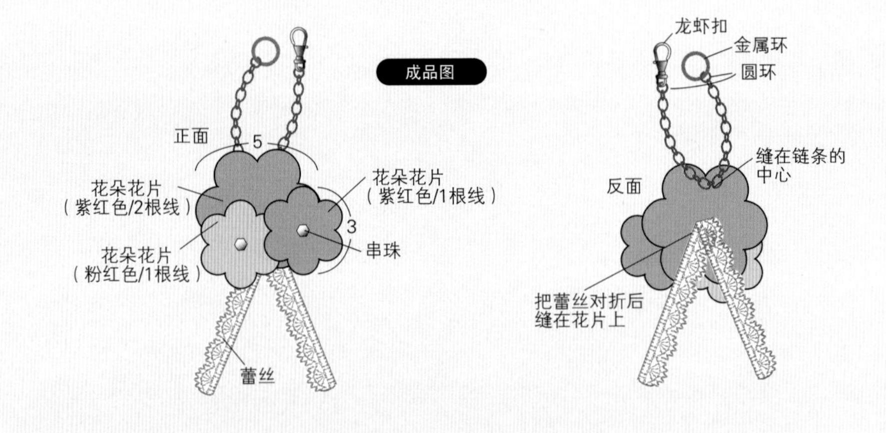

发夹 图片 p.28

材料和工具

棉线（中细） 浅橙色少量、带垫圈的发夹1个、直径3mm的带爪人造钻石1颗、钩针3/0号

成品尺寸

花朵花片直径2.5cm

编织要点

●花朵花片的钩织方法参照通用的编织图（p.29），钩织2行。

●带爪人造钻石缝在花片的中心，在花朵花片的反面缝上发夹。

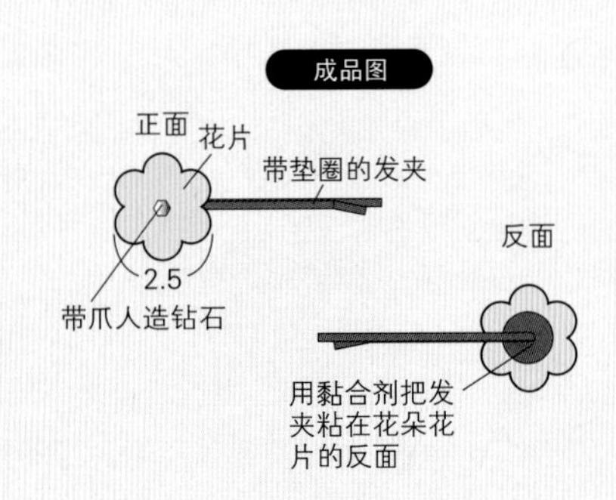

Level 2
围巾

钩织方法很简单，直接钩织就可以。
这是每次都会推荐给初学者的必备品。

长针钩织的横条纹围巾

用长针往返编织即可完成，两端的横条纹和长流苏是其亮点。钩织时手劲不同会使围巾的宽度有差异，所以在钩织的时候一定要注意确认宽度。

设计和制作…草本美树
制作方法…p.36~39

【使用的针法】

锁针…p.10

长针…p.10

长针钩织的横条纹围巾

材料和工具

和麻纳卡 Organic Wool Field 蓝色（5）130g、米色（2）10g，钩针5/0号（起针用7/0号钩针）

成品尺寸

126cm（含流苏）×24cm

密度

10cm×10cm面积内：长针17.5针、12行

编织要点

●主体钩42针锁针起针，参照图示，在钩织长针的中途更换颜色，钩织133行。

●流苏是用蓝色的线剪成84根长24cm的线，然后分别在主体的编织起点和编织终点的42处连接，最后剪成8cm长。

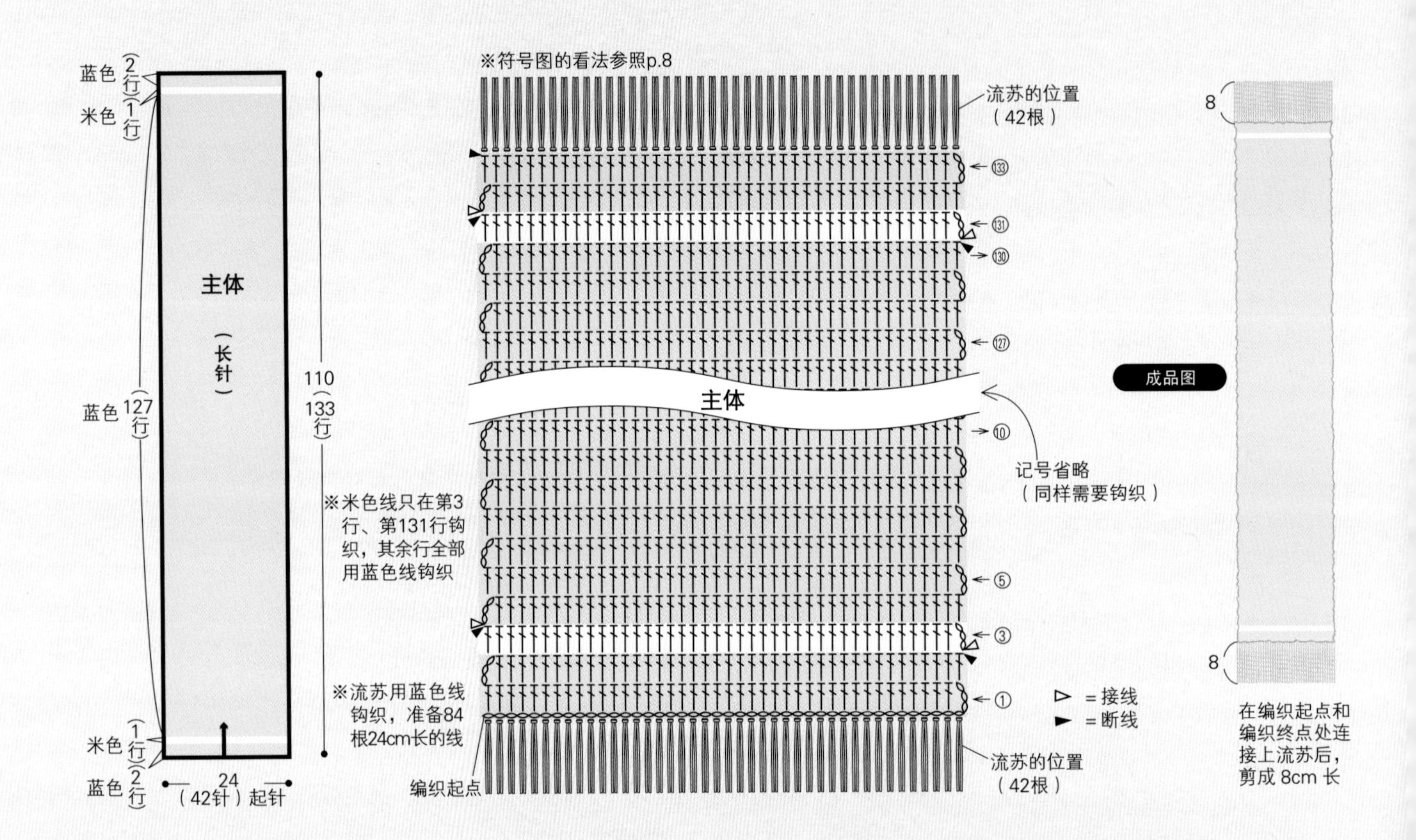

1 用蓝色线锁针起针

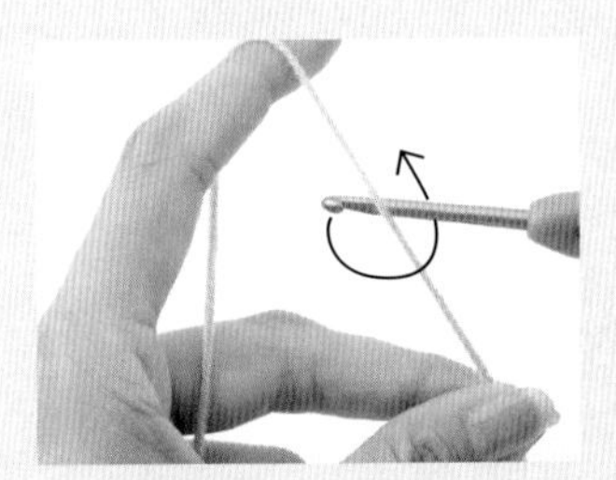

1 把7/0号钩针放在蓝色线的后面，然后如箭头所示转动钩针，把线绕在钩针上。

起针方法参照 p.13

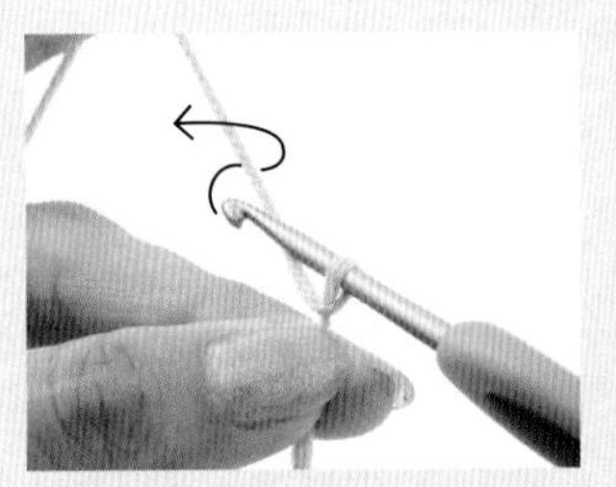

2 如箭头所示方向转动钩针，挂线。

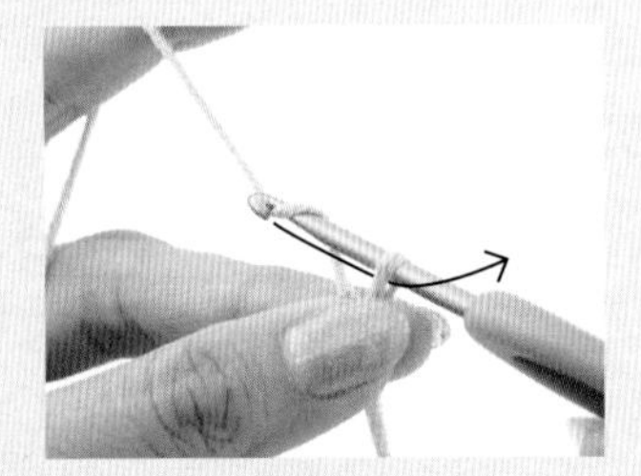

3 将线拉出。

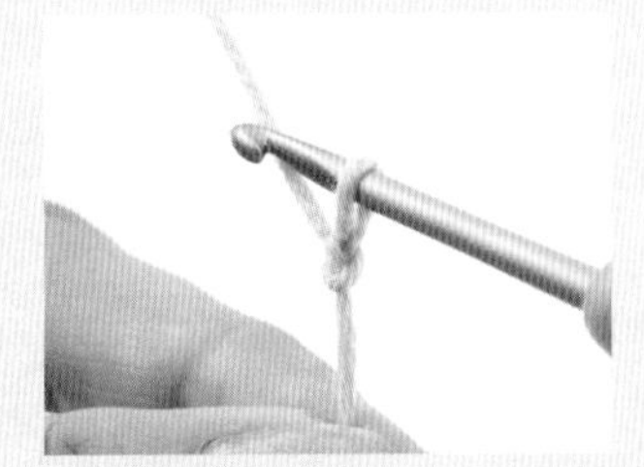

4 拉线头，收紧针目。图中是最初的针目编织好的样子（这一针不算作第1针）。

●锁针

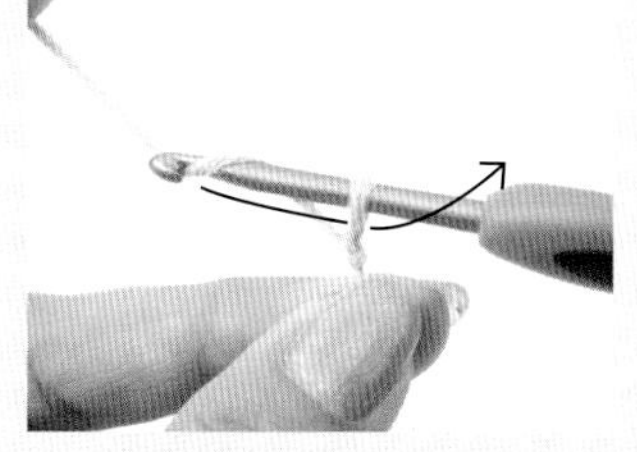

5 钩针挂线后引拔。

6 1针锁针钩织好的样子。

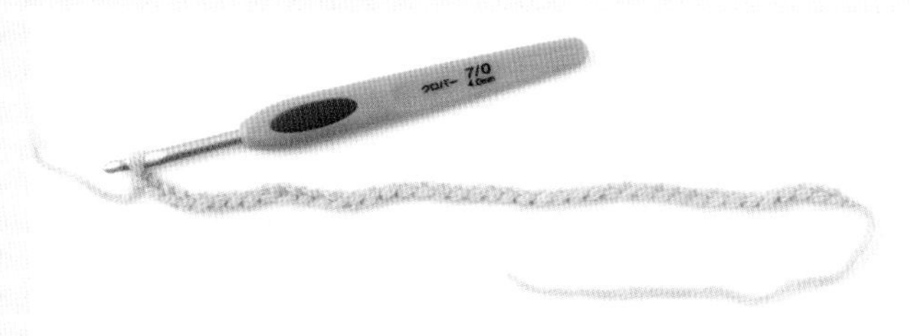

7 按照同样的方法钩织42针锁针。图中是起针编织好的样子（起针用大2号的钩针，参照p.13）。

2 第1行

●长针

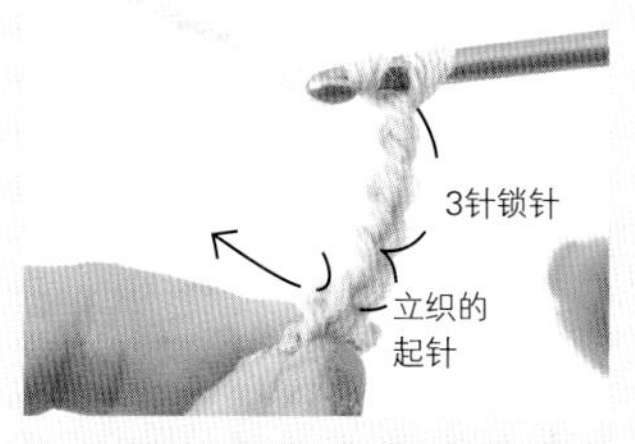

8 换成5/0号钩针，立织3针锁针，然后钩针挂线，在起针第2针的里山（从钩针下面开始数第5针的里山）入针。

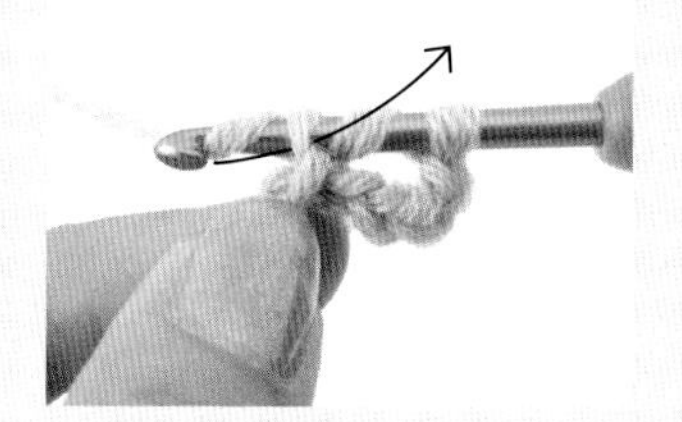

9 钩针挂线后拉出。

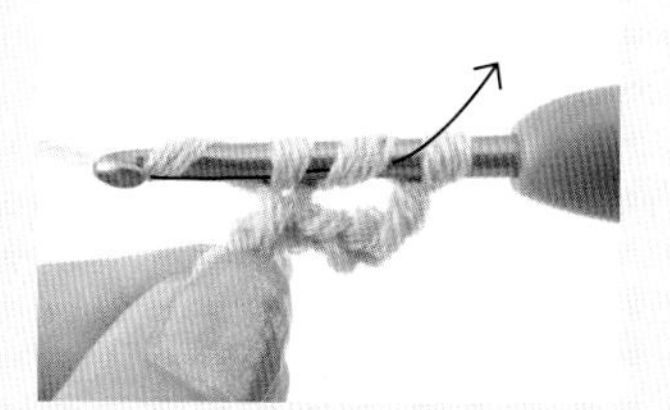

10 钩针挂线，从靠近针头的2个线圈中引拔。

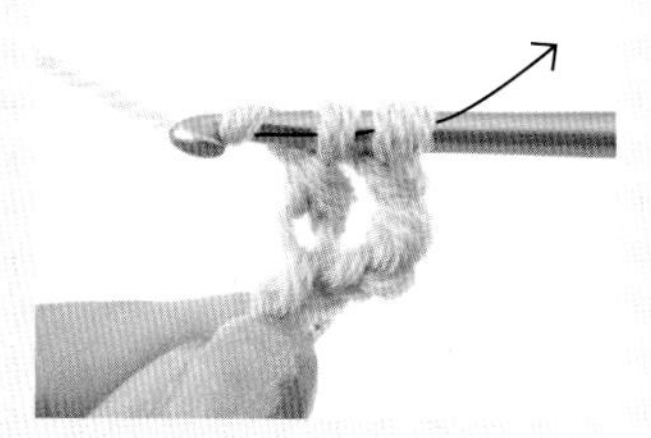

11 钩针挂线，从剩余的线圈中一并引拔出。

3 第2行

●换线编织的方法…第3行的配色线与前一行最后的针目连接

12 图中是1针长针钩织完成的样子。

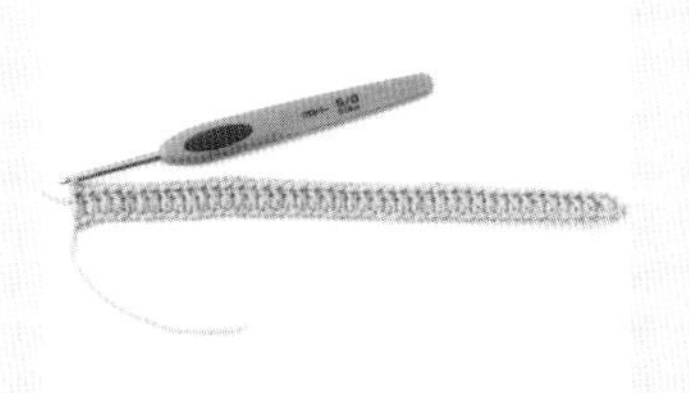

13 同样从里山挑针，用长针钩织到最后。图中是第1行钩织完的样子。

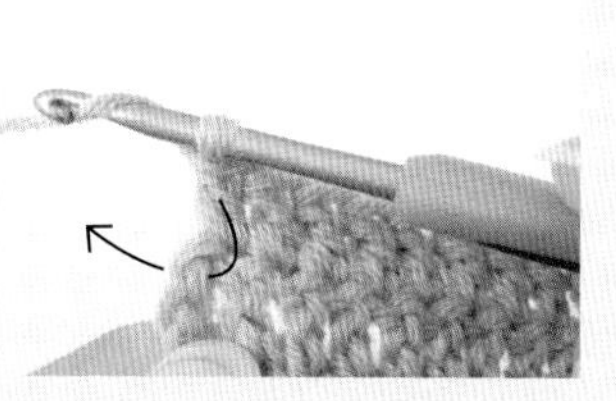

14 如图所示，第2行立织3针锁针，然后钩织长针。在长针最后针目处换线。首先，钩针挂线，如箭头所示方向入针。

编织起点的挑针方法参照p.23

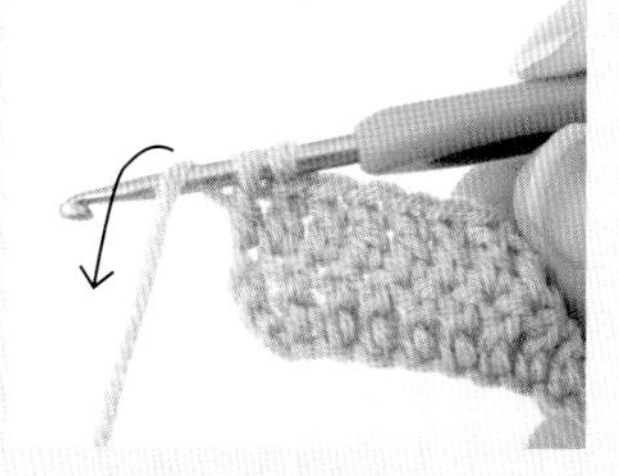

15 将线拉出，钩织出未完成的长针后，将蓝色线（主体线）从后面拉向前面。

未完成的长针参照p.10（长针的步骤3） 换线方法参照p.27（反面的情况）

4 用米色线钩织第 3 行

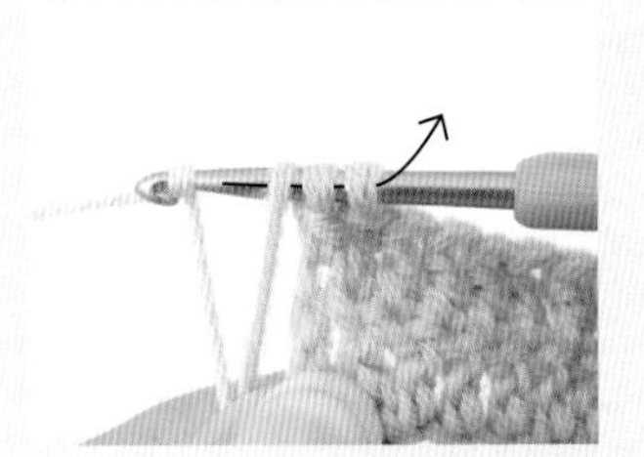

16 钩针挂线（米色线：第 3 行的配色线），如箭头所示方向引拔。

17 替换成米色线的样子，第 2 行钩织好后，蓝色线大概预留 15cm 长后剪断。

18 立织 3 针锁针。

19 调换织片的方向，按编织图钩织长针。

●更换线编织的方法…第 4 行的线与前一行最后的针目连接

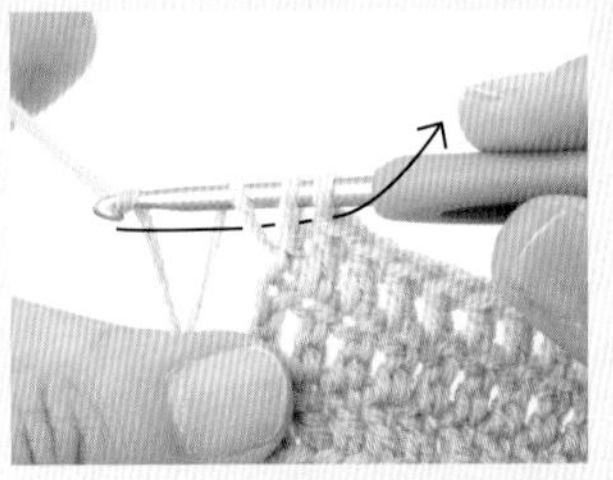

20 在长针的最后一针处更换线。首先，钩针挂线后，挑起边端的针目。

21 钩织未完成的长针，然后把米色线从前面拉向后面后挂线，接着把蓝色线绕到钩针上，按箭头所示方向引拔。
换线方法参照 p.27（正面的情况）

22 线替换成蓝色的状态，第 3 行钩织好后，米色线大概预留 15cm 长后剪断。

5 用蓝色线钩织第 4 行

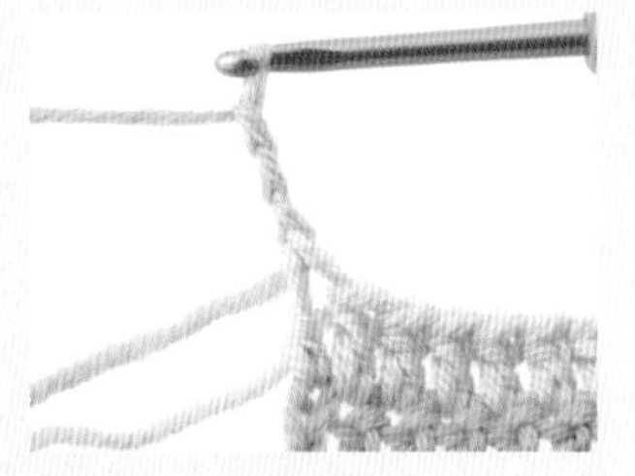

23 立织 3 针锁针。

24 改变织片的方向，按编织图钩织长针。

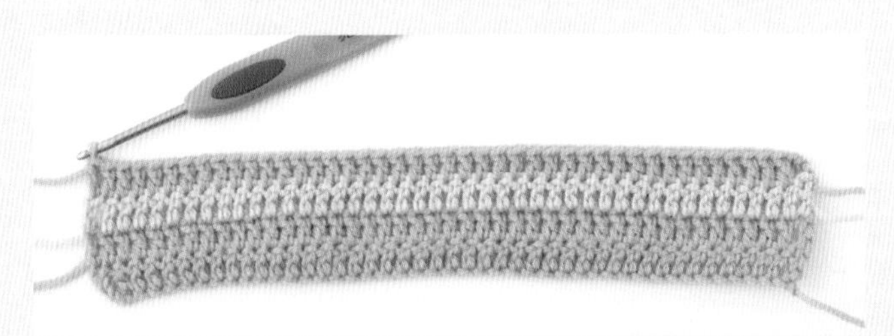

25 长针钩织到最后，完成第 4 行。

6 长针钩织到第 133 行

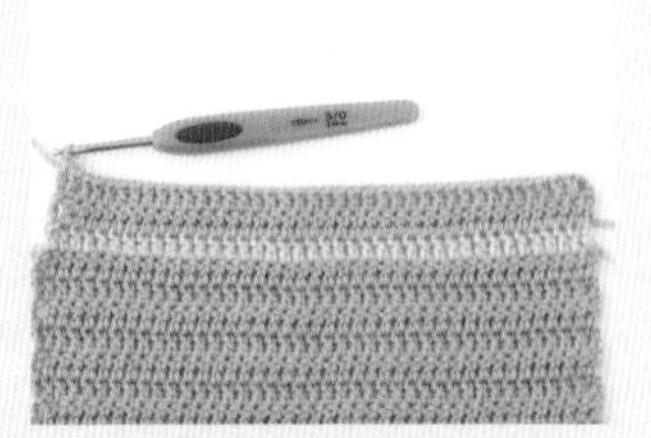

26 用蓝色线钩织到第 130 行，然后第 131 行换成米色线，第 132、133 行再换成蓝色线，最后将 133 行全部织完。

7 处理线头

27 把绕在钩针上的线拉出。
编织终点线头的处理参照 p.24

28 预留约 15cm 长的线后剪断，然后拉住线头，拉紧针目。

颜色更换处的米色线缝入织片的米色部分

29 把线头穿入毛衣缝针中，织片反面朝上，把多余的线缝入织片同颜色处。编织起点处的预留线也按照相同方法处理。

30 缝入 3~4cm 后剪断剩余的线。

8 连接流苏

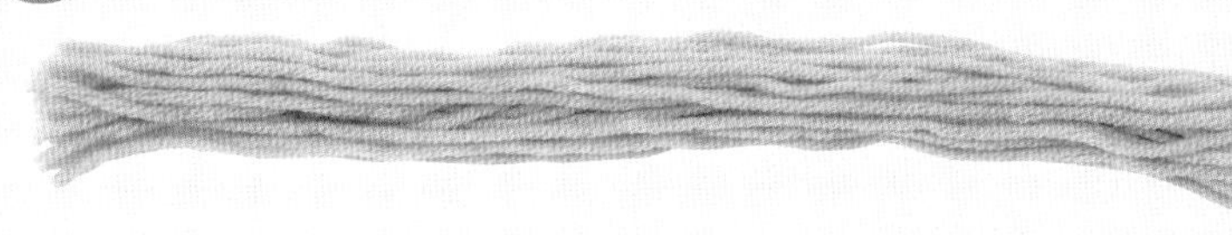

31 把蓝色线剪成 24cm 长，共准备 84 根，制作流苏用。

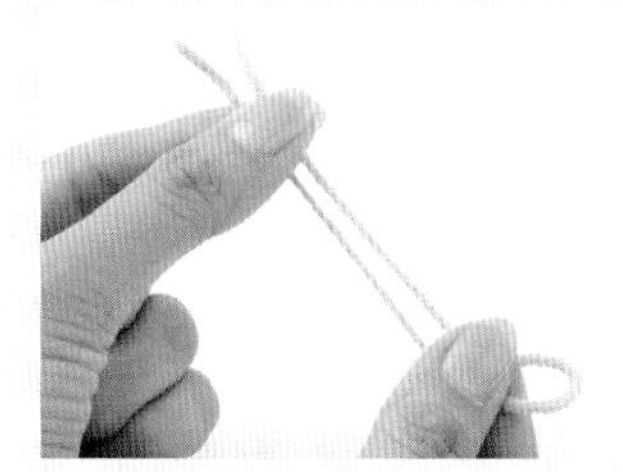

32 把 1 根线对折。

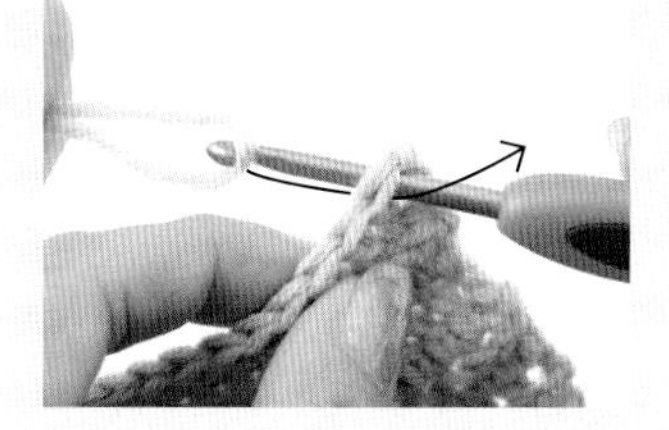

33 从锁针 2 根线的反面入针，用钩针钩住步骤 **32** 中对折的线后拉出。

34 剩余的部分从拉出的线圈中穿过。

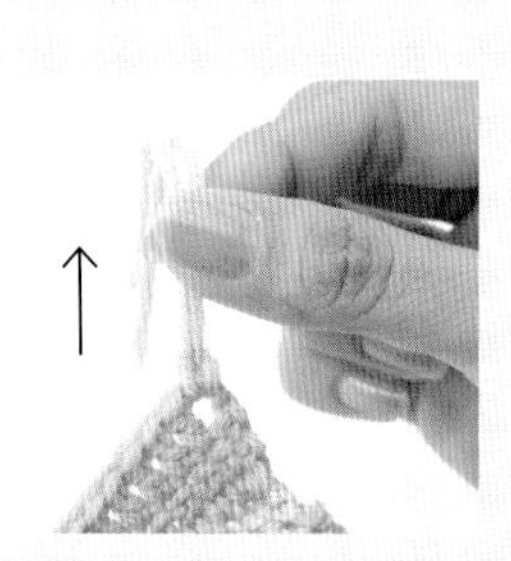

35 把线拉紧。1 根流苏就系好了。

反面

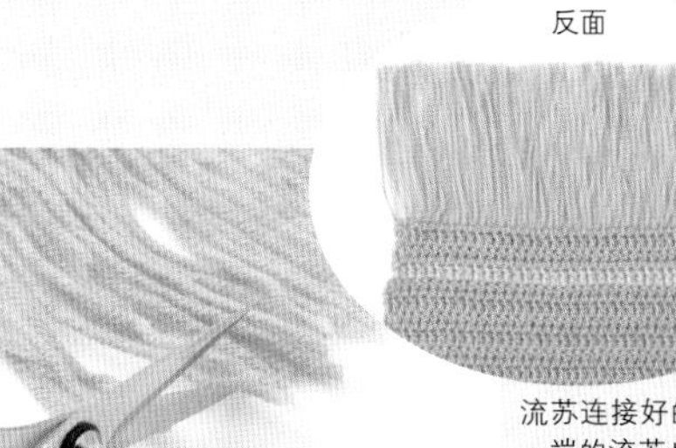

流苏连接好的样子，另一端的流苏也按照相同方法连接

36 按照相同的方法在织片边端的 42 个针目中全部连接上流苏，然后整理流苏，用剪刀裁剪成相同长度。

完成

反面

像围巾这种平面的往返编织，在钩织的时候很容易忘记挑起边端上的针目，所以在钩织的时候要多次确认针数。

Step up

不妨试一下方眼针钩织的围巾！

除了横条纹，还可以用锁针和长针搭配的方眼针钩织出各种花样。

埃菲尔铁塔图案的围巾

织片整体都是方眼针，镂空的设计不会给织物任何沉重感，同时要在围巾的两端钩织出埃菲尔铁塔的形状。如果用棉线钩织，还可以当作披肩使用。

设计和制作…草本美树
制作方法…p.41

什么是方眼针

方眼针是用长针和锁针结合钩织出方格状花样的编织方法。通过将网眼花样和非网眼花样搭配，可以钩织出各种图案。方眼针经常在钩织平面作品时使用。

什么是整段挑针

不是把上一行的锁针针目分开后挑针，而是将整个锁针链挑起钩织。

Point Lesson

整段挑针后钩织长针

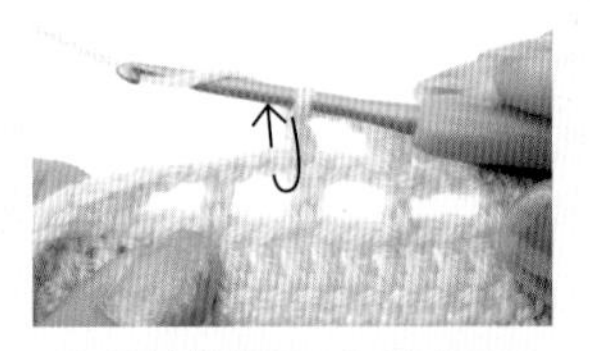

1 钩针挂线后，如箭头所示，将上一行锁针挑起。

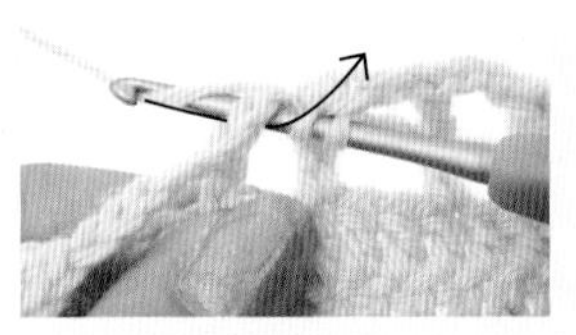

2 钩针挂线后拉出。

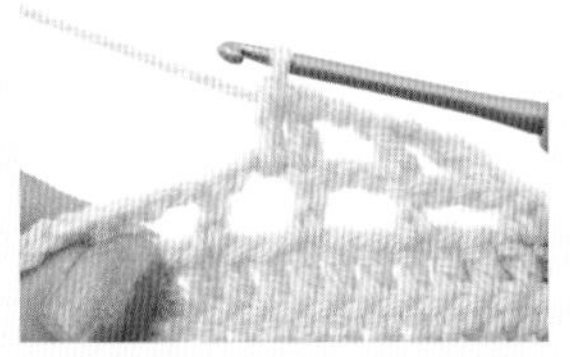

3 用长针盖住锁针钩织的部分。

How to make

埃菲尔铁塔图案的围巾

图片 p.40

材料和工具

毛线（中细）黄色80g、钩针3/0号

成品尺寸

162cm×14cm

密度

10cm×10cm面积内：编织花样A、B、C分别为31.5针，14行

编织要点

●主体钩44针锁针起针，然后参照图示做编织花样A、B、C、D，共钩227行。

▷ = 接线

► = 断线

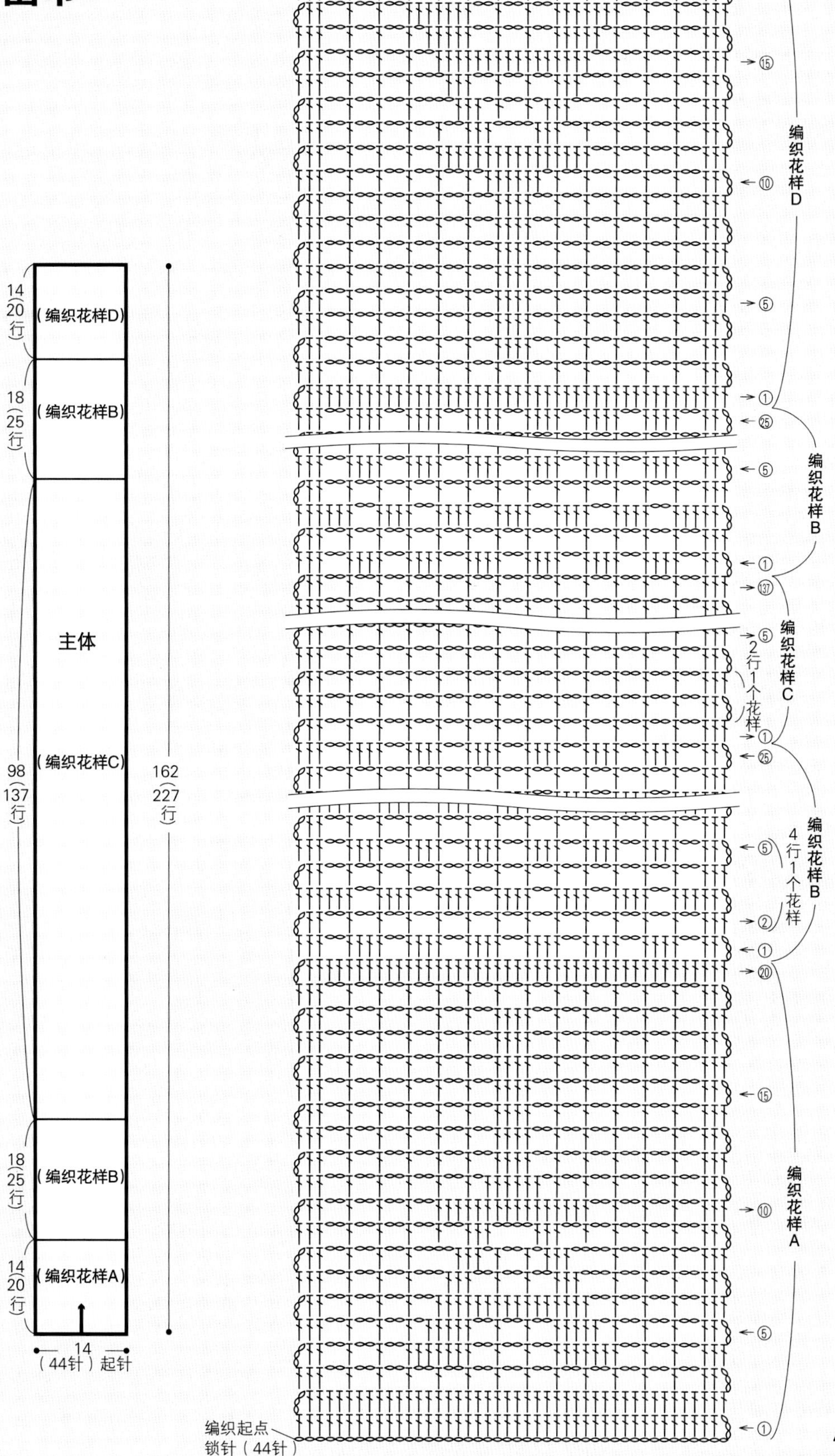

How to make

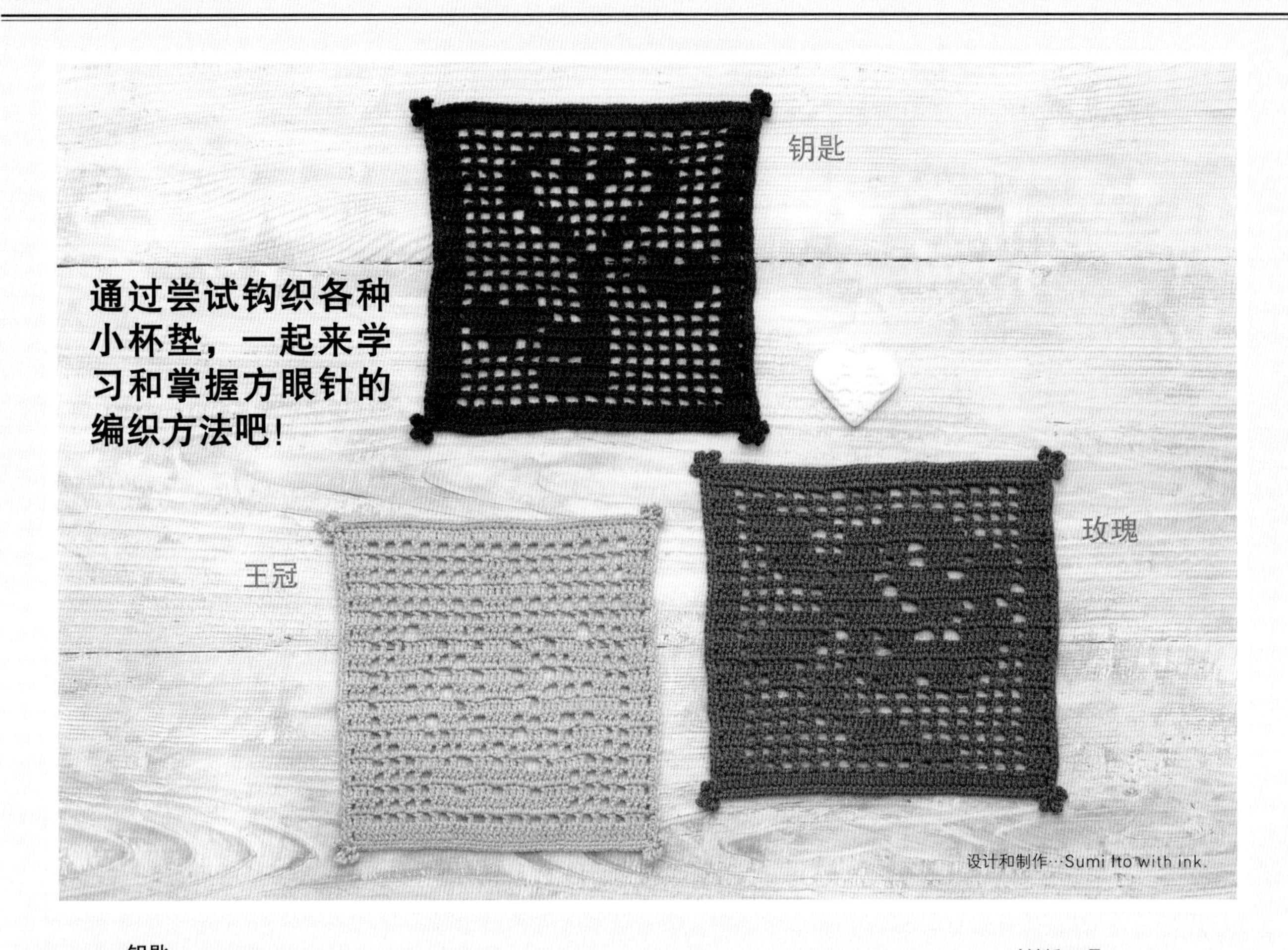

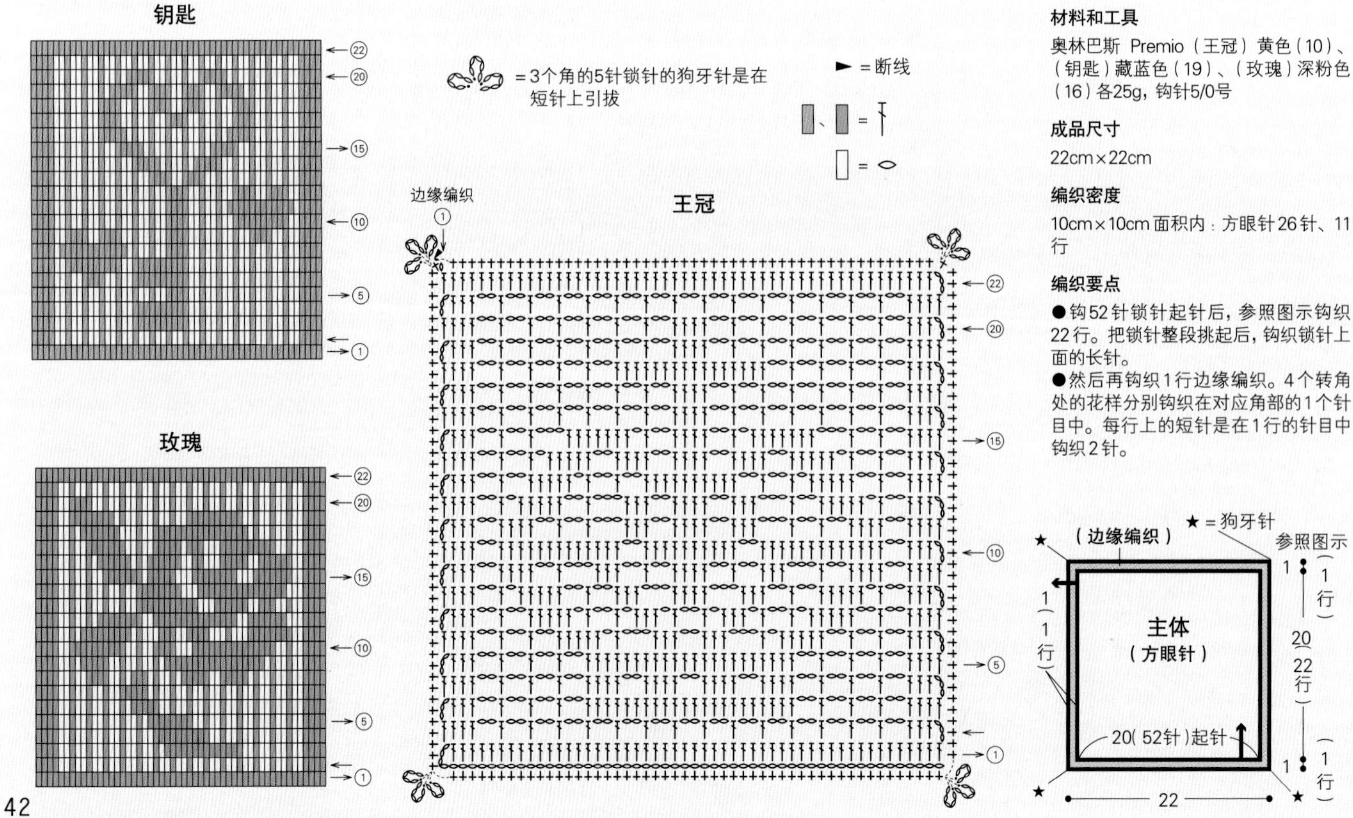

材料和工具

奥林巴斯 Premio（王冠）黄色（10）、（钥匙）藏蓝色（19）、（玫瑰）深粉色（16）各25g，钩针5/0号

成品尺寸

22cm×22cm

编织密度

10cm×10cm面积内：方眼针26针、11行

编织要点

●钩52针锁针起针后，参照图示钩织22行。把锁针整段挑起后，钩织锁针上面的长针。

●然后再钩织1行边缘编织。4个转角处的花样分别钩织在对应角部的1个针目中。每行上的短针是在1行的针目中钩织2针。

需要了解的方眼针的基础知识

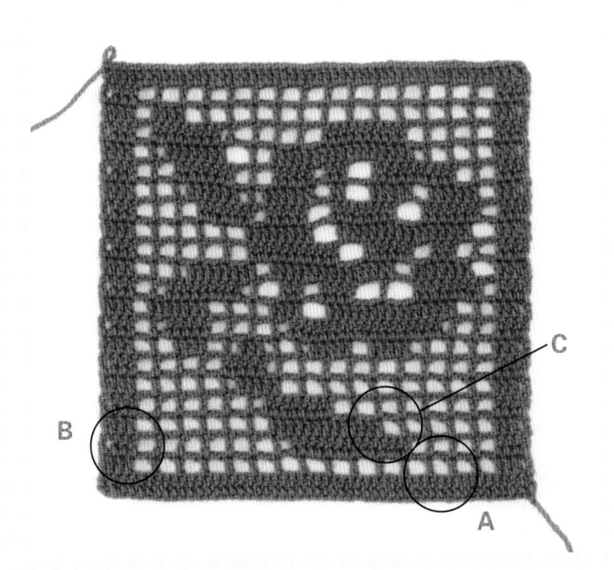

如何调整织片的形状?

1 边缘编织

这里介绍一个针对初学者的挑针编织方法。整段挑针时，把头部的针目分开，挑起全部的针目钩织。

在行上挑针时，长针插入针目头部，立织的锁针插入第 3 行（如图中右边箭头所示），根部则整段挑起（图中左边箭头所示）后钩织。

钩织转角时，把针目分开后，钩织指定的针数。

2 用蒸汽熨斗调整

用蒸汽熨斗熨烫织片，调整针目和织片的形状。用珠针将编织好的织片固定在操作台上，用熨斗熨平织片。注意熨斗不能与织片直接接触。

A 起针的挑针方法

钩织方眼针时，基本上都会用大 1 号的钩针起针。从钩织立针针目开始换针，然后挑起锁针起针的里山后钩织。

锁针的挑针方法参照 p.16

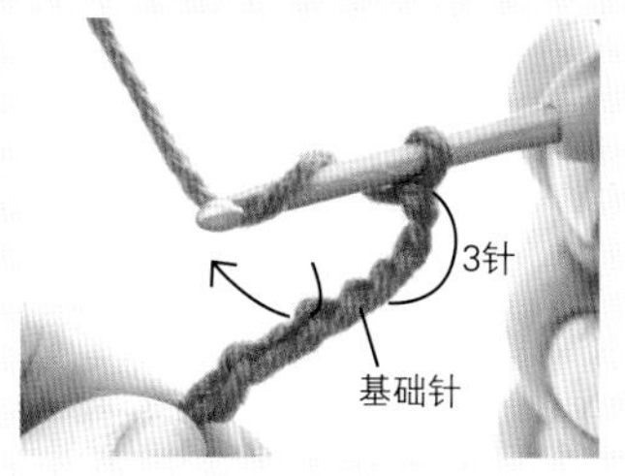

起针是把反面凸起的高点（里山）挑起钩织的。

挑起里山后，织片两端的锁针就能够均等排列，织片的形状也可以调整。

B 左侧针目的挑针方法

方眼针钩织的第 2 行，其边端针目的挑针方法不同于其他行。因为立织的锁针针目向里，所以要注意入针的方式。

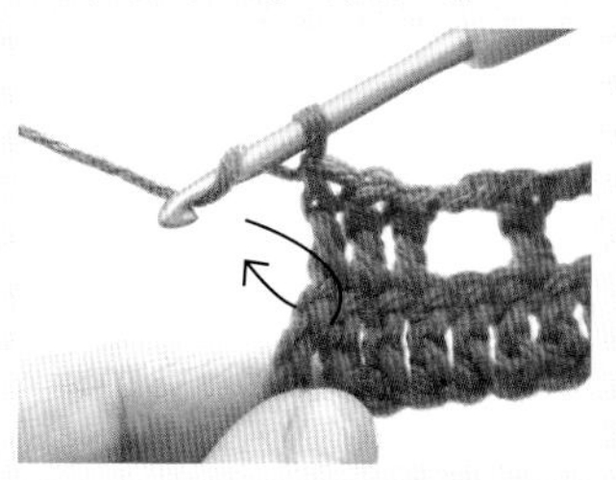

<第 2 行>
挑起立织锁针第 3 针的 2 根线（锁针的里山和外侧的半针）。

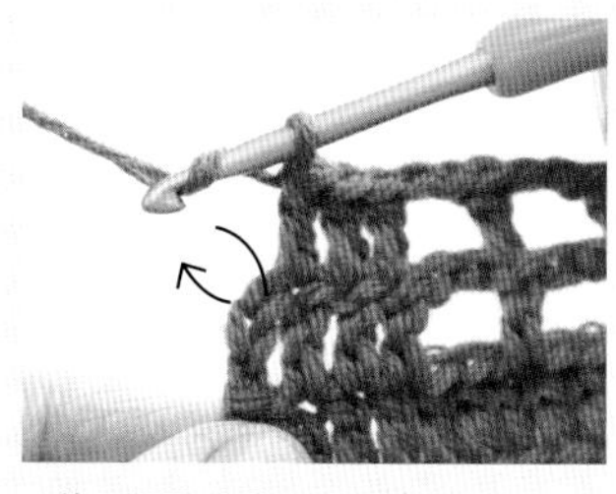

<第 3 行及以后>
挑起立织锁针第 3 针的 2 根线（锁针外侧的半针和里山）。

C 镂空的钩织方法

方眼针是用锁针和长针的结合，呈现出镂空花样的。

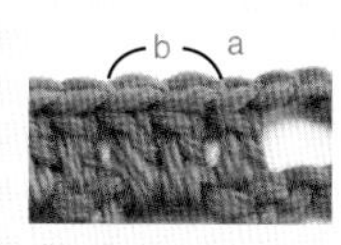

a. 分开针目
如果上一行是长针，挑起长针针目头部的锁针的 2 根线后钩织。

b. 整段挑取
如果上一行是锁针，在上一行锁针下面的空隙中入针，把锁针挑起后钩织。

帽子

编织帽子就是从平面到立体的一个过程，用简单的方法就可以钩织出各种高度的帽子，这也是钩针编织的一大魅力。

帽檐简洁大方的吊钟形女帽

帽子的顶部和帽身用短针钩织，帽檐部分用长针钩织，只需要将两种针法组合到一起，一圈一圈钩织下去就可以了。在加针的同时，帽子本身的高度、帽檐的宽度会自然地钩织出来。边缘一圈用棕色线装饰。

设计和制作…稻叶由美
制作方法…p.45~48

【使用的针法】

帽檐简洁大方的吊钟形女帽

材料和工具

奥林巴斯 Make Make Flavor 粉红色（307）85g、棕色（311）10g，钩针5/0号

成品尺寸

头围53.5cm、帽深25.5cm

编织密度

10cm×10cm面积内：短针23.5针、26行

编织要点

●主体用粉红色线环形起针，如图所示，按照短针钩织方法，帽顶加针钩织21行，帽身无加、减针钩织26行。帽檐也是按照图中所示进行加针钩织，然后换成棕色线，钩织1行反短针。

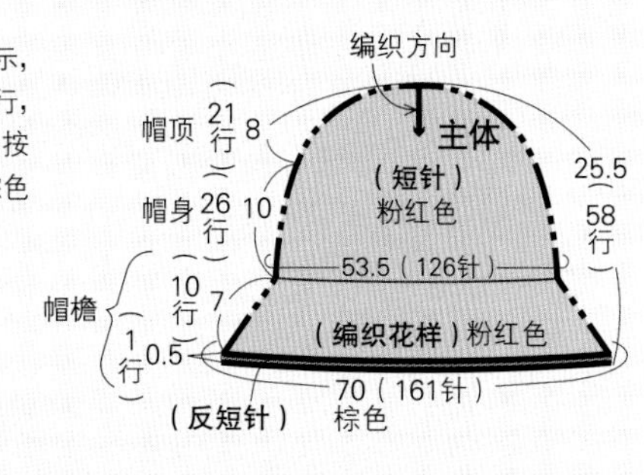

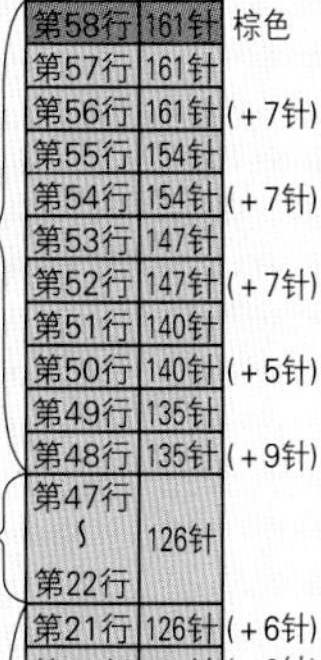

	行数	针数	
帽檐	第58行	161针	棕色
	第57行	161针	
	第56行	161针	（+7针）
	第55行	154针	
	第54行	154针	（+7针）
	第53行	147针	
	第52行	147针	（+7针）
	第51行	140针	
	第50行	140针	（+5针）
	第49行	135针	
	第48行	135针	（+9针）
帽身	第47行～第22行	126针	
帽顶	第21行	126针	（+6针）
	第20行	120针	（+6针）
	第19行	114针	（+6针）
	第18行	108针	（+6针）
	第17行	102针	（+6针）
	第16行	96针	（+6针）
	第15行	90针	（+6针）
	第14行	84针	（+6针）
	第13行	78针	（+6针）
	第12行	72针	（+6针）
	第11行	66针	（+6针）
	第10行	60针	（+6针）
	第9行	54针	（+6针）
	第8行	48针	（+6针）
	第7行	42针	（+6针）
	第6行	36针	（+6针）
	第5行	30针	（+6针）
	第4行	24针	（+6针）
	第3行	18针	（+6针）
	第2行	12针	（+6针）
	第1行	6针	

※符号图的看法参照 p.9

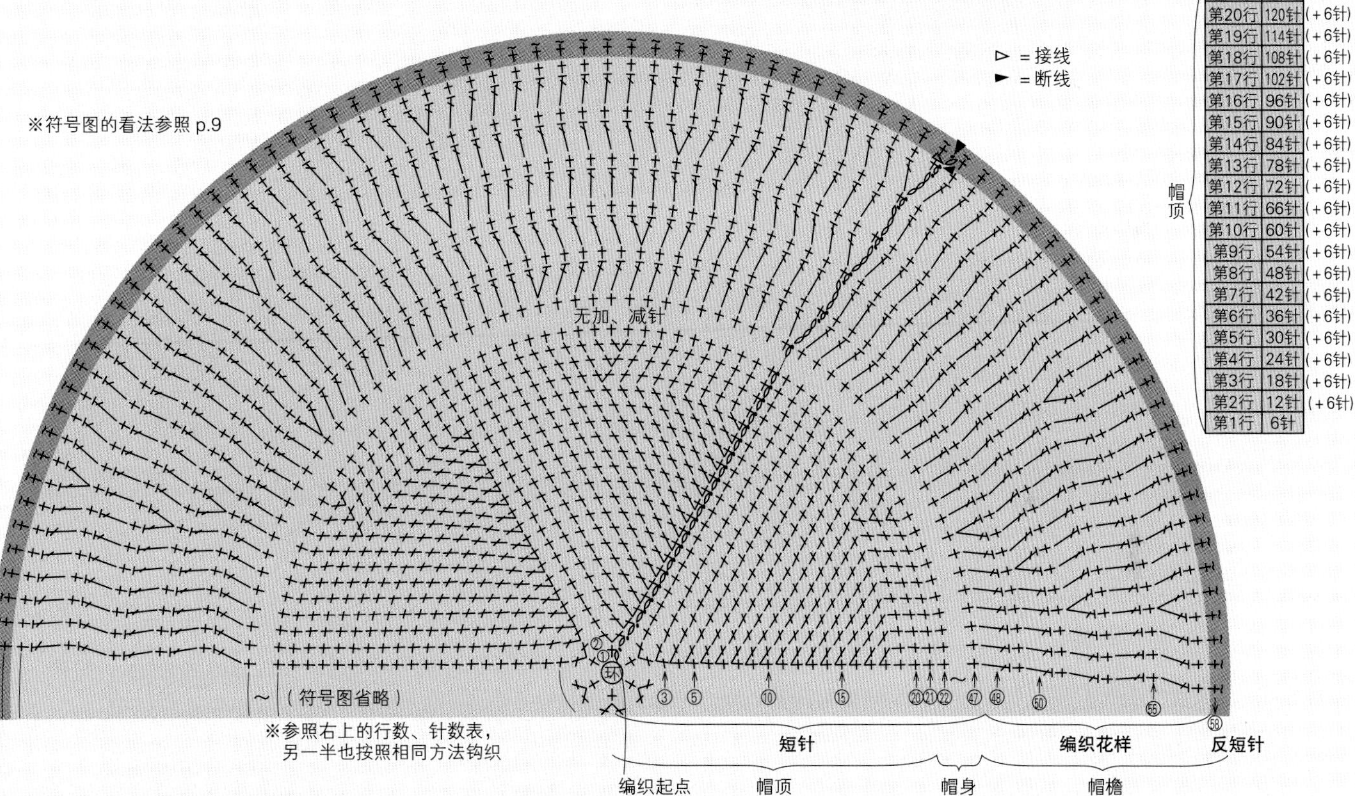

1 用粉红色线环形起针

●环形起针（用线做成环时）

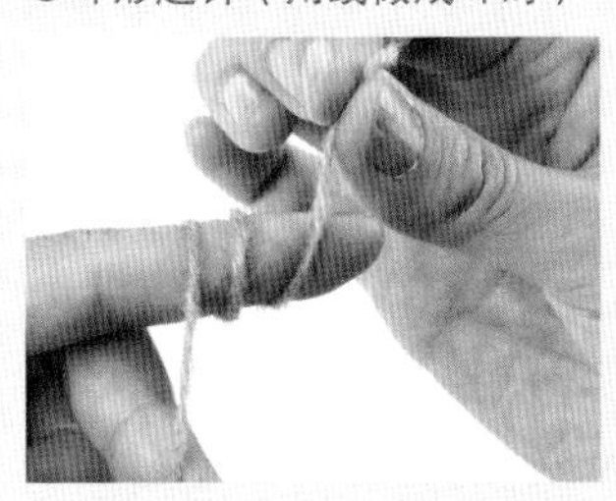

1 将粉红色线绕在手指上，做出一个环。

环形起针（用线做成环）参照 p.18

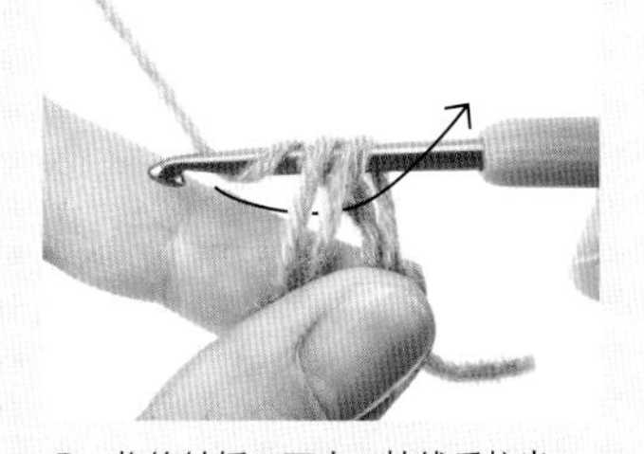

2 将钩针插入环中，挂线后拉出。

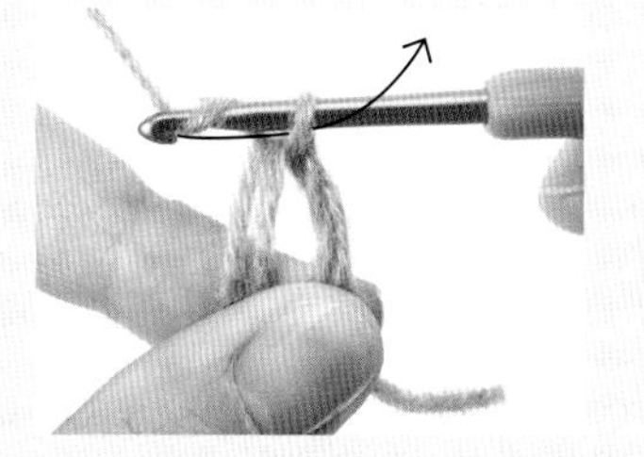

3 钩针再次挂线后拉出。

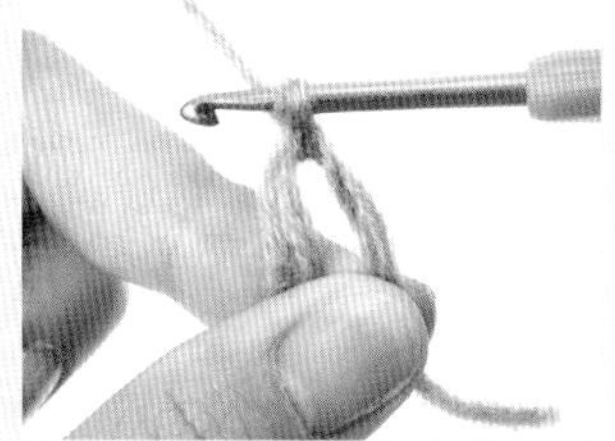

4 最初的针目完成（这1针并不算作第1针）。

2 编织第 1 行

●短针

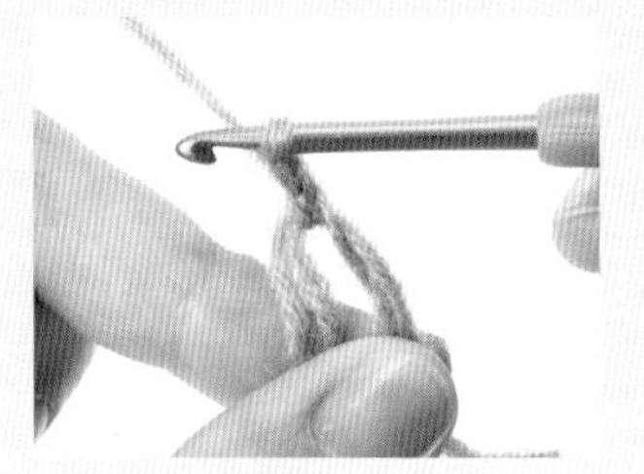

5 立织 1 针锁针。
立针参照 p.15

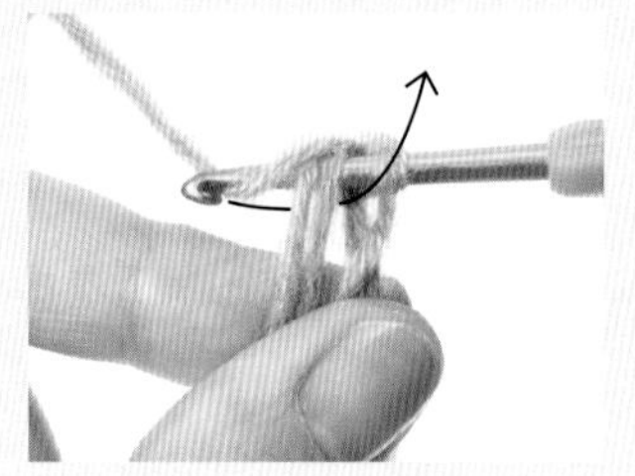

6 将钩针插入环中，挂线后拉出。
短针参照 p.10

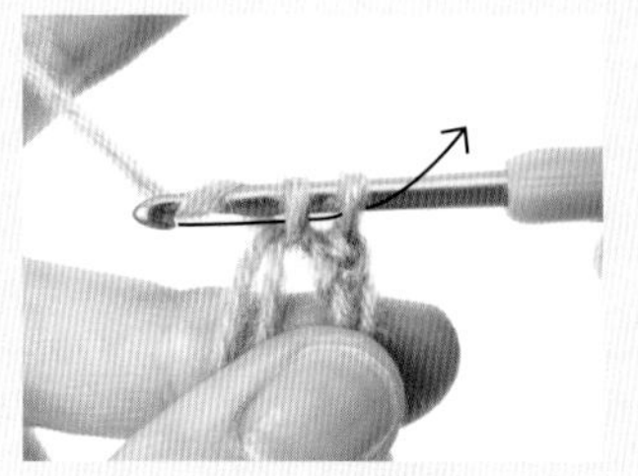

7 钩针再次挂线，如箭头所示引拔出。

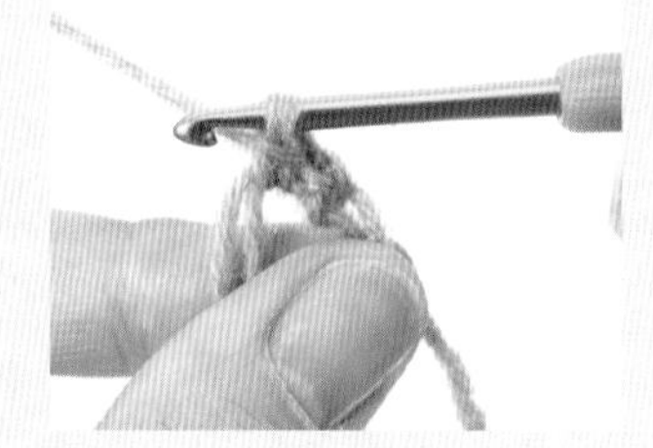

8 1 针短针钩织完成。

9 用同样方法钩织 6 针短针。

10 先将钩针抽出，把中心的环拉紧。
把中心拉紧参照 p.19 步骤 10~12

●引拔针

11 入针到原来的位置，然后从最初的短针头部入针，挂线后如箭头所示引拔。

12 引拔针钩织完成。图中是第 1 行钩织好的样子。

3 第 2 行加针编织

● 1 针放 2 针短针

13 立织 1 针锁针，在步骤 11 中引拔的针目处钩织 1 针短针。

14 在与步骤 13 相同的针目处再钩织 1 针短针。
1 针放 2 针短针参照 p.97

15 用同样方法，上一行的所有针目都按照 1 针放 2 针短针（加针）的方法钩织，最后钩织引拔针。第 2 行钩织完成。

4 加针钩织到21行

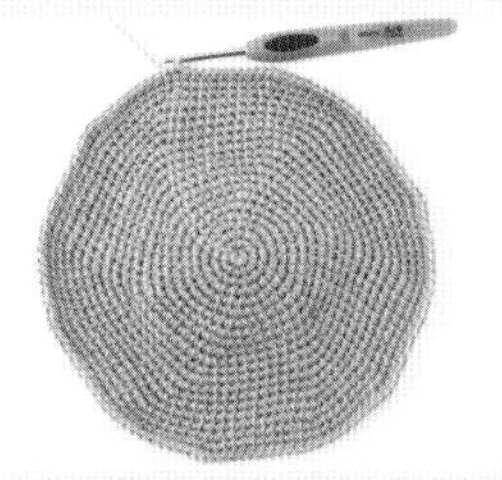

16 按照符号图所示，在指定位置钩织1针放2针短针的同时进行加针。图中是21行钩织好的样子。

5 无加、减针钩织到47行

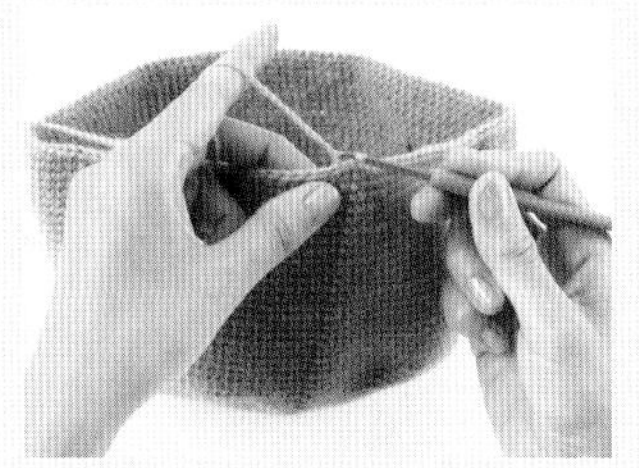

17 第22行到第47行是无加、减针钩织短针。图中是第47行钩织好的样子。

6 钩织第48行

●长针

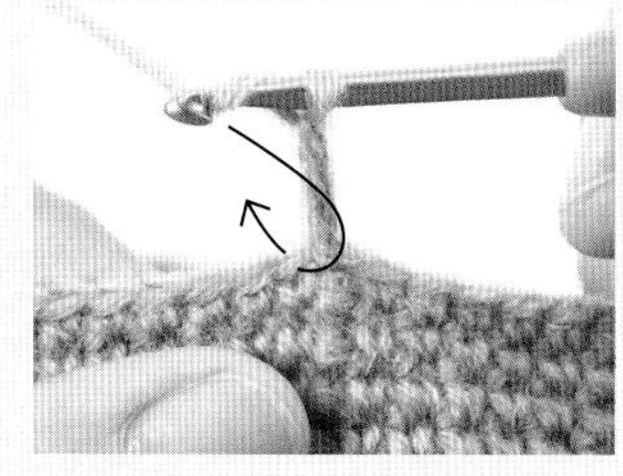

18 立织3针锁针，钩针挂线。与立织针目位置相同，在上一行的第1针处入针。

立针参照p.15
长针参照p.10

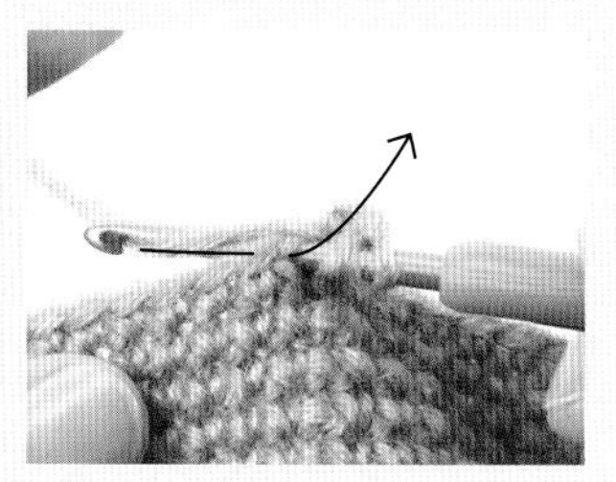

19 钩针挂线后拉出。

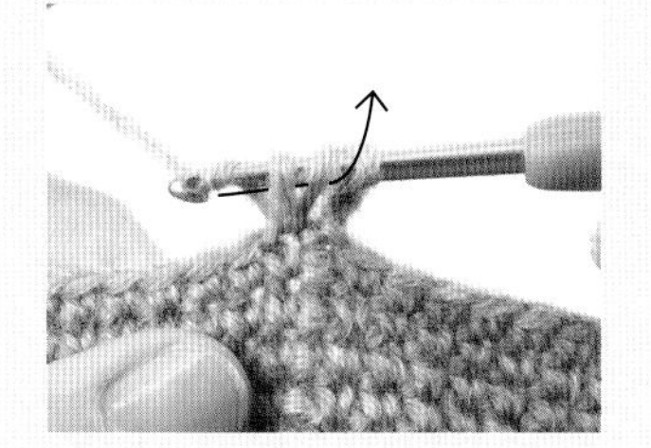

20 钩针挂线，从靠近针头的2个线圈处引拔。

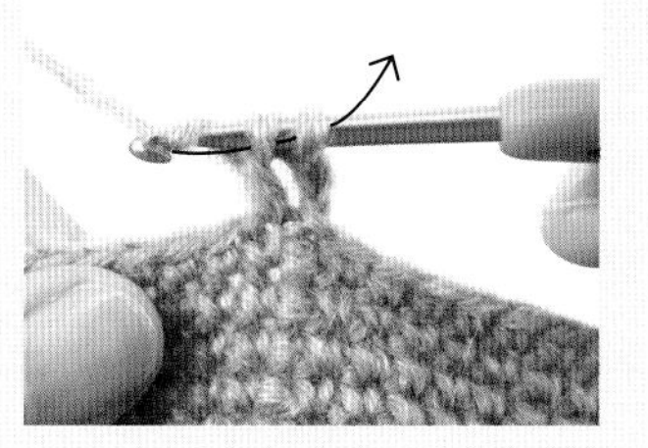

21 钩针挂线后，把剩余的线圈一次引拔出。

22 在立织的针目处钩织了1针长针，图中为加针的样子。

● 1针放2针长针

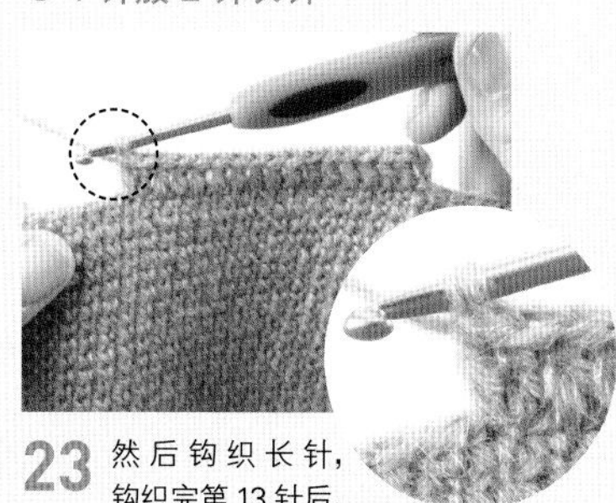

23 然后钩织长针，钩织完第13针后，在上一行的1针处钩织1针放2针长针。

1针放2针长针参照p.97

1针放2针长针完成

7 加针钩织到第56行，第57行是无加、减针的钩织方法

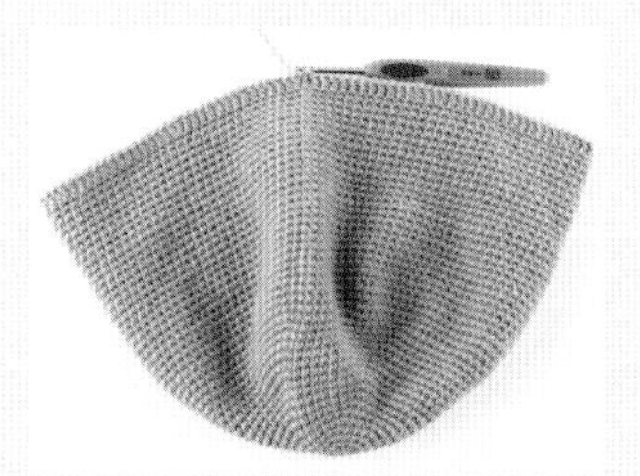

24 参照符号图，继续钩织长针和1针放2针长针。图中是第48行钩织完成的样子。

25 按照符号图，进行1针放2针长针加针钩织，长针钩织行和短针钩织行交替钩织。图中是第57行钩织完的样子。

26 在编织终点处预留大约15cm长的线后剪断，最后从钩针所在的线圈中把线拉出。

27 拉住线头，把针目拉紧。

8 第 58 行用棕色线钩织

●反短针…织片保持原状，从左向右钩织

28 在上一行最后的引拔针处入针，然后把棕色线挂在钩针上拉出，如箭头所示挂线后引拔。

29 图中是棕色线引拔后的样子。

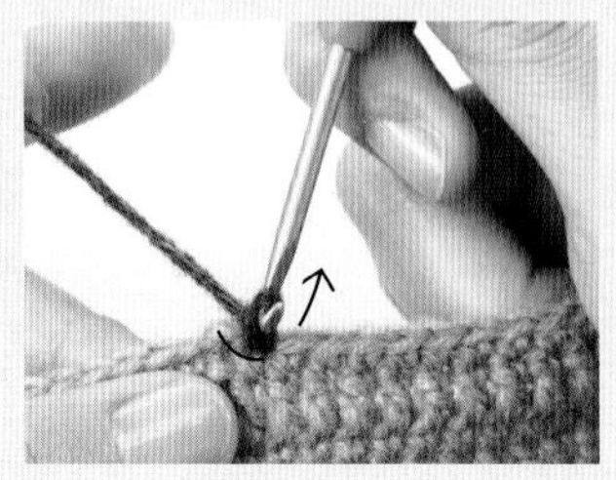

30 1 针锁针钩织好后，在步骤 28 的针目处入针。
反短针参照 p.98

31 钩针放在线上面后挂线并拉出。

32 图中是线拉出后的样子。然后，如箭头所示把线挂在钩针上。

33 如箭头所示，将线从钩针所在的线圈中一起引拔出。

34 1 针反短针钩织完成。

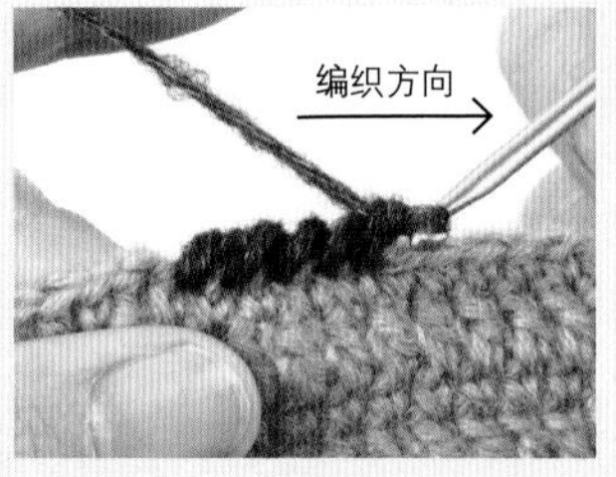

35 同样，挑起上一行短针头部的 2 根线后，反短针向右侧钩织。

9 处理线头

36 编织终点是在第 1 针的开始处引拔。线头约留 15cm 长后剪断，从钩针穿过的线圈中拉出。图中是第 58 行钩织好的样子。

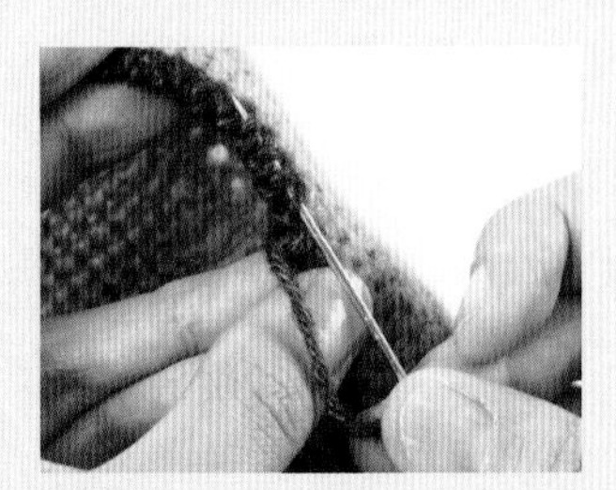

37 线头穿过毛衣缝针，然后缝到反面相同颜色的针目里。其余的线头也按照相同方法处理。

完成

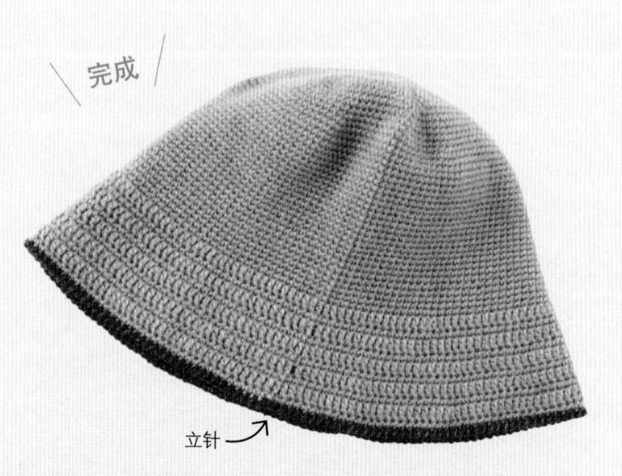

隐约可见竖线条的地方，是立针的位置。平常佩戴的时候，为了使正面看起来更漂亮，这里要戴在后面。边缘鼓起的棱是反短针的一个特色，所以经常在边缘编织的时候使用。

Step up

尝试一下镂空编织的帽子吧！

帽子的侧面是扇形的镂空编织，看起来更加甜美、可爱。
边缘添加了褶边的效果。

什么是镂空编织？

镂空编织是把几种针目组合在一起，织片的中间留有一定的空隙，看起来就像是织片的纤细花样漂浮出来一般，我们把这些编织方法总称为镂空编织。这种编织方法尤其适合编织华丽、可爱的织物时使用。

扇形的褶边吊钟形女帽

帽顶的钩织方法与最简单的吊钟形女帽是相同的，侧面就是短针、长针、再加上锁针起针钩织出来的镂空花样。边缘和侧面一样，编织 1 行扇形花样就完成了。

设计和制作…稻叶由美
制作方法…p.50、51

不如在帽子上再加一朵帽花吧！

使用同色系线的帽花

最好用稍微大一些的帽花装饰，因为使用同色系的线，颜色单一，在搭配服饰时也比较简单。

制作方法…p.50、51

使用不同色系线的帽花

颜色较深的帽子搭配上亮色的帽花，整体会呈现出完全不同的效果。这时，编织时的色彩搭配就非常重要了。

制作方法…p.50、51

扇形的褶边吊钟形女帽和帽花

图片 p.49

材料和工具

蓝色：中粗 Cotton Tweed 蓝色 110g

褐色：和麻纳卡 Sonomono Tweed 褐色（73）95g、浅褐色（72）10g、原白色（71）3g

蓝色、褐色通用：长 3.5cm 的别针各 1 个，钩针 5/0 号、4/0 号

成品尺寸

头围 54cm、帽深 26cm

密度

10cm×10cm 面积内：短针 23.5 针、23.5 行

编织要点

●吊钟形女帽

环形起针，参照图示钩织短针。顶部加针钩织 19 行，帽身无加、减针，钩织 14 行编织花样 A。帽檐参照图示，加针钩织 12 行编织花样 B。

●帽花

编织花蕊和花瓣。花瓣环形起针后，参照图示钩织 6 行，共钩织 5 片。花蕊环形起针后，参照图示钩织 4 行。线穿过最后一行，把多余的线头塞入中间拉紧。花瓣错位摆放成花形后缝在一起，然后把花蕊缝到花瓣的中心，最后在反面缝上别针。

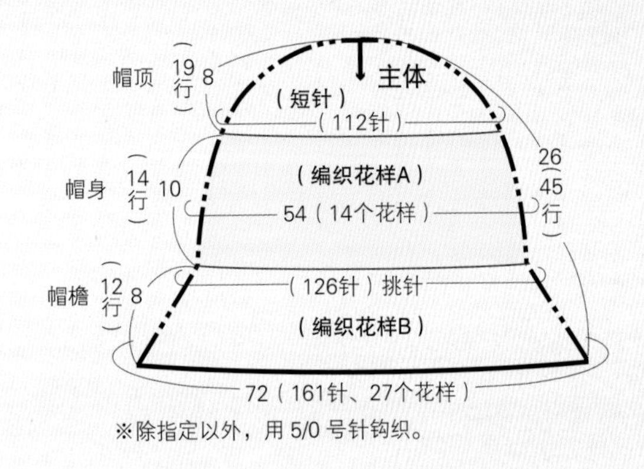

※除指定以外，用 5/0 号针钩织。

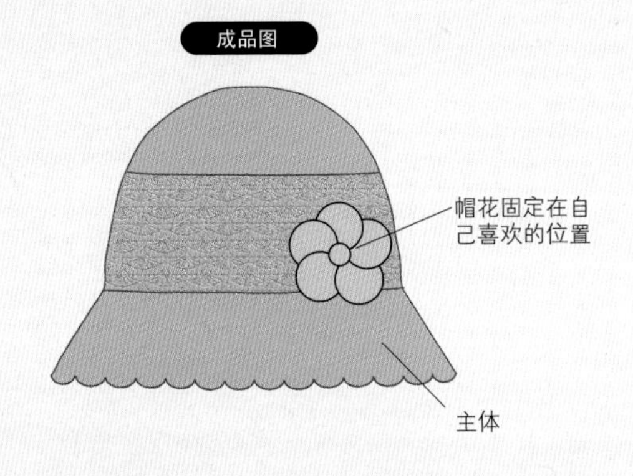

花瓣（帽花用）5 片

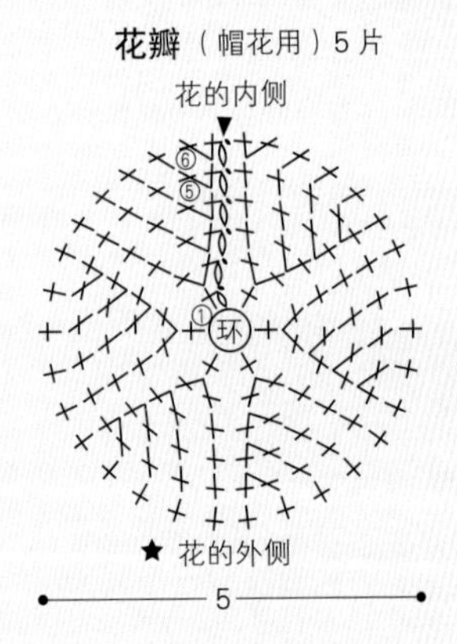

※只有最后一行使用 4/0 号钩针。
※蓝色帽子使用的全部是同色系线，褐色帽子到第 5 行用浅褐色线，最后一行用原白色线。

花蕊（帽花用）

蓝色、原白色

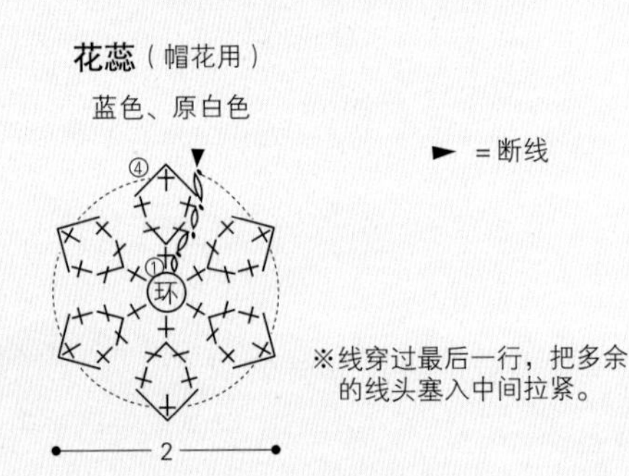

※线穿过最后一行，把多余的线头塞入中间拉紧。

帽花的组合方法

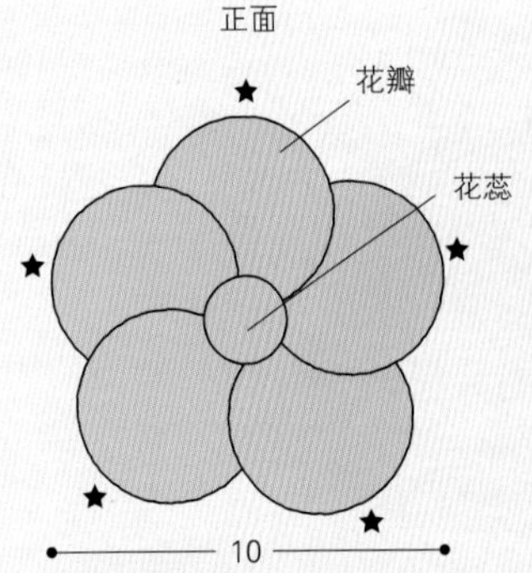

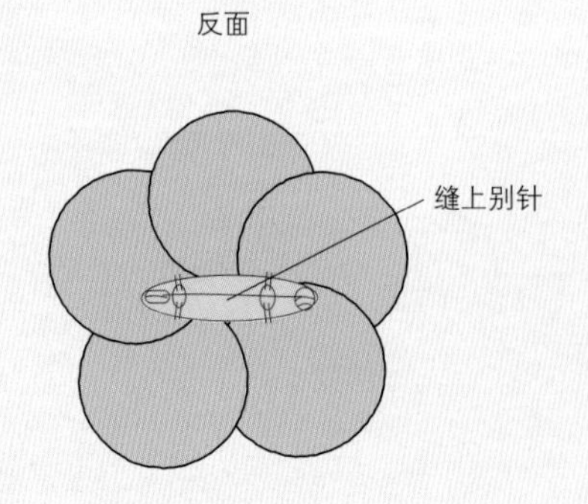

※花瓣稍微错位摆放，缝到一起。
褐色帽子把花瓣呈逆时针方向重叠摆放，然后把花蕊缝在中间。

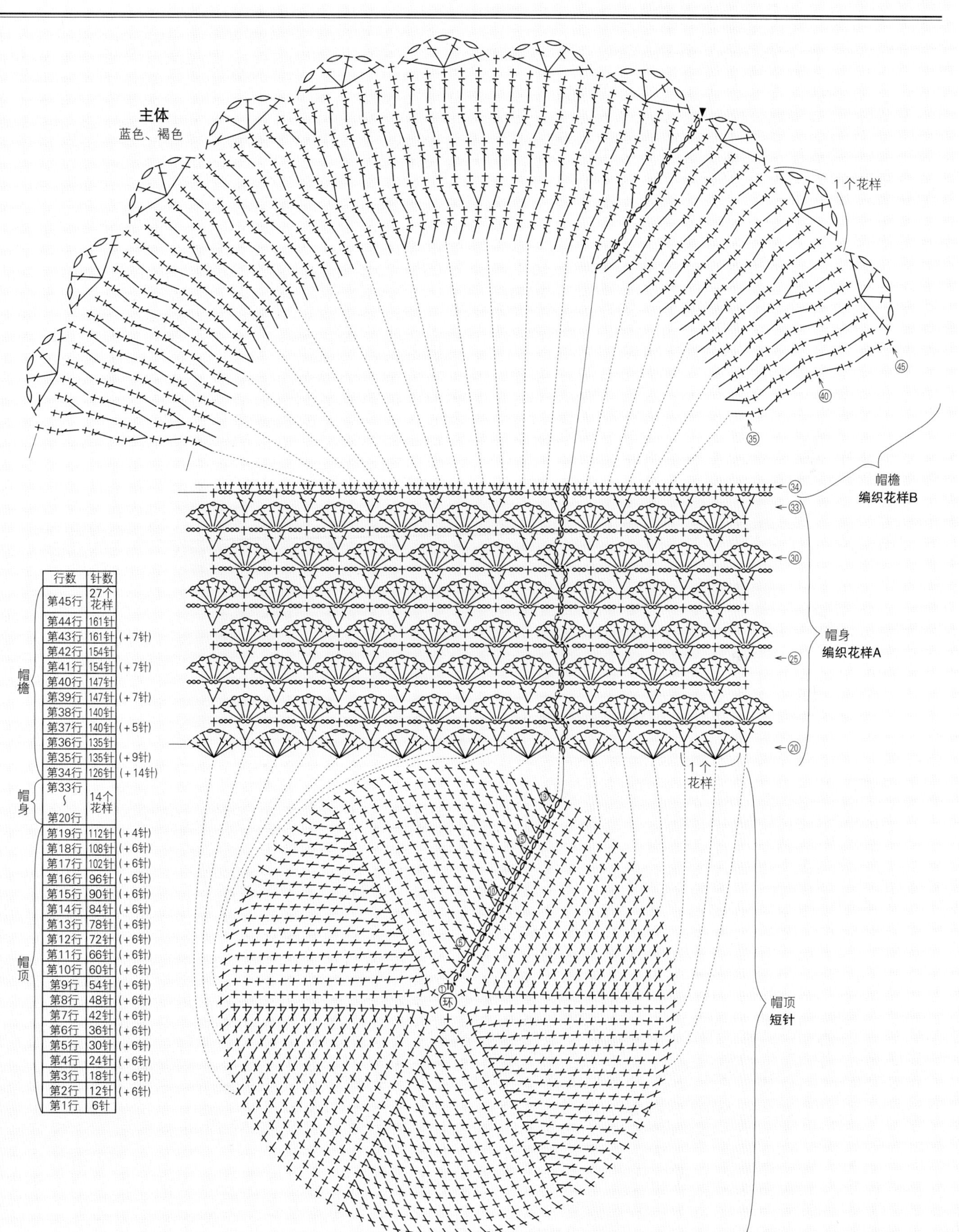

	行数	针数	
帽檐	第45行	27个花样	
	第44行	161针	
	第43行	161针	(+7针)
	第42行	154针	
	第41行	154针	(+7针)
	第40行	147针	
	第39行	147针	(+7针)
	第38行	140针	
	第37行	140针	(+5针)
	第36行	135针	
	第35行	135针	(+9针)
	第34行	126针	(+14针)
帽身	第33行 ~ 第20行	14个花样	
帽顶	第19行	112针	(+4针)
	第18行	108针	(+6针)
	第17行	102针	(+6针)
	第16行	96针	(+6针)
	第15行	90针	(+6针)
	第14行	84针	(+6针)
	第13行	78针	(+6针)
	第12行	72针	(+6针)
	第11行	66针	(+6针)
	第10行	60针	(+6针)
	第9行	54针	(+6针)
	第8行	48针	(+6针)
	第7行	42针	(+6针)
	第6行	36针	(+6针)
	第5行	30针	(+6针)
	第4行	24针	(+6针)
	第3行	18针	(+6针)
	第2行	12针	(+6针)
	第1行	6针	

基本技巧

简单的钩针技法就可搞定的小物件！

这里介绍了很多钩织方法简单的基本款小物件，
比如季节性的小物件或者很可爱的一些装饰品等。

围巾等

接下来给大家介绍一些既保暖、又可在日常的穿戴中搭配的人气单品，如简单钩织的围巾，可以当外搭使用的披肩等。

花朵花片连接的围巾

用锁针和短针钩织的这款简单的围巾，其亮点就是点缀在围巾上、使用同色系线编织的花朵花片。

设计和制作…wasanbon
制作方法…p.101

前组扣式围巾

围巾的整体形状是扇形贝壳花样，从颈部开始向下钩织。在织片的一边钉上纽扣，扣在另一边长针钩织的空隙里，简单方便。

设计和制作…草本美树
制作方法…p.102

Point Lesson

网眼针

用锁针和短针相结合的一种钩织方法，成品的织片如同网眼状。

1 钩织 5 针锁针。

2 如图所示，把上一行的锁针整段挑起后，钩针挂线。

3 拉出线，钩织 1 针短针。图中所示是网眼针钩织 1 山后的样子。

贝壳花样

长针和锁针相结合，编织成扇形，完成的花样类似贝壳。

1 钩织 1 针锁针，在上一行针目头部钩织 1 针长针。

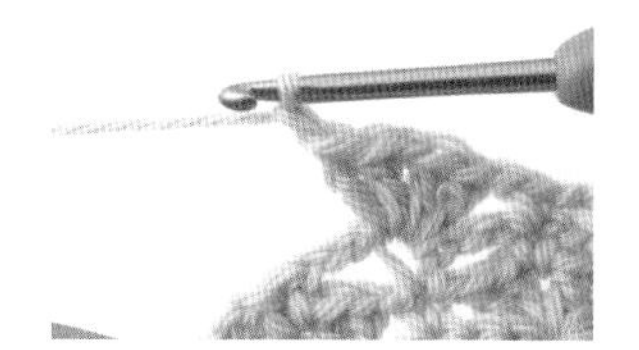

2 在和步骤 1 相同的位置，钩织 1 针长针、1 针锁针、2 针长针、1 针锁针。

3 再钩织 1 针短针后，就呈现出贝壳花样。

花朵花片长围巾

把立体的小花装饰在围巾的两端，因为连接的小花数量不是很多，所以可以很轻松地完成。

设计…远藤广美
制作…梦野 彩
制作方法…p.103

花瓣如果使用段染线钩织，花片整体会呈现出多彩的颜色。

装饰领

装饰领的设计，凸显出了各种纤细的花样。搭配不同衣服时，会呈现出不同的风格。

设计和制作…远藤广美
制作方法…p.104

贝壳花样的披肩

从下边开始向领子方向钩织，
然后再做边缘编织。
披肩一边设计有穿过的位置，所以披的时候
把另一边从中间穿过去即可。

设计和制作…稻叶由美
制作方法…p.106

清新的雏菊花样披肩

袖口用雏菊花样的圆形花片钩织，
然后穿入橡皮筋，使袖口呈蓬松状。
如果把圆形花片中间换成抢眼的亮色钩织，
会呈现出波点的效果。

设计和制作…稻叶由美
制作方法…p.104、105

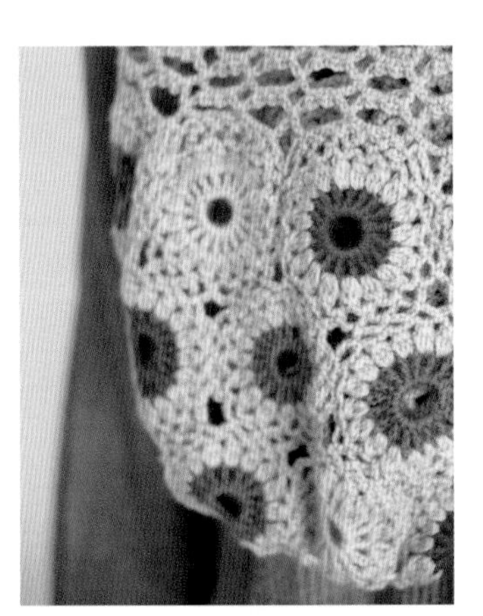

把其对折，当作围巾
也是非常适合的。

花片连接的长围巾

在钩织最后一行时，把用 2 色线钩织的 32 片花片连接到一起。为了方便使用，可以在花片的边缘缝上纽扣。

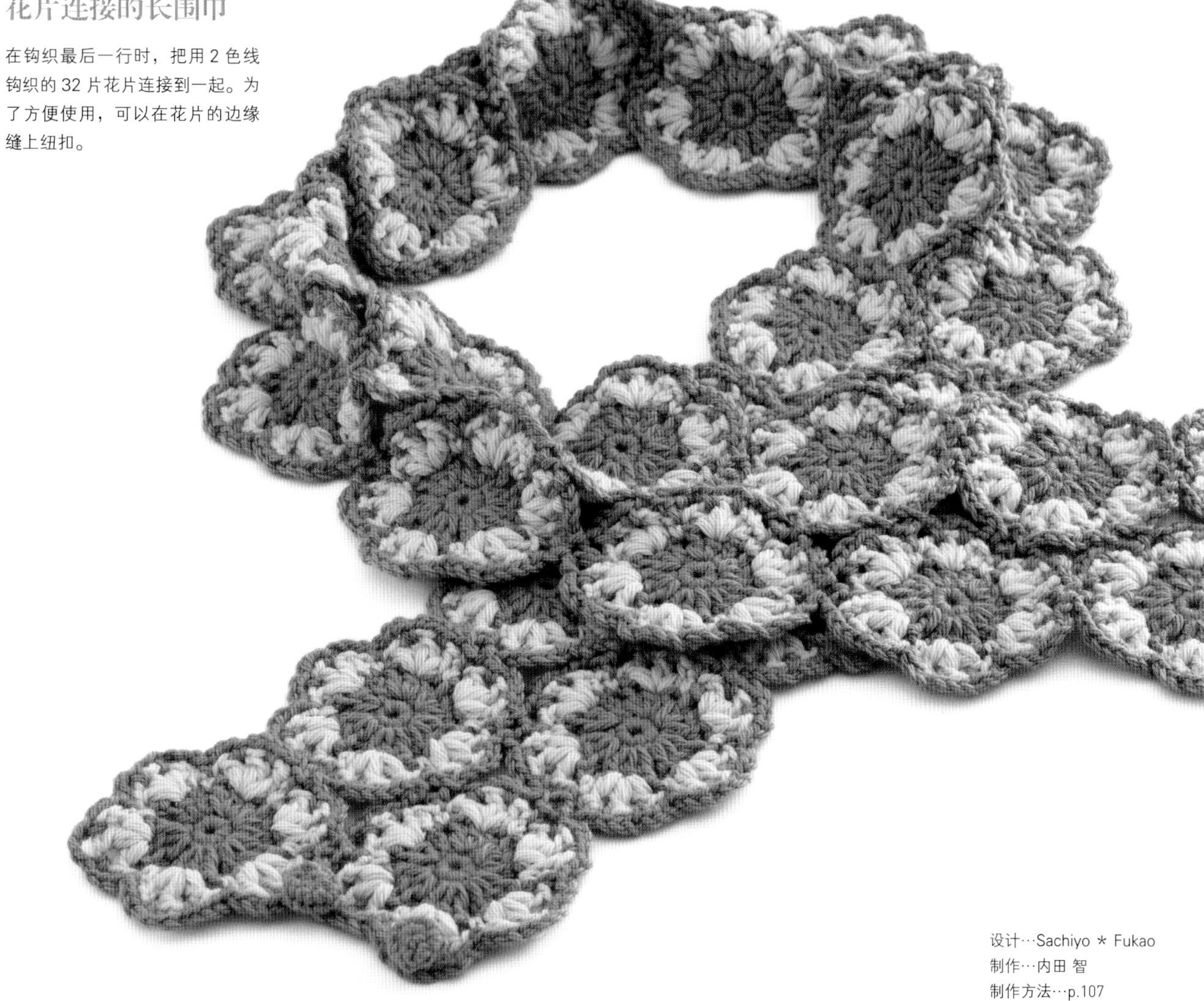

设计…Sachiyo * Fukao
制作…内田 智
制作方法…p.107

钩织好的圆形纽扣
缝在花片的边缘，
系好后把围巾调整成圆形。

32 片花片连接在一起，
即使围 2 圈也没问题。
用少一些的花片连接成较短的围巾，
也会非常可爱。

帽子

外出时，根据自己的喜好，佩戴不同风格的帽子。比如无檐帽、吊钟形女帽、贝雷帽等，既可以显得小鸟依人，也可以看起来很休闲。通过佩戴不同的帽子，可以呈现出不同的形象。

简单的无檐帽

半圆形的无檐帽，帽口用松软的线钩织出蓬松的感觉。用相同花样做往返编织，而且还可以根据自己的喜好装饰或拆卸帽花。

设计和制作…Sachiyo * Fukao

制作方法…p.108

带帽花的吊钟形女帽

这款帽子看起来像一个吊钟，
可以和带蕾丝的帽花搭配。
如果用韧性较好的线钩织，
整体的花样会更漂亮。

设计和制作…Sachiyo * Fukao
制作方法…p.109

色彩变化

使用麻线钩织春夏季用的帽子，
浅色系会给人很清爽的感觉。
米色帽子非常适合自然系风格的
衣服，蓝色则更适合
搭配牛仔系衣服。

深蓝色鸭舌帽

从帽顶开始加、减针钩织，
设计风格简洁大方。
用原白色和米色线钩织绳子，并装饰在侧面，
让帽子看起来更可爱。

设计和制作…Ha-Na
制作方法…p.112

横条纹鸭舌帽

用亚麻线钩织的海军风
横条纹鸭舌帽，用拉针钩织，
可以使织片更有张力。

设计和制作…松井美雪
制作方法…p.110、111

枣形针花样的鸭舌帽

织成四边形后，从两边拉紧，
帽檐就成型了。
侧面装饰的小花是这款帽子的亮点。

设计和制作…michiyo
制作方法…p.110

水珠状镂空贝雷帽

使用长针和枣形针的钩织方法，
在帽子的头围部分钩织出花瓣和水珠状的镂空花样。
帽口钩织短针并收紧。

设计和制作…管野直美
制作方法…p.113

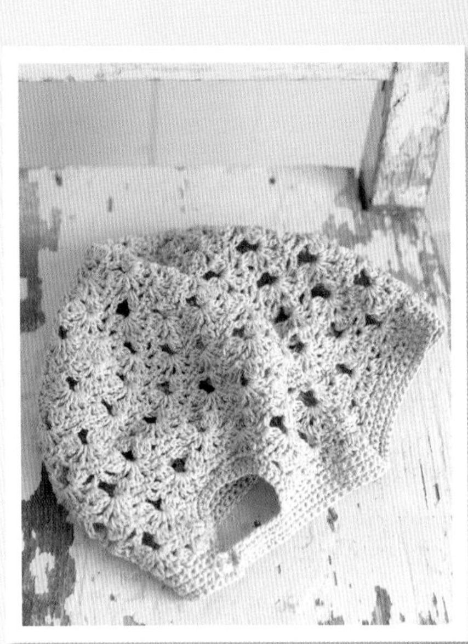

帽子后面的纽扣，可以对帽口的大小进行微调。

枣形针花样贝雷帽

花朵花样和梯子花样交替钩织的头围宽松的贝雷帽。
帽口钩织好后，再用白色线收边，看起来会更可爱。

设计和制作…远藤广美
制作方法…p.114

绒球贝雷帽

从下面开始钩织，然后在顶部抽线拉紧，
帽口用拉针编织出罗纹针的感觉。
如果帽顶不装饰绒球，就是一款非常简洁大方的贝雷帽。

设计和制作…Sachiyo＊Fukao
制作方法…p.65

材料和工具

和麻纳卡　Warmmy　灰色(3)115g、长2.5cm的别针1个、直径2.5cm的不织布1片、钩针7/0号

成品尺寸

头围46cm

密度

10cm×10cm面积内：编织花样15.5针、7行

编织要点

●帽子钩75针锁针起针，参照图示，用分散加针和分散减针的方法，做14行编织花样。穿过剩下的线后收紧，然后在编织起点钩织4行边缘编织。

●按照图中所示方法制作1个绒球，然后把绒球和别针缝到一起。

●把绒球别在帽子顶部的中心位置。

(8针)
帽子
(编织花样)
参照图示
77.5(120针)
(75针)起针
(边缘编织)
20
14行
3
4行
46
(76针、38个花样)
挑针

成品图

线穿过帽子的最后一行后，抽线收紧

绒球别在帽子顶部的中心位置

绒球

1个

7.5

※绒球的制作方法参照右侧图

绒球的制作方法

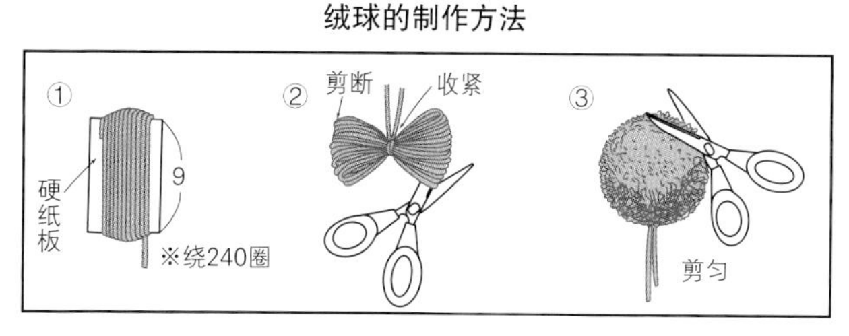

绒球别针的制作方法

①别针缝在不织布上

②绒球的线头从步骤①的不织布中穿过

③把绒球粘在不织布的反面，固定

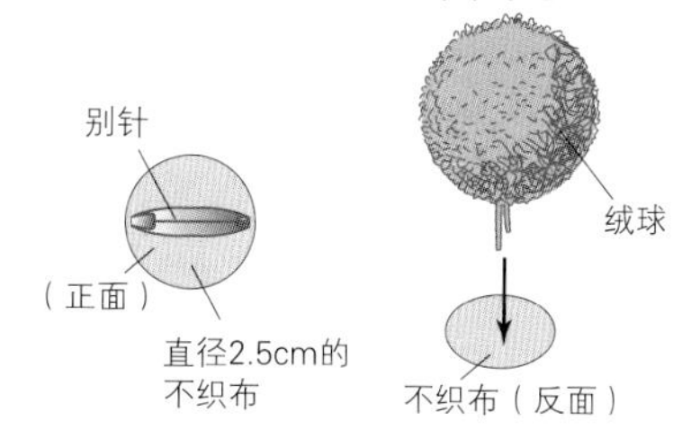

帽子针数表

行数	针数	
第14行	8针	(−8针)
第13行	16针	(−14针)
第12行	30针	(−30针)
第11行	60针	(−15针)
第10行	75针	(−15针)
第9行	90针	(−10针)
第8行	100针	(−10针)
第7行	110针	(−10针)
第4行~6行	120针	
第3行	120针	(+15针)
第2行	105针	(+15针)
第1行	90针	(+15针)
起针	75针	

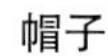

帽子

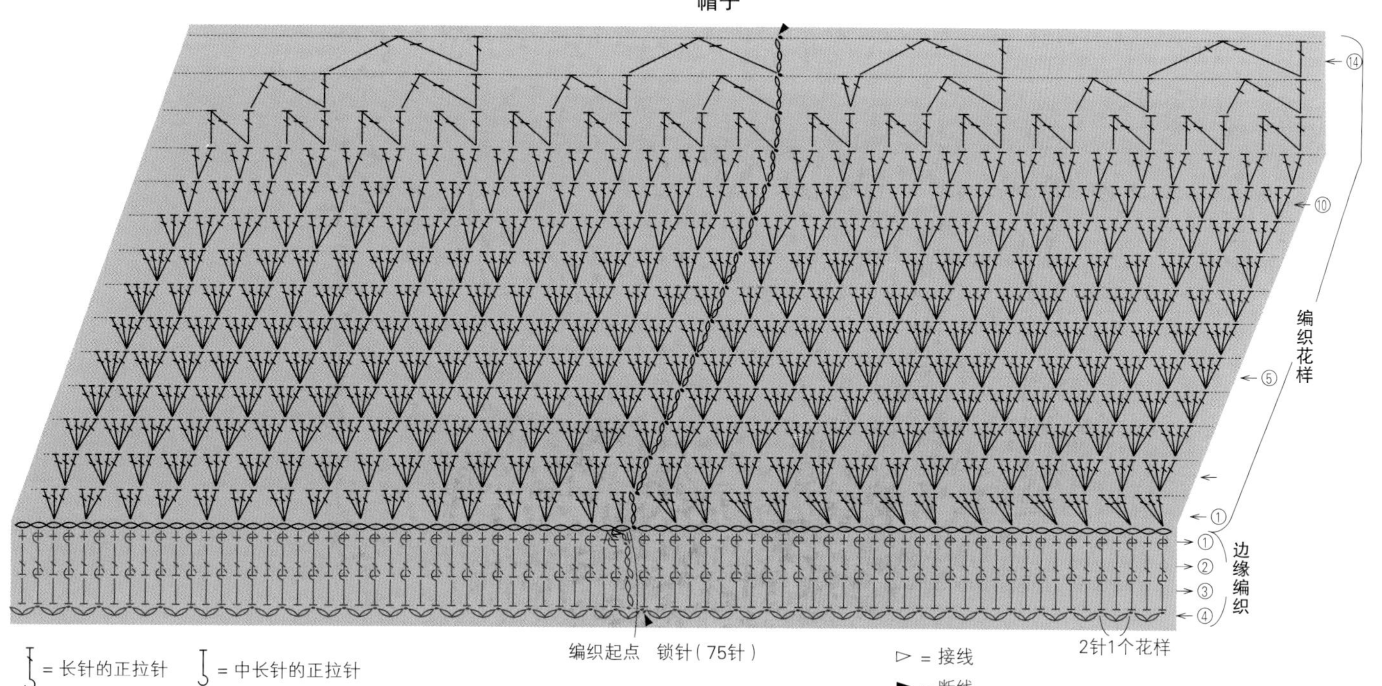

= 长针的正拉针　= 中长针的正拉针

▷ = 接线

► = 断线

暖意融融的手足护具

用自然色系线，加上鲜艳的、可爱的配色，
就可以设计多样的保暖用小物件，绝对是寒冷季节不可或缺的。

长腕套

圆筒状的织片是 2 种不同花样组合的镂空编织，
上面是一条白色的横条纹。
戴的时候，可以把皮革带收紧。

设计和制作…浦 静华
制作方法…p.115

狗牙针编织的家居鞋

主体部分是简洁的长针，
鞋边钩织狗牙针。鞋口的大小
可以用锁针钩织成的鞋带进行调整。

设计和制作…中川知美
制作方法…p.116

枣形针编织的家居鞋

用枣形针钩织的、保暖性超好的
家居鞋是非常受欢迎的，
可以用短针钩织成的带子调节大小，
所以穿起来会很合脚。

设计和制作…hinahouse
制作方法…p.117

简单的短袜

大家感觉很难编织的袜子，
其实用钩针也可以简单地完成。
如果只用一种颜色的线钩织，
完全可以不用断线，一下织完。

设计和制作…michiyo
制作方法…p.69

色彩变化

如果想钩织不同颜色的短袜，
给大家推荐以下几款。
蓝绿色搭配米色属于自然派，
苔绿色搭配灰色属于怀旧派，
而淡粉色搭配深灰色就属于少女系了。

带装饰带的家居鞋

用长针钩织的设计简洁的作品，如果换成不同材质、不同颜色的线，风格也会不同。鞋底与不织布底缝合在一起，把鞋口的带子打成蝴蝶结作装饰。

设计和制作…amy*
制作方法…p.118

简单的短袜 图片 p.68

材料和工具

和麻纳卡 Korpokkur 芥末黄色（5）65g、灰色（3）15g，钩针5/0号

成品尺寸

袜底长约24cm、高约14cm

密度

10cm×10cm面积内：编织花样24针、11行

编织要点

●用灰色线环形起针，长针加针钩织6行。

●换成芥末黄色线，做14行编织花样。

●再次换成灰色线，袜跟用长针往返编织8行。

●换成芥末黄色线，从袜跟和★行开始挑针，环形钩织12行编织花样。

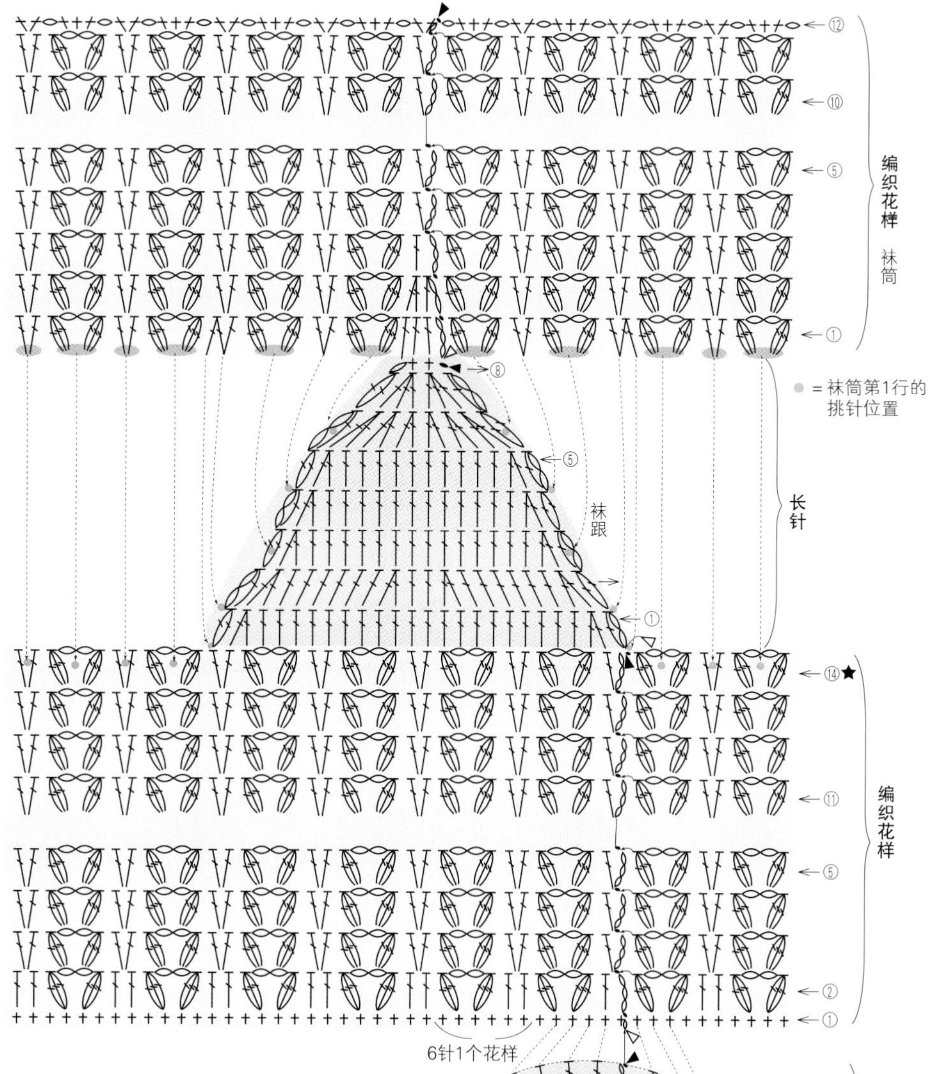

袜尖针数表

行数	针数	
第6行	48针	
第5行	48针	(+6针)
第4行	42针	(+6针)
第3行	36针	(+12针)
第2行	24针	(+12针)
第1行	12针	

— …芥末黄色
— …灰色

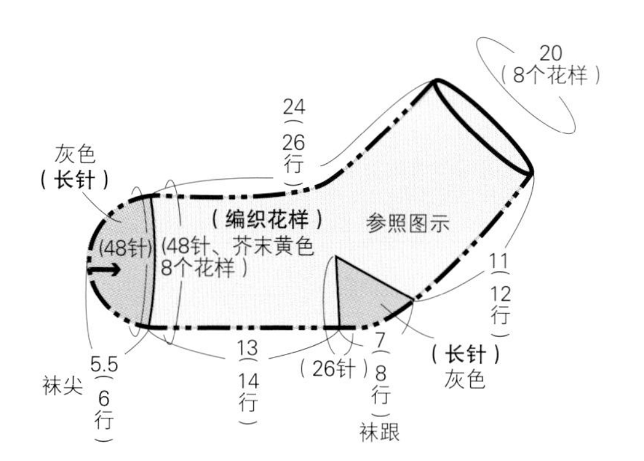

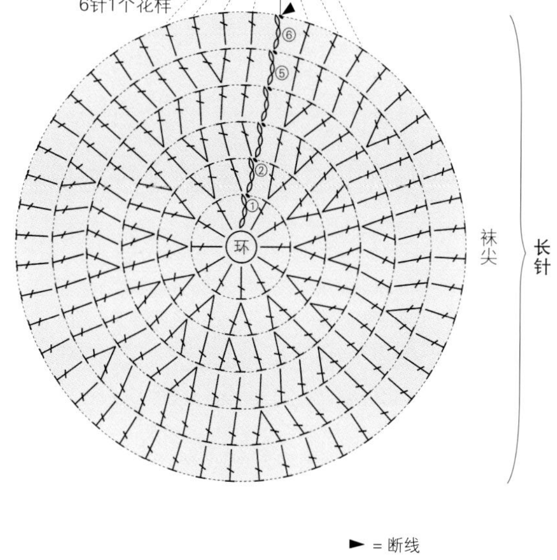

► = 断线
▷ = 接线

可爱草莓连指手套

为了突显草莓的茎，可以把手套口用绿色线钩织的几行翻卷上来，再在手套上缀上串珠。中长针的往返编织使织物更有凹凸感。

设计和制作…amy*
制作方法…p.119（草莓连指手套参考作品）

麻花花样的暖手套

用钩针编织的阿兰风麻花针花样，
与长针的正拉针交替钩织，
会突显织物的凹凸感。
手掌处钩织的则是简单的短针。

设计和制作…稻叶由美
制作方法…p.120

带束带的暖手套

无加、减针钩织，
大小用手腕处的束带进行调节。
可以根据自己手掌的大小进行调整，
指尖处用网眼针钩织饰边。

设计和制作…草本美树
制作方法…p.121

长款网眼袖套

用蓬松、柔软的线，钩织出纤细的镂空花样，戴在手上有一种暖暖的感觉。靠近指尖处钩织梯形，最后用狗牙针做边缘编织。

设计和制作…稻叶由美

用不同材质的线钩织

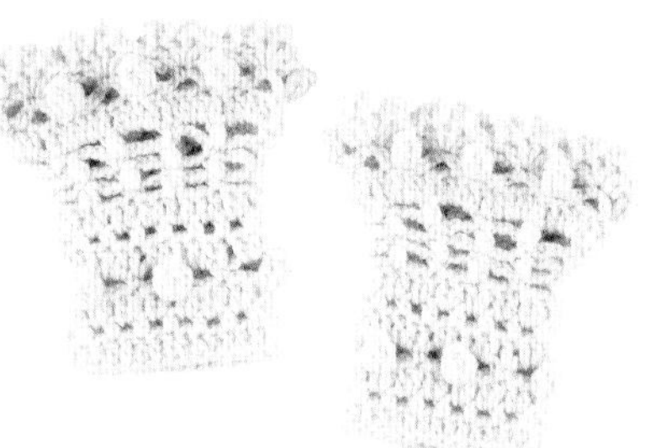

用平直毛线钩织，
成品的针目和花纹会非常鲜明，
有一种休闲质感，
对于初学者来说也比较简单。

使用线：和麻纳卡 Sonomono Alpaca Wool〈中粗〉

材料和工具

极粗的圈圈线 白色 30g、钩针 7/0 号

成品尺寸

腕围 17cm、长 14cm

编织要点

- ●钩 30 针锁针起针，环形钩织 9 行编织花样。在第 10 行加针，第 12 行总共是 50 针。
- ●在第 13 行的指定位置钩织短针的网眼针。
- ●第 14 行的枣形针先把第 13 行网眼针的第 2 针的锁针分开后，入针编织。

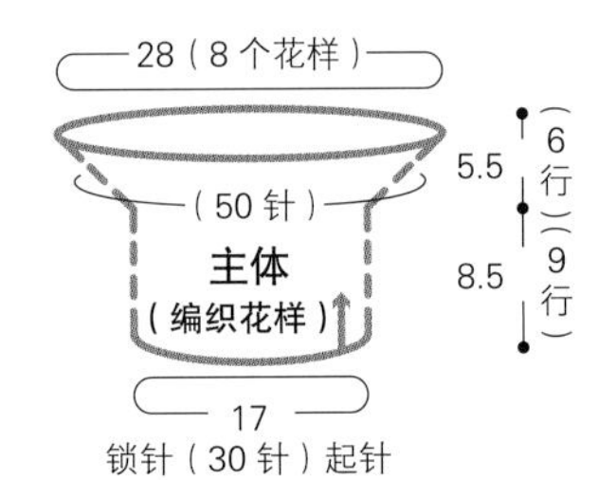

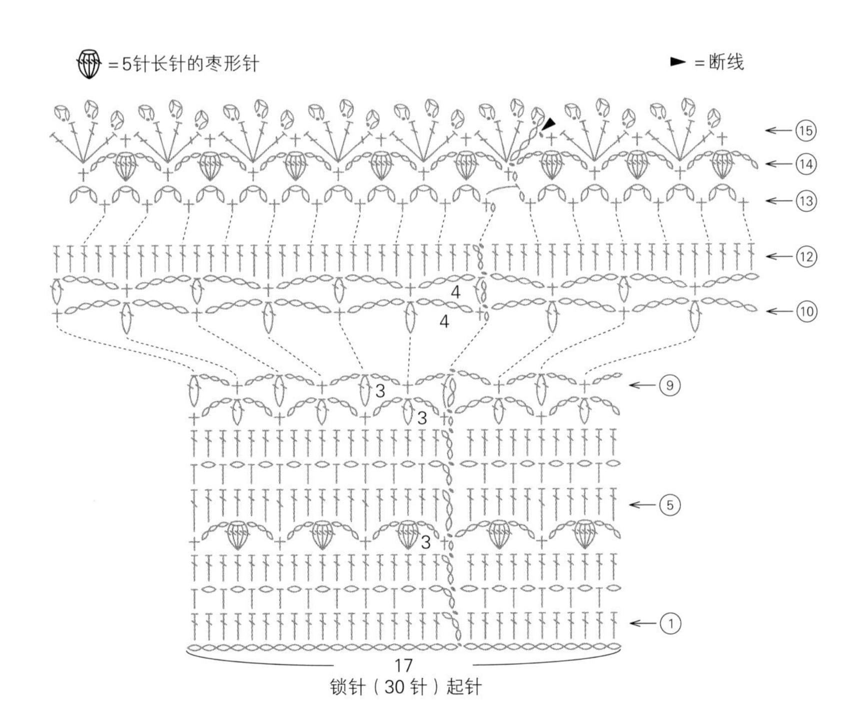

枣形针编织的
手套、袖套

手腕处的棱针是比较有特色的部分。
手套用 2 种颜色的线钩织，拇指的位置单独织出；
袖套全用原白色线钩织，预留出拇指洞。
当然，在钩织的时候也可以按照自己的喜好变换不同的搭配方法。

设计和制作…大野优子
制作方法…p.122、123

包包

着重介绍日常生活中经常使用的贝壳包、花片手提包等钩织方法，也推荐钩织一些小物件，比如扁平式化妆包、硬币包等。

花片连接的迷你包

钩织4行就能完成1片正方形花片。迷你包只需把正、反4片花片连接在一起，然后用毛线缝针把侧边和底部缝合成袋状，最后装上提手就完成了。

设计和制作…稻叶由美

制作方法…p.75~79（包括迷你包、手提包）

花片连接的手提包

手提包也是先钩织出基本的正方形花片，但是花片连接的时候需要钩织引拔针。所以如果知道如何用引拔针连接花片，就可以挑战钩织一下手提包了。

How to make

花片连接的迷你包

通过钩织迷你包来学习和掌握正方形花片的连接方法吧！
按照相同的方法，也可以钩织手提包等。

编织图 p.78、79

1 钩织第 1 片（花片 A）

●第 1 行

1 用淡橙色线环形起针后，钩织起针针目。
环形起针参照 p.18

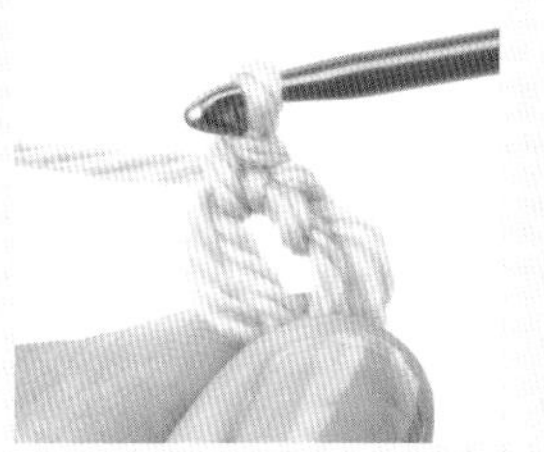

2 立织 1 针锁针，钩织 1 针短针。
短针参照 p.10

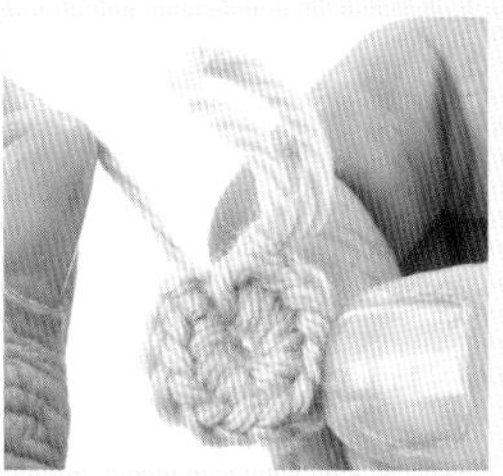

3 环形起针钩织 12 针短针，然后把中间的环拉紧。
把中心拉紧参照 p.19 步骤 10~12

4 图中所示是中间环收紧的样子。

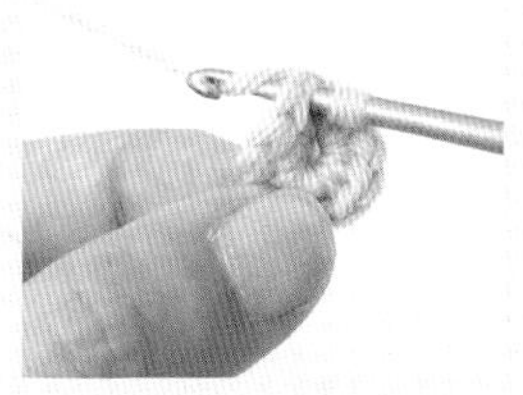

5 挑起最初的短针头部的 2 根线后入针，钩针挂线后引拔出。

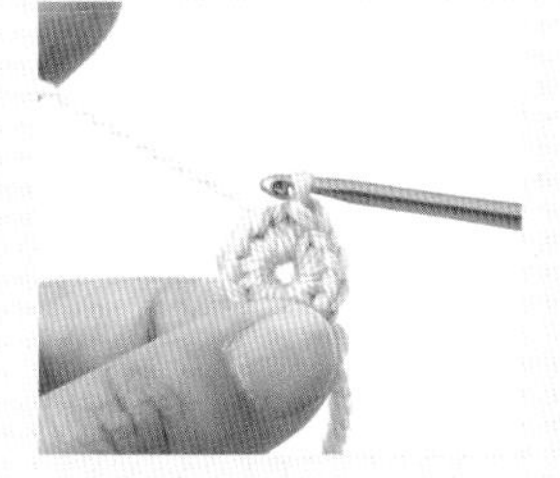

6 图中所示是钩织引拔针后的样子。

7 线头留约 15cm 长后剪断，穿入毛线缝针，把线头缝到织片的反面。

8 第 1 行钩织完成。

●第 2 行

9 第 2 行用玫红色线，立织 3 针锁针。

10 在步骤 **9** 相同的针目中钩织 1 针长针。
长针参照 p.10

11 接下来，在上一行所有的针目中都钩织 1 针放 2 针长针。最后钩织引拔针，处理线头。第 2 行钩织完成。
1 针放 2 针长针参照 p.97
引拔针参照 p.10

●第 3 行

12 第3行用橄榄绿色线，立织1针锁针，然后再钩织4针短针、4针锁针。

13 钩织 1 针未完成的长针。
未完成的长针参照 p.10（长针的步骤 3）

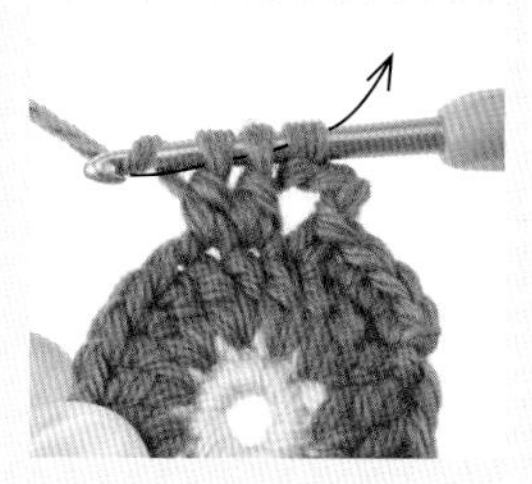

14 下一针也是钩织 1 针未完成的长针，然后钩针挂线，按照箭头所示方向引拔出。

15 图中所示是长针 2 针并 1 针的状态。
2 针长针并 1 针参照 p.97

2 第 2 片花片（花片 B）钩织引拔针并连接

●第 4 行

16 如图所示，钩织到最后，处理线头。第 3 行钩织完成。

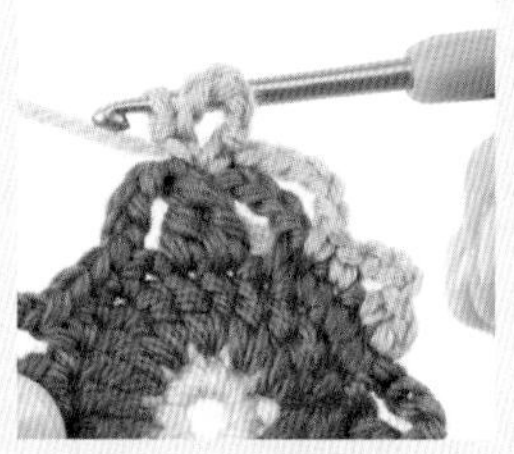

17 第 4 行换成蓝色线，如图所示，钩织短针和锁针。转角处的钩织是在上一行的 1 个针目中，钩织 1 针短针、5 针锁针、1 针短针。

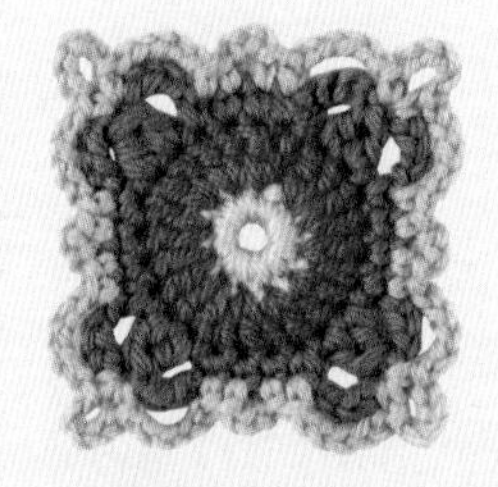

18 如图所示，钩织到最后，处理线头。第 4 行钩织完成。

●第 1 行

19 第 1 行用橙色线钩织。第 1 行钩织完成。

●第 4 行连接方法

20 从第 2 行开始用蓝色线，一直钩织到第 4 行的花片连接位置。然后，如图所示，在花片 A 转角处的锁针处入针。

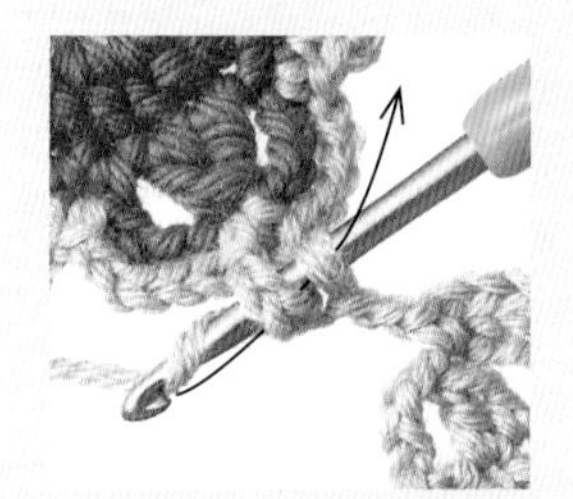

21 钩针挂线，如箭头所示方向引拔出。

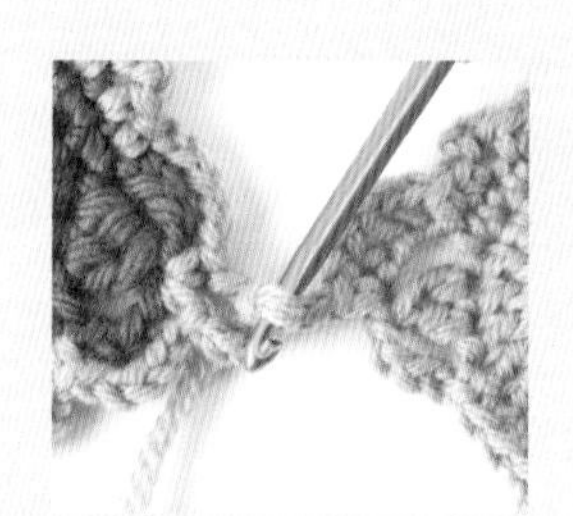

22 引拔后的样子。

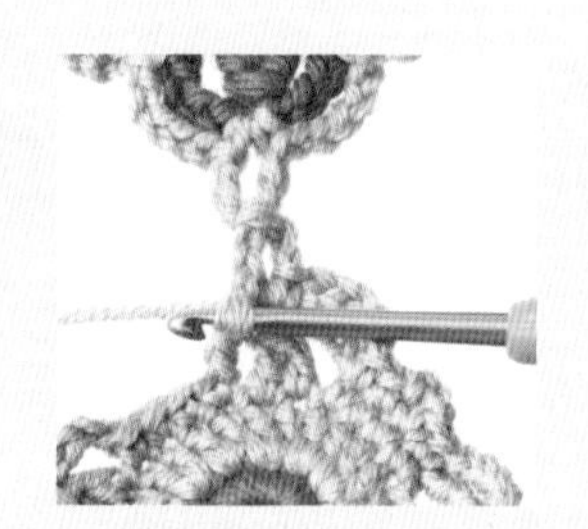

23 然后继续钩织花片 B。再钩织 2 针锁针、1 针短针。

24 同样按照图示，把花片 A 和花片 B 用引拔针连接在一起。图中所示是花片连接好的样子。

3 钩织第 3 片花片（花片 B）并连接

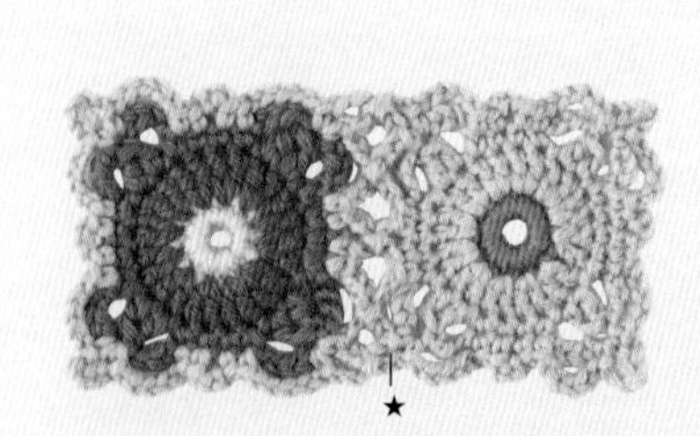

25 将第 4 行未完成的部分钩织完，然后处理线头。第 2 片花片（花片 B）钩织完成。

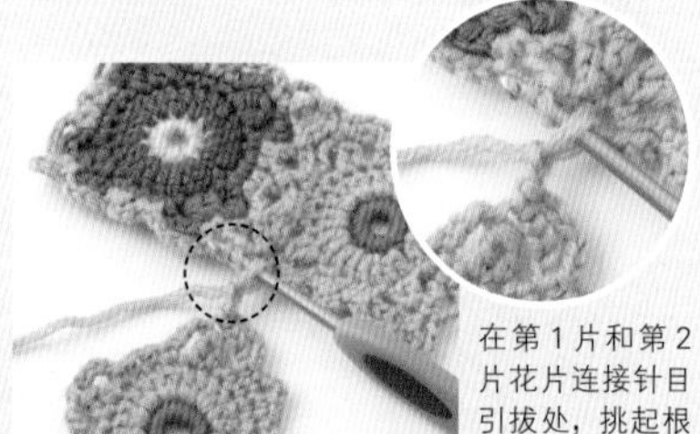
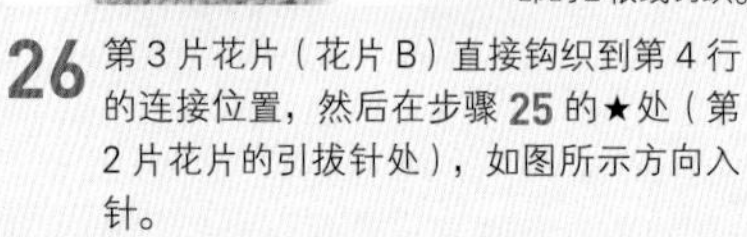

在第 1 片和第 2 片花片连接针目引拔处，挑起根部的 2 根线钩织。

26 第 3 片花片（花片 B）直接钩织到第 4 行的连接位置，然后在步骤 **25** 的★处（第 2 片花片的引拔针处），如图所示方向入针。

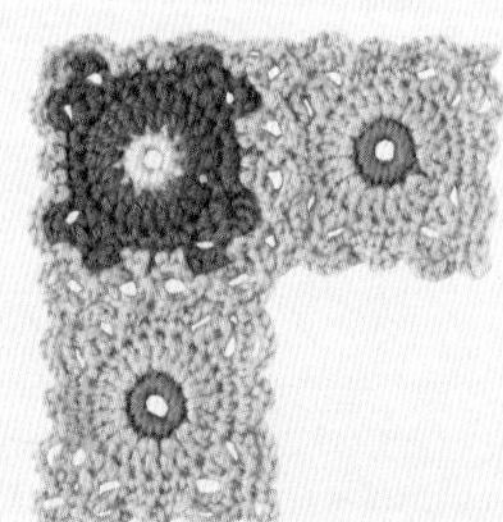

27 同第 2 片花片的方法，用引拔针和第 1 片花片连接，同时进行钩织，然后处理线头。第 3 片花片（花片 B）钩织完成。

4 钩织第 4 片花片（花片 A）并连接

28 第 4 片花片也按照相同的方法，在第 4 行连接后继续钩织到最后。转角处在第 3 片花片和相同的第 2 片花片的引拔处，挑起根部的 2 根线后钩织。第 4 片花片（花片 A）连接完成。

5 边缘编织

●第 1 行

29 在第 2 片花片（花片 B）的转角处入针挂蓝色线。

30 把上一行的锁针整段挑起，钩织 1 针短针。

整段挑取参照 p.11

31 在连接好的花片的四周，如图所示钩织短针。

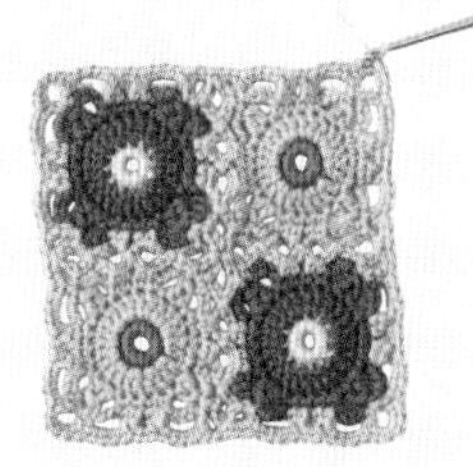

32 四周全部钩织短针、引拔针。边缘编织完成第 1 行。

●第 2 行

33 边缘编织的第 2 行也是钩织短针。转角处在上一行的 1 针里，钩织 1 针放 3 针短针（4 个角的钩织方法相同）。

6 再按照相同方法钩织小包后面用的织片

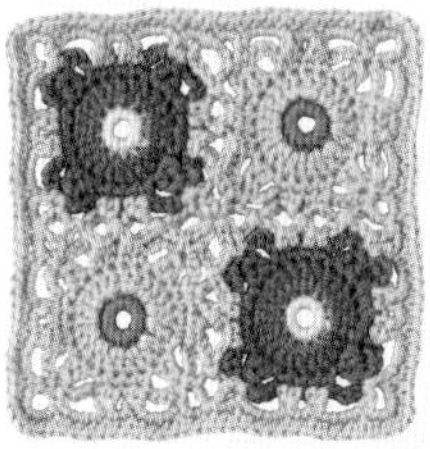

7 将前面和后面的织片用半针的卷针缝缝合

34 参照图示钩织到最后，然后处理线头。边缘编织完成，这就是迷你小包前面的织片。

35 同前面的钩织方法。只是在编织终点时不用处理线头，线端留约 1m 长。

36 把后面用织片编织终点处预留的线穿过毛线缝针，然后在前面转角处的针目的半针处入针。

37 接着，在后面织片的针目和前面织片边端的针目处再次入针后，拉线。

38 从下一个针目开始用相同方法，在保证不影响织片形状的前提下，在半针处入针后，用相同的力度拉线。

8 缝上提手

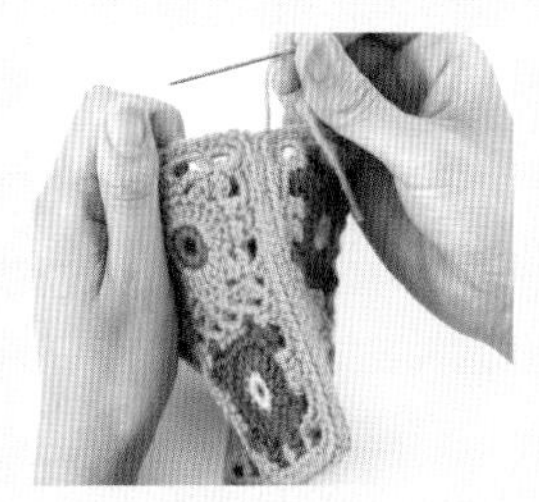

39 把前面、后面织片的三边用卷针缝缝合。图中所示是半针的卷针缝缝合好的状态。

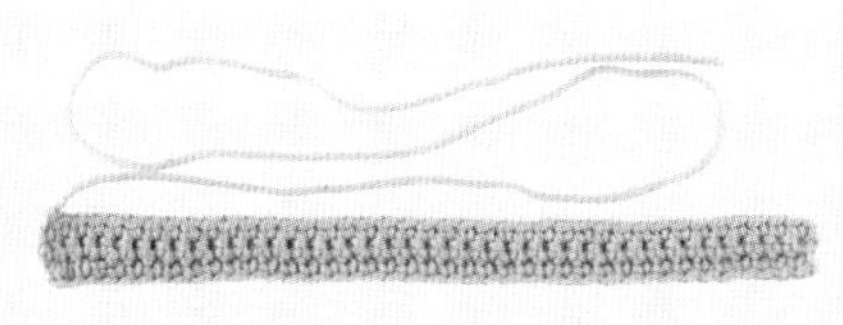

40 用短针钩织提手，线端留约 30cm 长。一共钩织 2 条。

41 用预留出的线把提手缝在前面和后面织片的内侧。

成品

花片都连接完后，在四周钩织一圈短针进行调整，这也是成品整体更漂亮的一个小窍门。

花片连接的迷你包、花片连接的手提包

图片 p.74

材料和工具

手提包：和麻纳卡 Organic Wool Field 蓝色（5）110g，Exceed Wool L（中粗）淡橙色（340）10g、橙色（344）10g、橄榄绿色（321）25g、玫红色（336）30g，钩针5/0号

迷你包：和麻纳卡 Organic Wool Field 蓝色（5）18g，Exceed Wool L（中粗）淡橙色（340）1g、橙色（344）1g、橄榄绿色（321）3g、玫红色（336）4g，钩针5/0号

成品尺寸

手提包：宽30cm、高31.5cm（不含提手）

迷你包：宽11.5cm、高11.5cm（不含提手）

编织要点

手提包：

●包身用连接花片的方法连接。第1片使用环形起针方法钩织花片A，参照图示在配色的同时一共钩织4行。第2片钩织花片B，在第4行钩织的同时要进行连接。第3片花片之后全部都要在钩织第4行的同时进行连接，如图所示，需要把52片花片连接到一起。包口处用短针，一圈一圈地钩织，共钩织5行。

●提手钩80针锁针起针，钩织12行短针。然后把织片折二次，用卷针缝缝合。

●把提手缝到包身的内侧。

迷你包：

●包身和手提包一样，把花片连接到一起。如图所示，4片花片全部连接到一起，然后把花片的四周用短针钩织2行。需要准备2片这样的织片，背面相对对齐，用半针卷针缝的方法把除包口之外的三边连接到一起。

●提手钩40针锁针起针，然后钩织3行短针。

●把提手缝到包身的内侧。

花片A

※手提包、迷你包的花片都是相同的。

④ ③ ② ① 环 5 5

花片A配色

行数	颜色
第4行	蓝色
第3行	橄榄绿色
第2行	玫红色
第1行	淡橙色

花片B

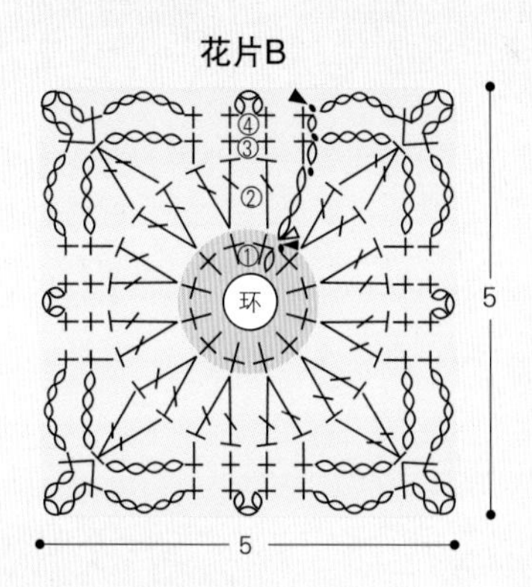

花片B配色

行数	颜色
第4行	蓝色
第3行	
第2行	
第1行	橙色

迷你包包身

▷ =接线
► =断线

边缘编织 ← ② ← ①

1 2 3 4 环 ① ② ③④

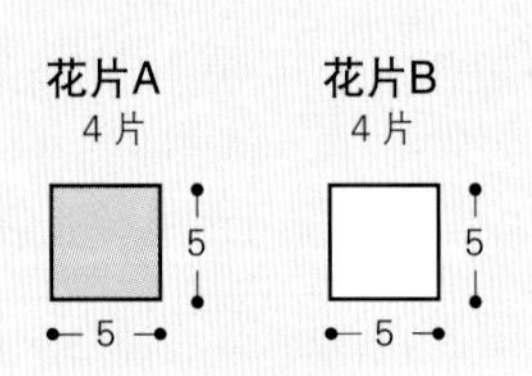

迷你包包身
（连接花片）
2片

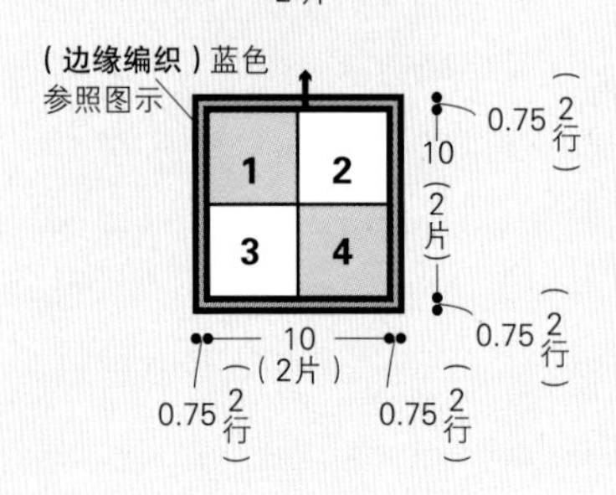

成品图

提手放入包身内侧，缝合固定

包口

包身背面相对对齐放置，用蓝色线，用半针卷针缝的方法把除包口之外的三边连接到一起

提手 蓝色 2根
（短针）

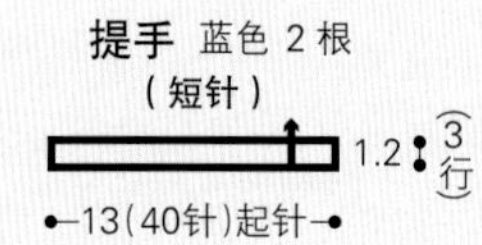

提手

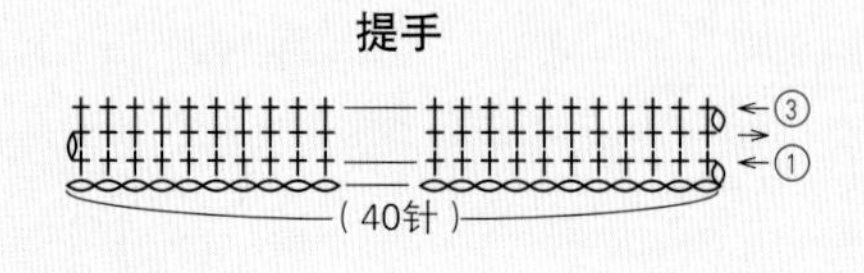

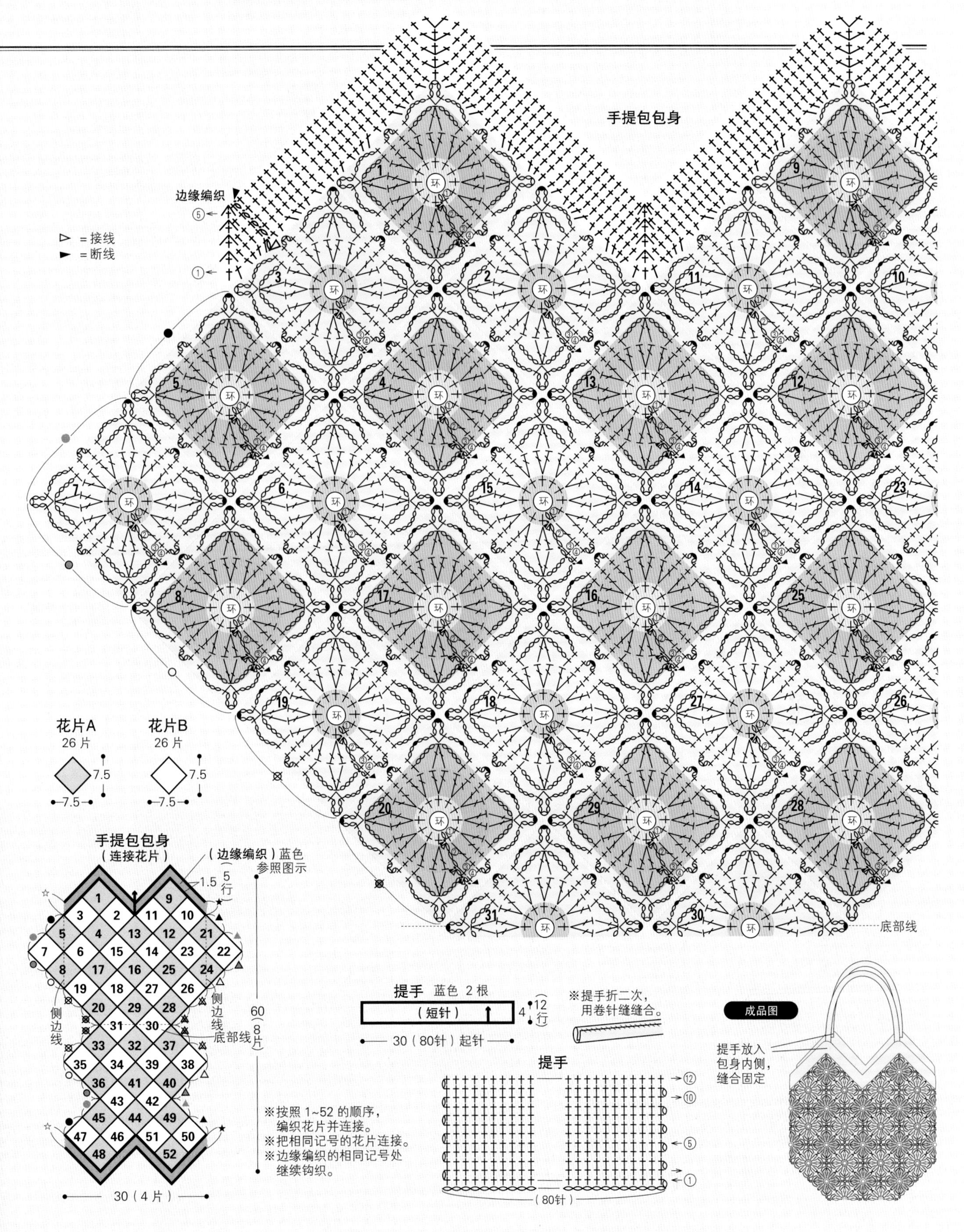

手提包包身
边缘编织
▷ = 接线
▶ = 断线
环
底部线
花片A
26 片
7.5
花片B
26 片
7.5
手提包包身
（连接花片）
（边缘编织）蓝色
参照图示
1.5（5行）
60（8片）
侧边线
底部线
30（4 片）
※按照 1~52 的顺序，
编织花片并连接。
※把相同记号的花片连接。
※边缘编织的相同记号处
继续钩织。
提手 蓝色 2 根
（短针）
4（12行）
30（80针）起针
※提手折二次，
用卷针缝缝合。
提手
（80针）
成品图
提手放入
包身内侧，
缝合固定

正方形花片手提包

把正方形花片斜着钩织，
然后再连接在一起的手提包。
因为包身部分不是镂空的设计，
所以可以不用另加衬布。

设计…Sachiyo * Fukao
制作…内田 智
制作方法…p.124、125

在钩织花片时，
可以交替使用中心的原白色线和咖啡色线，
这样包身图案整体看起来会更有规律。
最后用深红色线钩织边缘编织，
可以使包包的颜色搭配更突出。

圆形花片口金包

如果希望成品能给人一种暖洋洋的感觉，
推荐使用稍微有些怀旧色调的线。
把 2 片大的圆形花片重叠连接到一起，
再安装上口金就完成了。

设计和制作…稻叶由美
制作方法…p.123

带盖化妆包

包盖的褶边设计和天鹅绒缎带
突出了包包的可爱之处。
因为有侧片的设计，所以也可以当作收纳包使用。推荐使用比较抢眼的黄色系线。

设计和制作…森田佳子
制作方法…p.124

扁平化妆包

包身用长针和短针钩织，
同时为了营造视觉效果上的差异，
包盖部分使用了枣形针。
缝在包盖上的花片和蕾丝带是这款包的亮点。

设计和制作…Sachiyo ＊ Fukao
制作方法…p.126

口金包

用棉线从底部开始向上钩织，
侧面的花样钩织的是长针的交叉针，
最后把口金缝在织片上即可。

设计和制作…山下朋美
制作方法…p.127

短针钩织的贝壳包

彩色横条纹长贝壳包，
所有的针目钩织的都是短针。
上面 6 处要在钩织的同时做出褶子，
成品的底部是圆形的。

设计和制作…hinahouse

编织的小玩偶是参考作品

材料和工具

中粗WOOL和尼龙的混纺线　象牙白色60g、粉色混合30g、咖啡色10g，钩针8/0号、5/0号

成品尺寸

宽24cm、高18cm（不包含提手）

编织要点

●环形起针，参照图示更换线和钩针，共钩织30行。

●第31~33行，在钩织的同时制作提手。

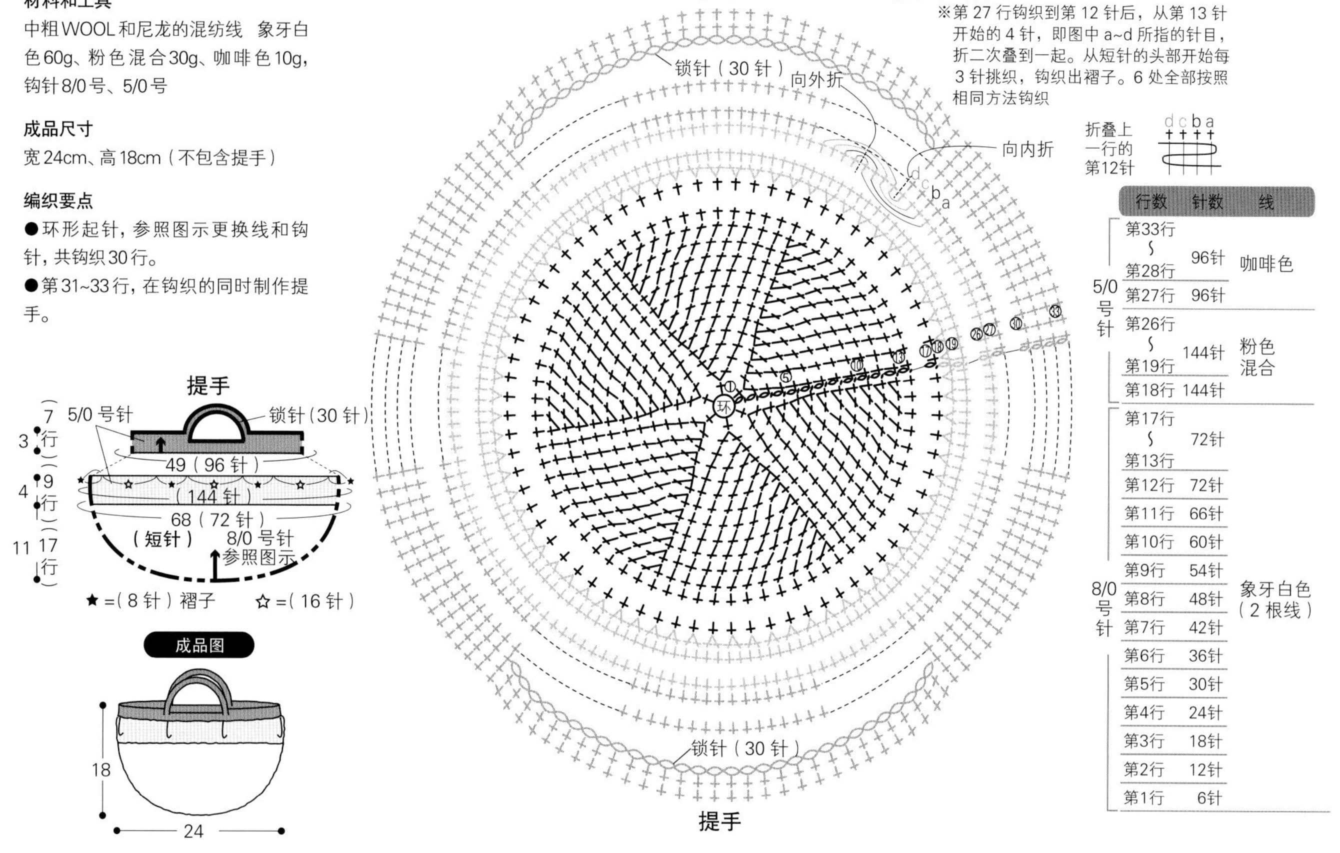

针	行数	针数	线
5/0号针	第33行~第28行	96针	咖啡色
	第27行	96针	
	第26行~第19行	144针	粉色混合
	第18行	144针	
8/0号针	第17行~第13行	72针	象牙白色（2根线）
	第12行	72针	
	第11行	66针	
	第10行	60针	
	第9行	54针	
	第8行	48针	
	第7行	42针	
	第6行	36针	
	第5行	30针	
	第4行	24针	
	第3行	18针	
	第2行	12针	
	第1行	6针	

爆米花针的手提包

包口和底部用针目密实的短针钩织，
主体用爆米花针钩织，营造出视觉上的凹凸感。
把花片缝到螺旋形蕾丝带上后，
再绑在包带上，可以增色不少。

设计和制作…菅野直美

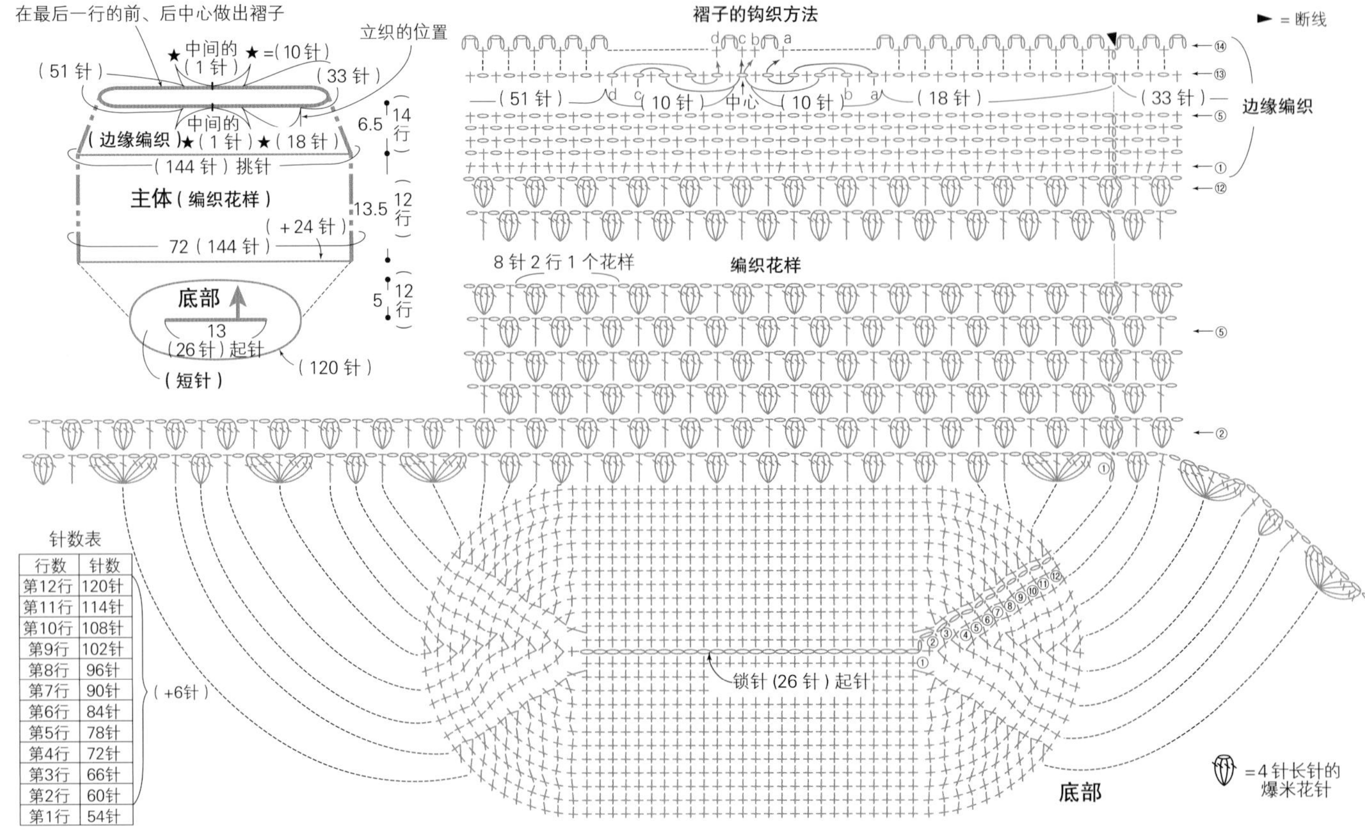

针数表

行数	针数
第12行	120针
第11行	114针
第10行	108针
第9行	102针
第8行	96针
第7行	90针
第6行	84针
第5行	78针
第4行	72针
第3行	66针
第2行	60针
第1行	54针

爆米花针的手提包 图片 p.84

材料和工具

中粗线 橄榄绿色190g、原白色6g，1.5cm×45cm的皮革提手1组，宽1cm的螺旋形蕾丝带40cm，钩针6/0号

成品尺寸

宽36cm、高20cm（不含提手）

密度

10cm×10cm面积内：短针20针、24行，10cm×10cm面积内：编织花样 5个花样、9行，10cm×10cm面积内：边缘编织 22针、22行

编织要点

包身

●锁针起针后从底部开始钩织。

●在边缘编织的最后一行，从主体的中间位置做出褶子。

饰物

●环形起针后钩织2片花片。

花片

原白色 2片

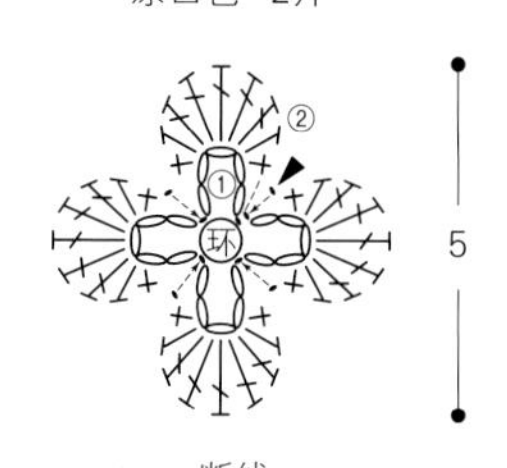

► = 断线

成品图

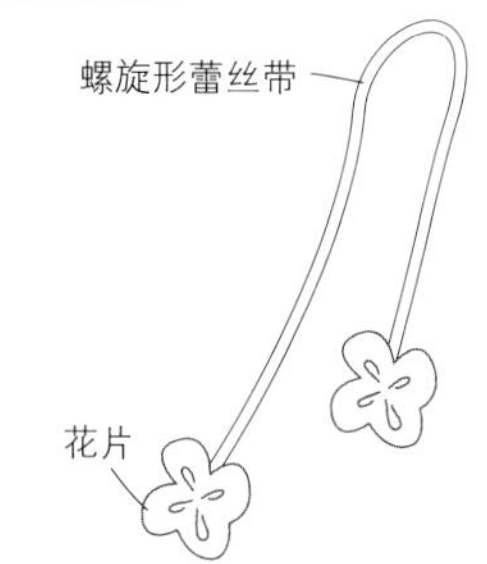

钩织花片，缝在螺旋形蕾丝带上，当作装饰

双色拼接包

A4 大小的休闲购物包，
搭配上内袋非常结实。
蓝色的镂空钩织搭配皮革提手，
是这个包包的亮点。

设计和制作…平川 干 (Polivi)
制作方法…p.128

五彩缤纷的荷包袋

底部用短针钩织，
主体用中长针的枣形针营造不同的感觉。
另外一个设计亮点就是把钩织好的花片
从包口的绳子中穿过后做成的装饰。

设计和制作…hinahouse
制作方法…p.129

小饰物

本书主要介绍一些小而简单的饰品，如戒指、手链、小饰物、发绳等，非常适合当作小礼物。

双层项链和戒指

把花片粘贴在带底座的戒托上即完成戒指。项链就是把 2 圈和 4 圈的花片与锁针钩织的长绳缝到一起，然后再固定到长链上。

设计和制作…Ha-Na
制作方法…p.130

小花和四叶草手链

这两种花片都有一种春天的感觉。小花的花瓣少织 1 片就变成了三叶草。用颜色柔和的线制作几片，然后缝在金属链上就可以了。

设计和制作…amy*

材料和工具

小花：奥林巴斯　Emmy Grande 原白色（804）、浅咖啡色（736）各1g，Emmy Grande<Herbs> 橙色（171）、粉红色（119）、淡蓝绿色（341）、淡黄色（560）、灰茶色（814）各1g

四叶草：奥林巴斯　Emmy Grande <Herbs> 淡绿色（252）1g、Emmy Grande 原白色（804）1g

通用：钩针2/0号

小花

※选择自己喜欢的颜色钩织

四叶草

淡绿色

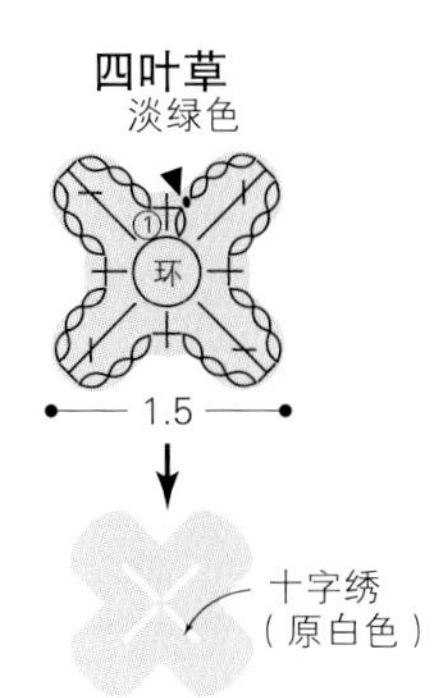

带小花的发绳和发夹

平面的花朵织好后，一圈一圈地向上钩织成立体状，发绳和发夹的钩织方法相同。花样的个数会影响到成品的大小。

设计和制作…大野优子 (ucono)

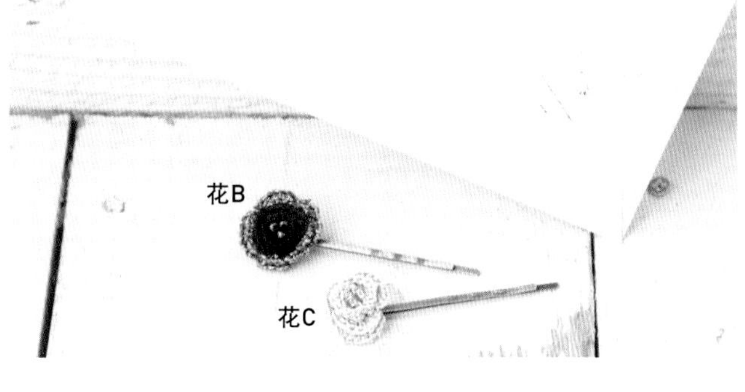

材料和工具

通用：DARUMA　绢制蕾丝线30号 粉红色（9）、金银蕾丝线30号　粉色系（5）少量，蕾丝钩针2/0号

发绳：大圆珠（粉色系）5颗、橡皮圈 1个

发夹：大圆珠（粉色系） 3颗（花C 2颗）、带底座的发夹2个　黏合剂

※用蓝色线时，DARUMA　绢制蕾丝线30号 藏蓝色（13）、金银蕾丝线30号 黑色系（7），大圆珠（藏蓝色系）使用

发绳的成品图

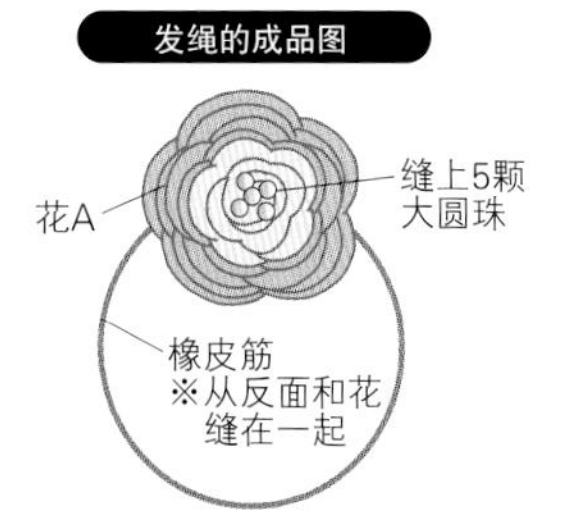

发夹成品图

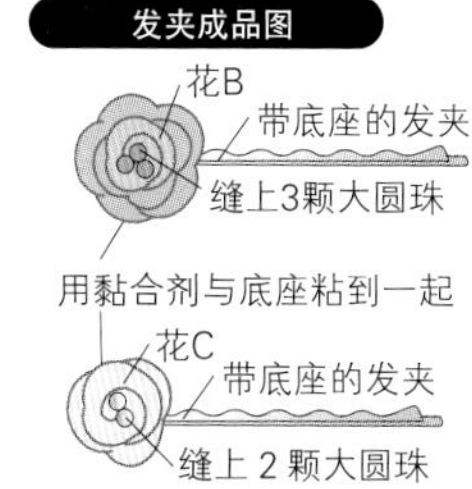

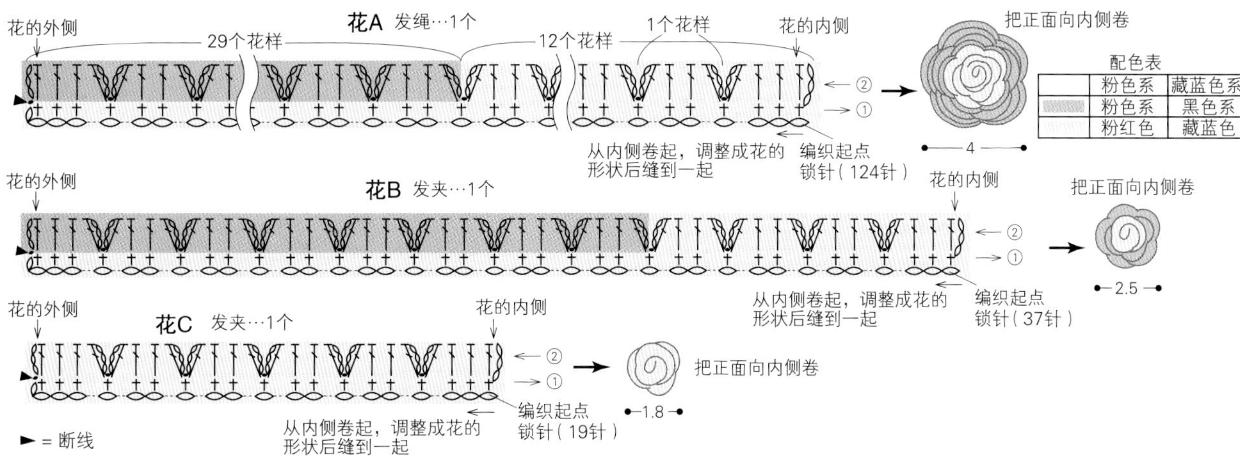

配色表

	粉色系	藏蓝色系
	粉色系	黑色系
	粉红色	藏蓝色

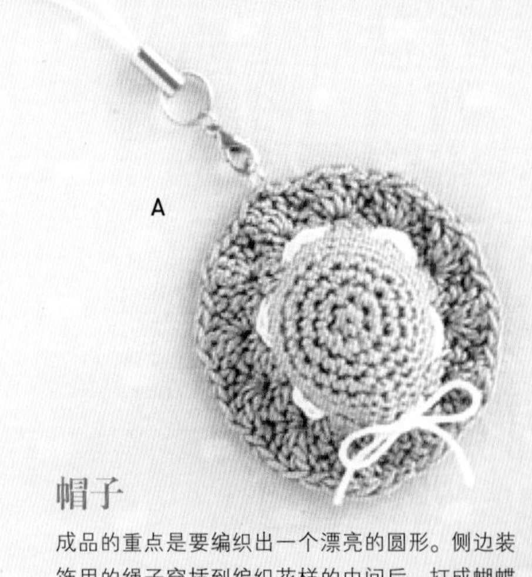

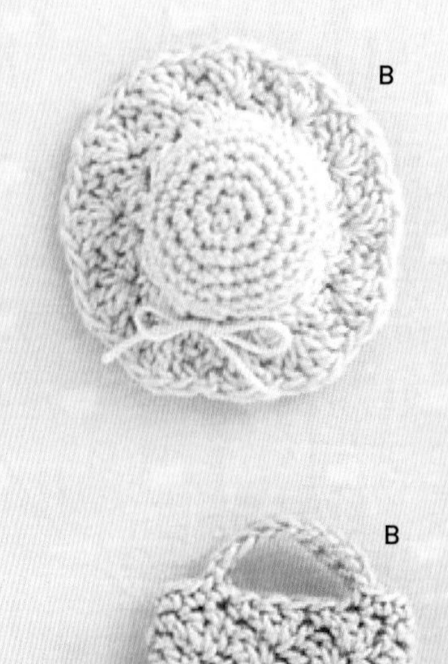

帽子

成品的重点是要编织出一个漂亮的圆形。侧边装饰用的绳子穿插到编织花样的中间后，打成蝴蝶结。然后再用挂件穿起来，装饰在包包等地方就可以。

小包包

双色拼接的小包包，底部用短针钩织，包身的编织花样给人一种可爱甜美的感觉。从提手的位置穿过圆环和吊链，就可以当作项链、毛衣链等使用了。

小花片钩织的饰品

设计和制作…amy*

材料和工具

帽子

A：奥林巴斯 Emmy Grande 浅茶色（736）2g、原白色（804）1g

B：奥林巴斯 Emmy Grande 浅蓝色（364）2g、Emmy Grande <Herbs> 淡黄色（560）1g

通用：钩针2/0号

小包包

A：奥林巴斯 Emmy Grande 原白色（804）2g、Emmy Grande <Herbs> 淡蓝绿色（341）1g

B：奥林巴斯 Emmy Grande <Herbs> 淡蓝绿色（341）2g、Emmy Grande 原白色（804）1g

通用：钩针2/0号

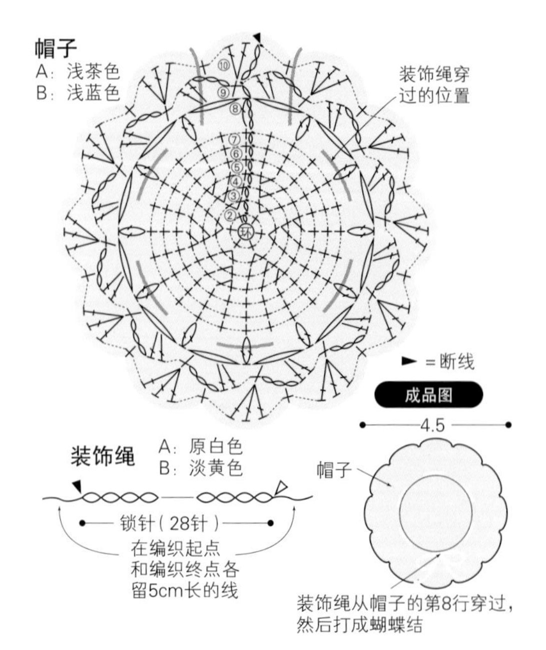

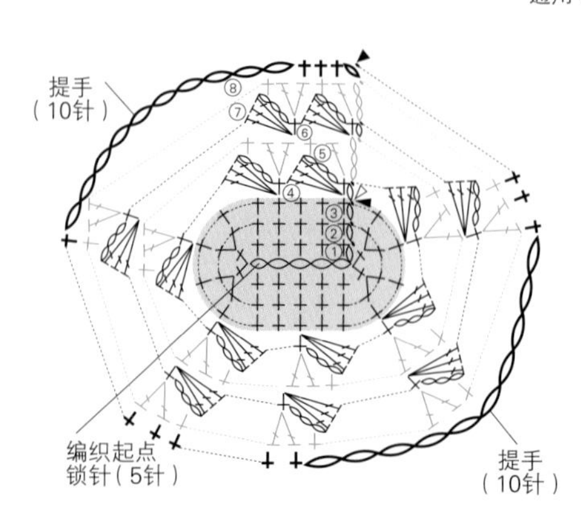

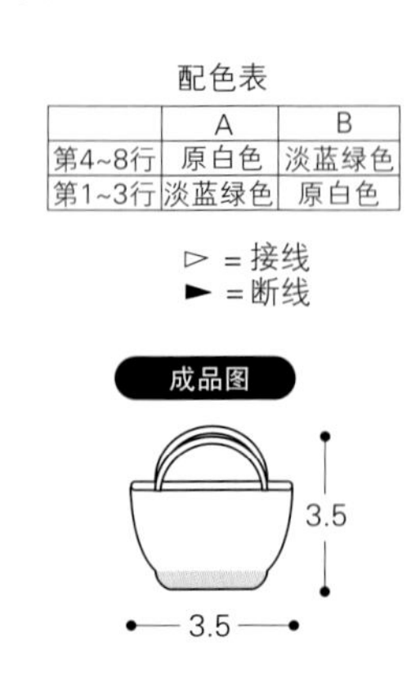

配色表

	A	B
第4~8行	原白色	淡蓝绿色
第1~3行	淡蓝绿色	原白色

芭蕾舞鞋吊坠

只需钩织短针就可以完成的漂亮可爱的芭蕾舞鞋。钩织好的小鞋子装饰在珠链上，当作钥匙链或者其他自己喜欢的装饰品使用。

材料和工具

A：奥林巴斯 Emmy Grande 红色（192）2g、原白色（804）1g

B：奥林巴斯 Emmy Grande <Herbs> 粉红色（119）2g、Emmy Grande 原白色（804）1g

通用：钩针2/0号

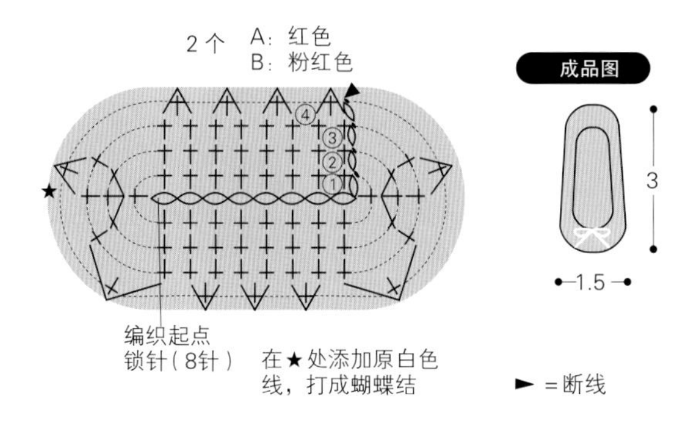

蝴蝶结

中间用带子收紧，就变成可爱的蝴蝶结了。如果分别挂在不同的金属配件上，就变成了不同的装饰品，A是项链、B是戒指、C是耳环。

A

C

B

材料和工具

A、C：奥林巴斯 Emmy Grande <Herbs> 粉红色（119）各1g

B：奥林巴斯 Emmy Grande <Herbs> 橘黄色（171）1g

通用：钩针2/0号

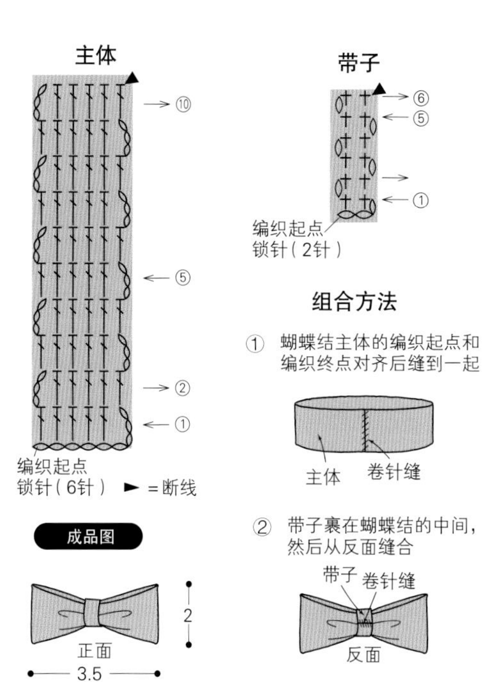

小花朵手环

根据自己的喜好，钩织好数片颜色渐变的小花朵和叶子，然后在花片的反面挑针，钩织锁针，把它们连接在一起。

设计和制作…栢岛玲子

1 第 1 行。中心环形起针，立织 1 针锁针，钩织 8 针短针，最后把环收紧。

2 第 2 行。钩织 2 针锁针，在第 1 圈的短针针目里，钩织 2 针长针并 1 针。钩织 2 针锁针后，从上一行的下一个短针的头部引拔。然后再重复以上操作。

3 第 3 行。立织 1 针锁针，上一行的 2 针锁针处按照短针→中长针的顺序钩织，在上一行长针的头部，钩织 2 针长针并 1 针。然后按照图示继续钩织到最后。

材料和工具

中细段染系线　粉色混合系、绿色混合系各10g，中细棉线 芥末绿色、橘黄色、绿色各5g，固定片2个，直径5mm的圆环2个，卡扣1组，钩针3/0号

成品尺寸

长18cm（不含卡扣）

编织要点

●花朵花片环形起针，参照图示钩织3行，钩织好每个颜色需要的花片数留作备用。

●叶片钩10针锁针起针，钩织1行。

●细绳是用锁针钩织18cm长，钩织2根。

●在细绳的两端缝上固定片、圆环和卡扣。

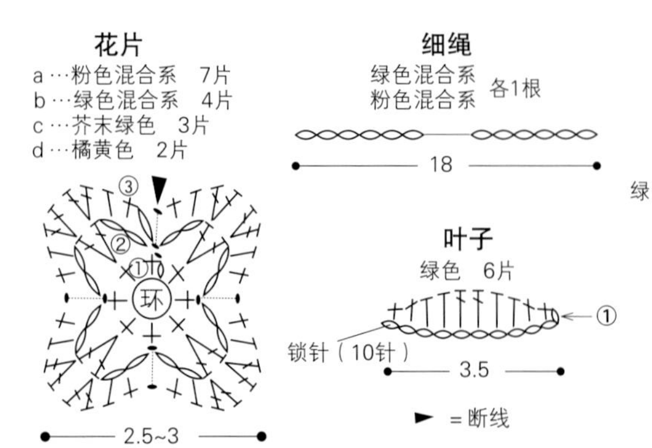

※线的粗细不同，成品的大小也会不同

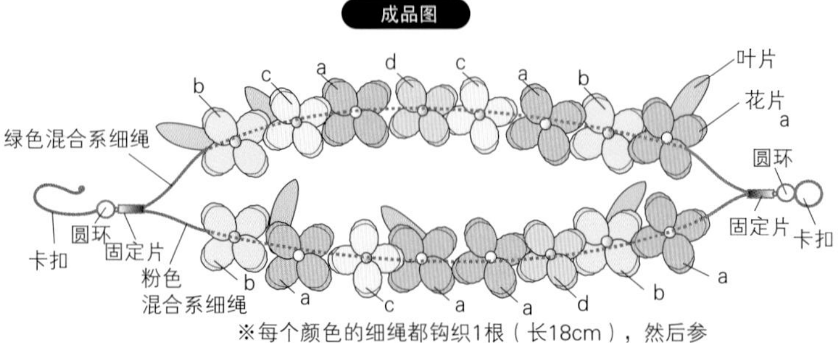

※每个颜色的细绳都钩织1根（长18cm），然后参照上图，把花片和叶子缝在细绳上。细绳两端对齐，按照固定片、圆环、卡扣的顺序安装好

2 朵花的发绳

水滴状的花瓣是花朵花片设计的一大特色，或者把 2 片分别穿过发绳，或者把大小不同的 2 片花片重叠放置，再搭配上蕾丝带等制作成有立体感的发绳等，设计方法有很多种，可以根据自己的喜好进行搭配。

设计和制作…AHAHA 工房

制作方法…p.131

双层花瓣的发绳

把花片的花瓣钩织成双层，
然后在中心缝上包扣，当作花蕊。
与花萼的花片搭配好后缝到发绳上。

设计和制作…AHAHA 工房

制作方法…p.130

带花朵装饰的发圈和发绳

在锁针钩织好的线圈周围用长针钩织，
然后与网眼针钩织的发圈缝在一起，当作花瓣。
这款作品也非常适合当作头饰使用。

设计和制作…AHAHA 工房

制作方法…p.132

项链、耳环、耳钉

作品使用的是色调柔和的线，
令人心情愉悦。
因为是带串珠的花片，所以要注意，
在钩织的时候不能松动。

设计和制作…大野优子（ucono）

材料和工具

通用：奥林巴斯 Emmy Grande <Herbs>
淡蓝绿色（341）、淡黄色（560）各少量
蕾丝钩针0号

项链：链条17cm 2根、调节链 1个、龙虾扣 1个、直径3mm的圆环4个、小圆珠（黄色系）101颗

耳环：耳钩1对、圆环2个、小圆珠（黄色系）44颗

耳钉：耳钉1对 小圆珠（黄色系）80颗、黏合剂

花朵花片 淡蓝绿色
项链…3片
耳环…2片

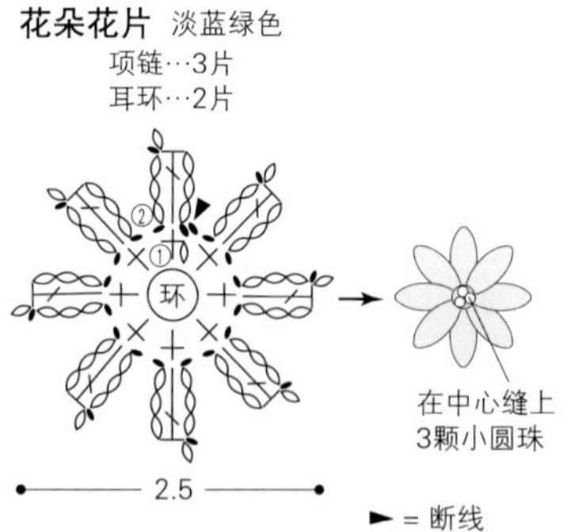

编织球 淡蓝绿色
项链…2个

叶子 淡黄色
项链…3片
耳钉…2片

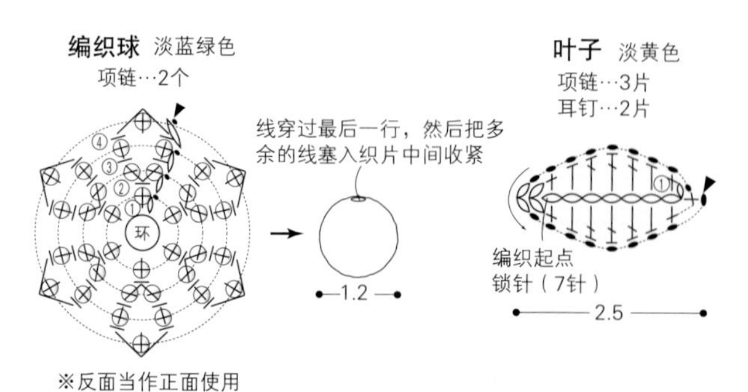

圆形花片 淡蓝绿色
耳钉…2片

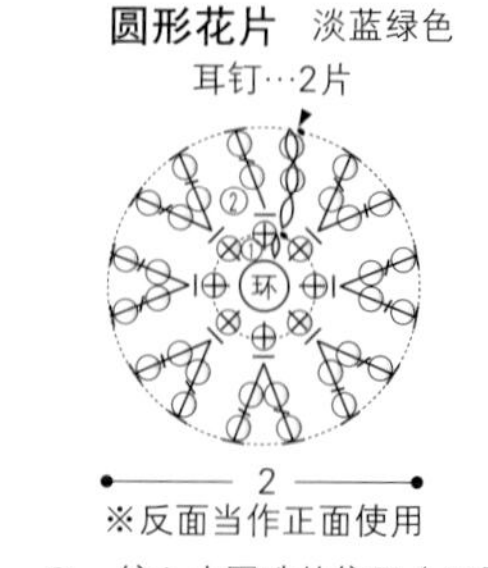

※反面当作正面使用
○…编入小圆珠的位置（40颗）

装饰绳 淡蓝绿色
项链…2根

编织起点
锁针（10针）
○…编入小圆珠的位置（10颗）

项链成品图

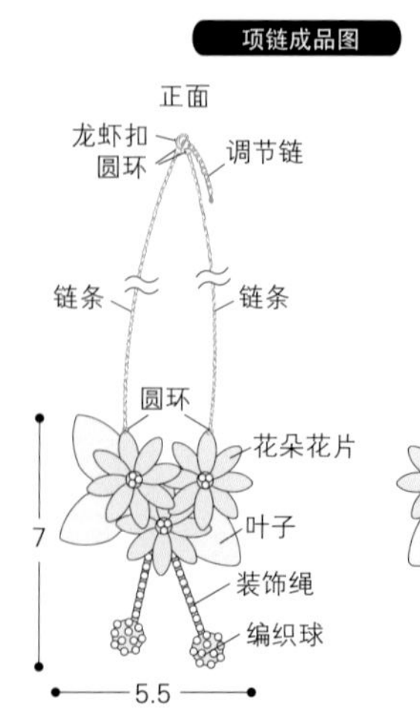

耳环的成品图

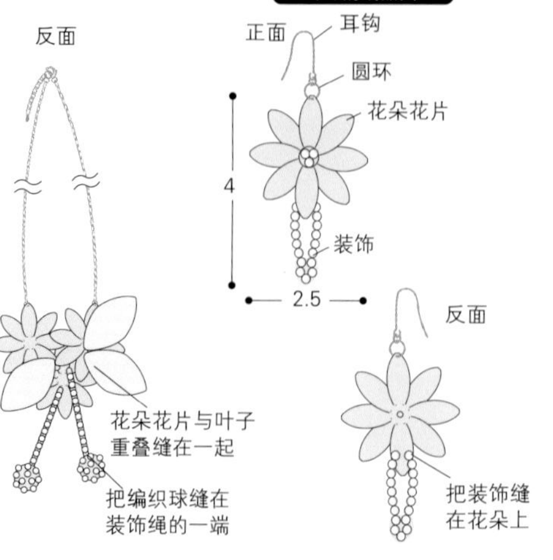

耳钉的成品图

正面

圆形花片
叶子
1.8
2.5

※圆形花片和叶子重叠
缝在一起

反面

用黏合剂与耳钉
粘贴到一起

※左右对称，
制作另一个耳钉

装饰 淡蓝绿色
耳环…2个

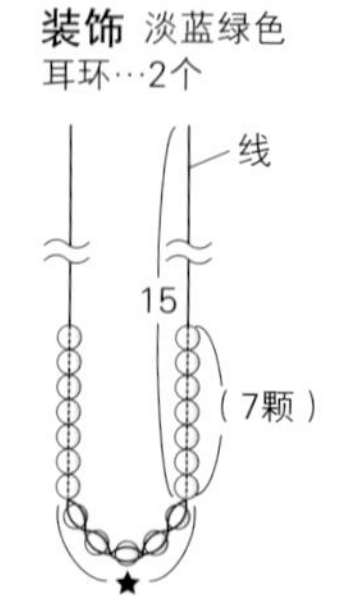

※预留约15cm长的线，在★处编入串珠，
然后钩织5针锁针。在15cm处剪断线

○…小圆珠的位置（19颗）

小花片连接的项链

尖头的花片似水仙花一样，连接在一起后有一种成熟、稳重的感觉。
如果在编织过程中能够稍微下点功夫，就可以使花片呈现出立体感。

设计…Sachiyo * Fukao
制作…桥爪 瞳

材料和工具

DARUMA Supima Crochet 原白色(3)30g、米黄色(2)10g，直径5mm的木珠6颗，钩针2/0号

成品尺寸

135cm×5cm

编织要点

●环形起针后开始钩织。
●第3行是从第1行短针的反面入针后开始钩织的。
●第4行换色钩织。
●从第2片开始，在第4行把花片与上一片花片连接到一起，一共钩织30片花片。
●把木珠缝到第1~3和第28~30花片的中心位置。

花片配色表

行数	颜色
第4、5行	—— 原白色
第1~3行	—— 米黄色

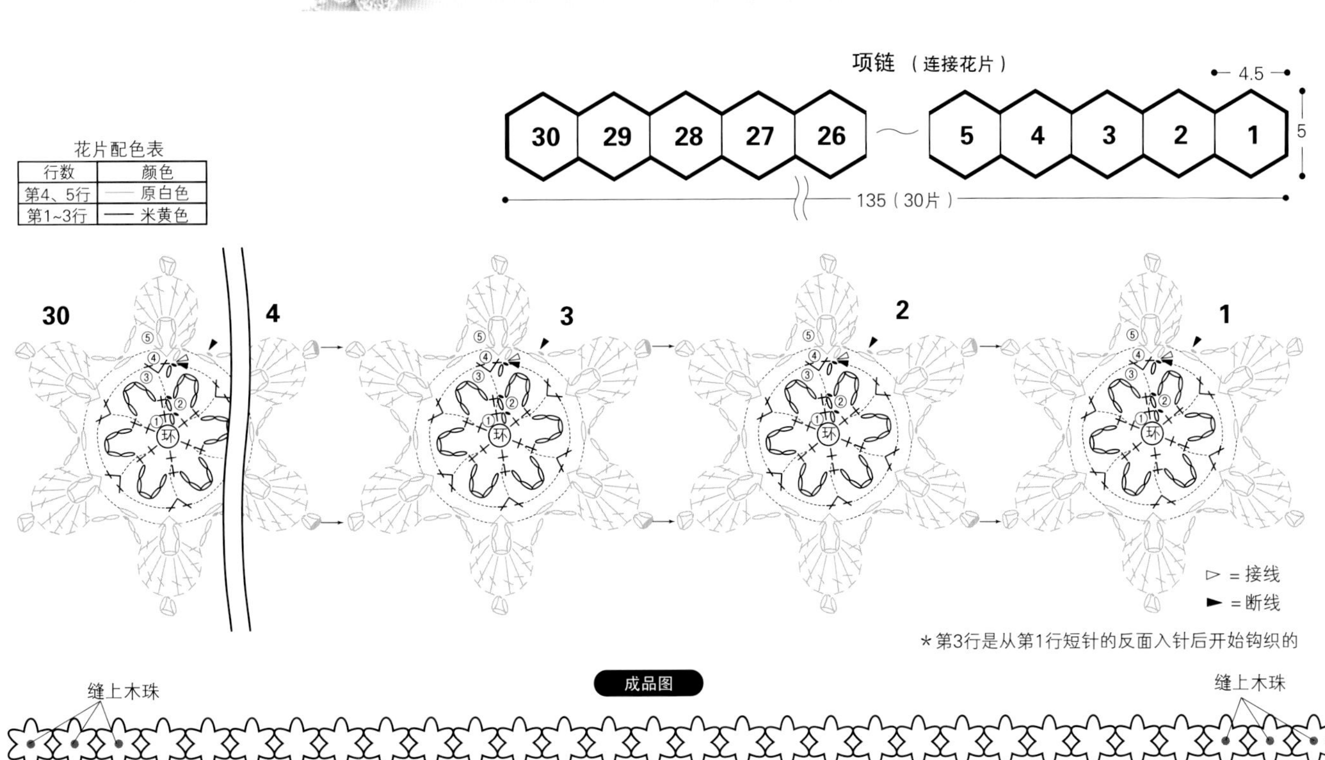

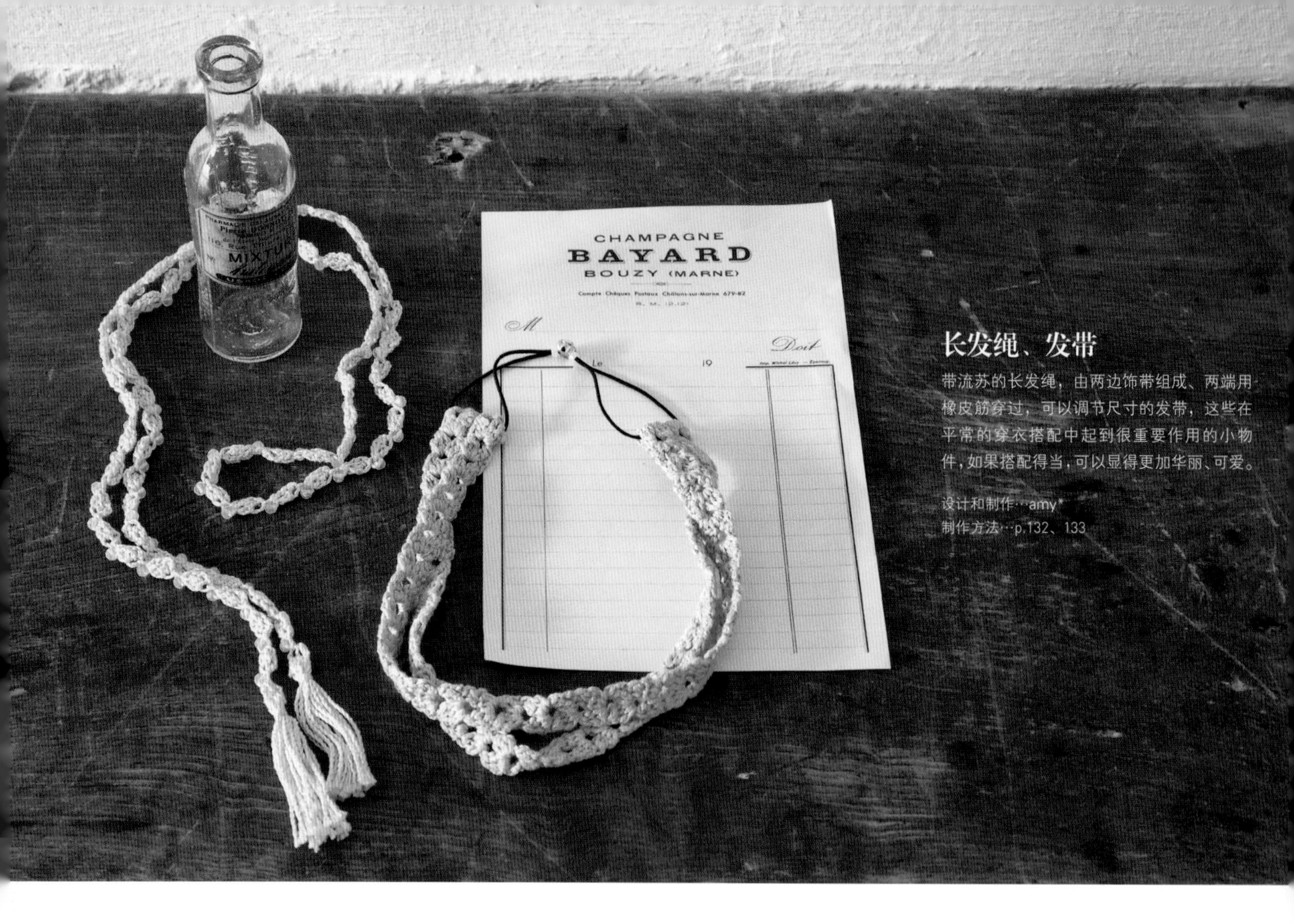

长发绳、发带

带流苏的长发绳，由两边饰带组成、两端用橡皮筋穿过，可以调节尺寸的发带，这些在平常的穿衣搭配中起到很重要作用的小物件，如果搭配得当，可以显得更加华丽、可爱。

设计和制作…amy*
制作方法…p.132、133

花片发夹

发夹粘到花片的背面，然后再贴上不织布，就可以当作便捷、可爱的发夹使用了，当然还可以根据自己的喜好进行颜色搭配。

设计和制作…大野优子
制作方法…p.133

花朵花片的小饰物

这里的几个作品钩织时要把花片钩织出分层的立体感。因为是把几个小花片重叠钩织的，所以制作方法也很简单，可以钩织很多其他的小饰品。

设计和制作…大野优子
制作方法…p.134

浅口布艺鞋襻

在穿浅口鞋时，布艺鞋襻可以使鞋子穿起来更把脚，同时也可以起到装饰作用。制作方法也很简单，只需要把褶边花片或者圆形的花片连接到一起，然后缝到松紧带上。

设计和制作…amy*
制作方法…p.135

串珠编织

编织过程中，有需要嵌入一些串珠时，要在开始钩织之前，把所需数量的串珠用编织线穿好（在穿珠子时，最好比实际需要的数量多几颗，留作备用）。
需要注意的是，如果串珠不能穿过线是没有办法编织的。

【穿串珠的方法】

使用成串的串珠时

在店里买成串的串珠使用，是非常方便的。

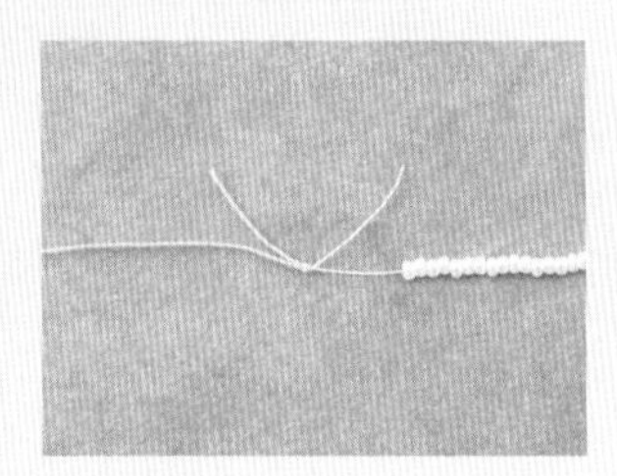

1 把编织线的端头和串珠自身的线连接在一起。

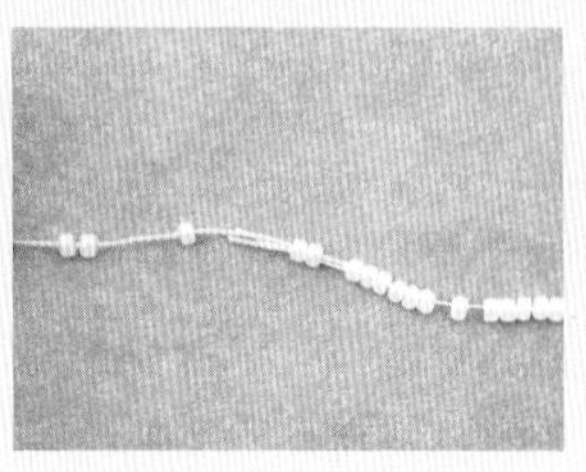

2 将串珠一点一点向编织线上移动。

3 为了减少编织过程中的不便，在移动串珠的过程中要同时进行编织。

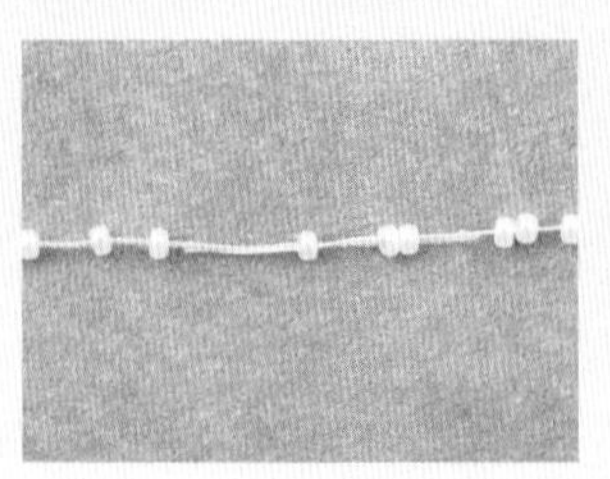

将编织线的端头捻细，用黏合剂将其和串珠自身的线粘在一起。

使用散珠时

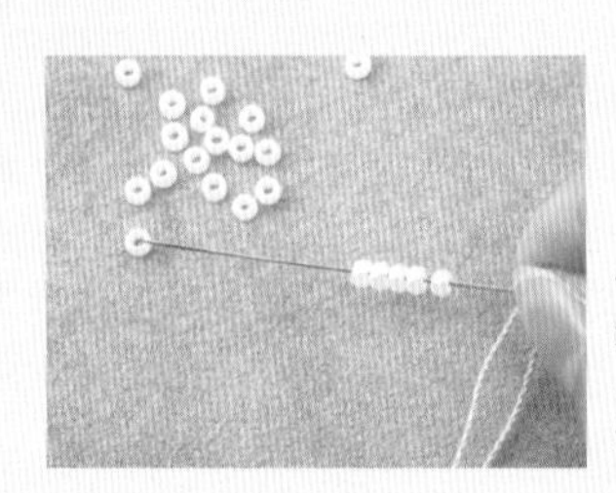

使用散珠编织时，先把编织线穿到串珠针上，然后用串珠针将串珠穿起来，再移动到编织线上。

如果串珠的孔太小，穿起来比较困难时，可以拉伸编织线的端头至 3~4cm 处并涂上手工专用黏合剂，等黏合剂干燥后将线头斜着剪断，就可以顺利地穿上串珠了。

【织入串珠的方法】

串珠编织其实并不难。
在钩织带有串珠的针目时，只需先穿入所需数量的串珠再钩织即可。
因为串珠全部都编织在反面，所以织片的反面作为正面使用。

锁针

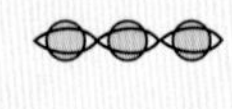

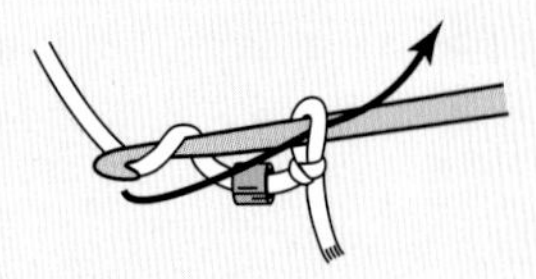

穿上串珠后，钩针挂线并引拔出，钩织锁针。为了使织片更漂亮，在钩织的时候一定要将线拉紧，串珠会排列得很漂亮。

短针

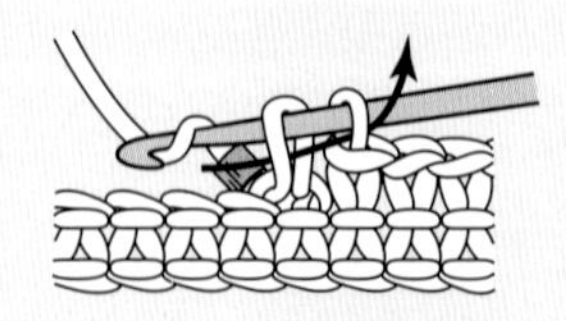

挑起上一行的针目，然后拉出线（未完成的短针），穿上串珠后，钩针挂线并引拔出，钩织短针。

长针（1 针中编入 2 颗串珠）

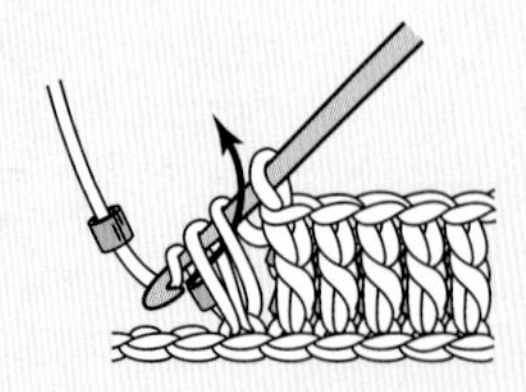

1 钩针挂线，挑起上一行的针目后拉出线。穿入 1 颗串珠，钩针挂线，从 2 个线圈中引拔出。

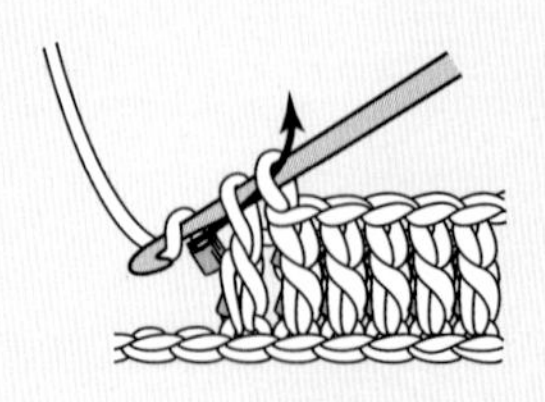

2 这是未完成的长针，再穿入 1 颗串珠，钩针挂线，并从剩余的 2 个线圈中引拔出。2 颗串珠竖向排列在织片的反面。

本书介绍的钩针编织符号和编织方法

※ 基本的编织方法在 p.10、11 有说明

1针放2针短针

加针时，在上一行的一个针目中钩织多个针目即可。虽然编织方法和针数不同，但基本方法是相同的。

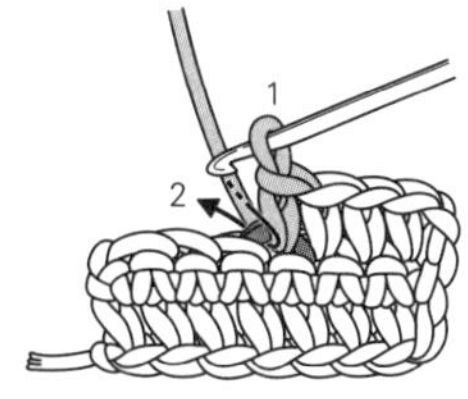

1 钩织1针短针，然后将钩针再次插入同一个针目中。

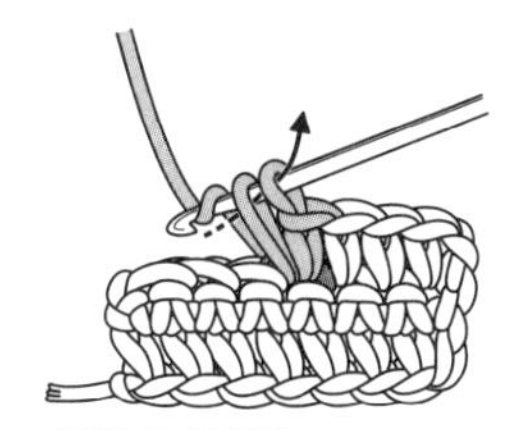

2 再钩织1针短针。

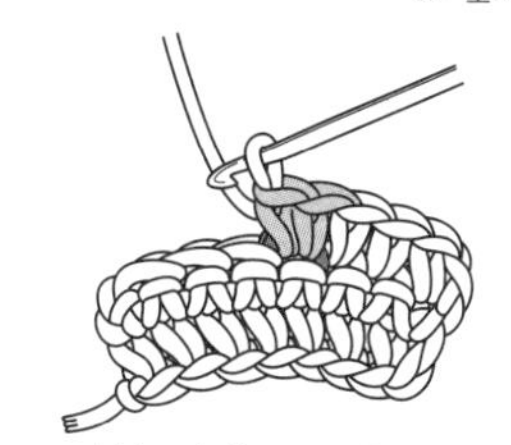

3 1个针目中钩织了2针短针，此为加了1针后的状态。

2针短针并1针

减针时，编织到针目的中途（未完成的针目）并为1针，就成了减针。

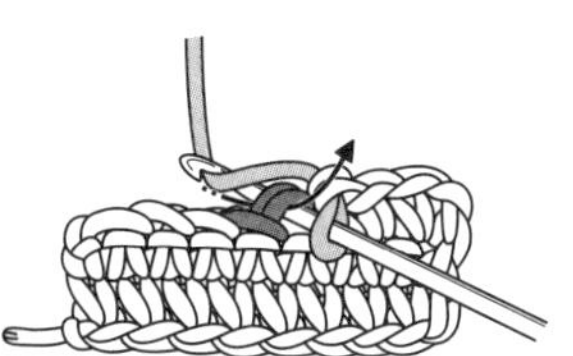

1 在上一行的针目中入针，钩针挂线并拉出。

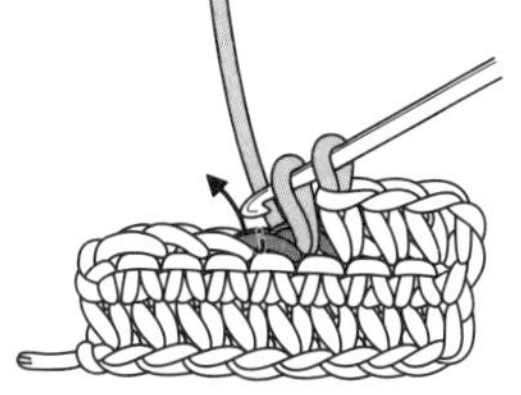

2 拉出相当于1针锁针的高度（未完成的长针），然后将钩针插入下一个针目中，挂线并拉出。

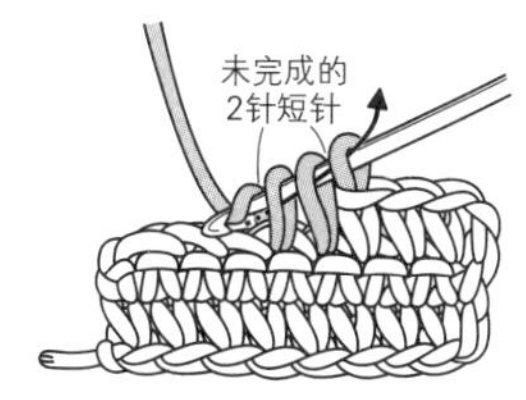

3 图为未完成的2针短针的样子，钩针挂线，从钩针上的3个线圈中一次引拔出。

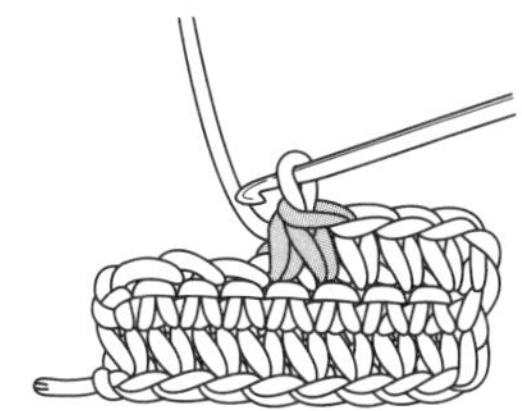

4 这就是2针并1针。2针短针并1针完成。图为减1针的状态。

1针放2针长针

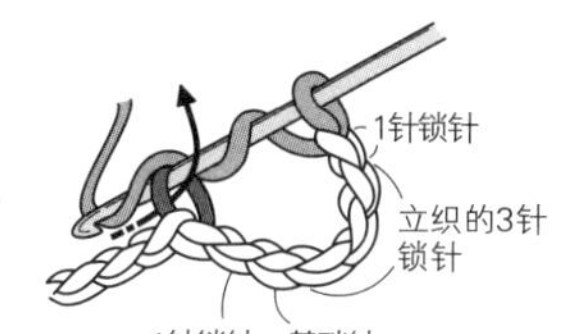

1 钩针挂线，钩织长针。

2 钩针挂线，在同一针目中再次入针钩织长针。

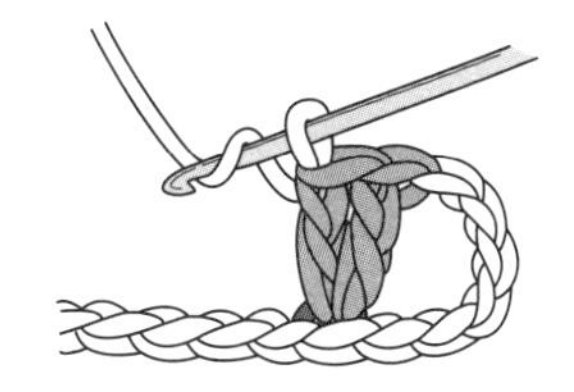

3 图为加1针的状态。

2针长针并1针

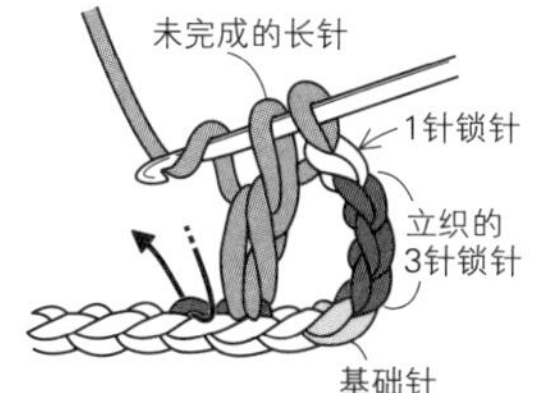

1 钩织1针未完成的长针（→p.10），钩针挂线，插入下一个针目中。

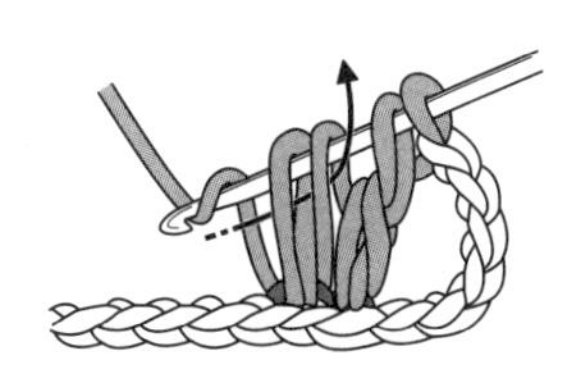

2 第2针也是钩织未完成的长针。

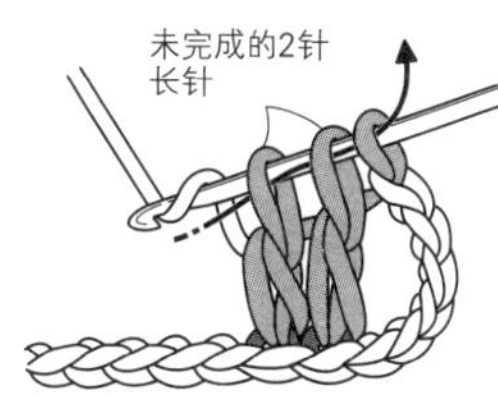

3 钩针挂线，从钩针上的3个线圈中一次引拔出。

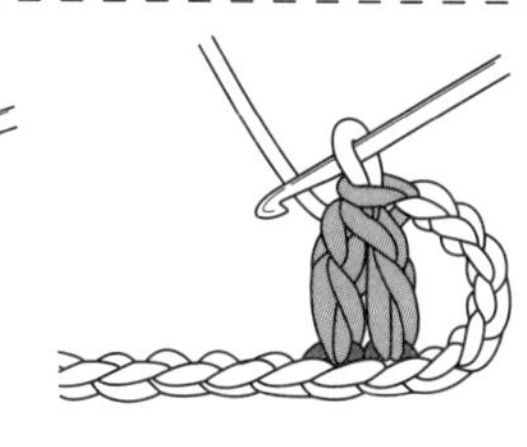

4 图为减1针的状态。

长长针

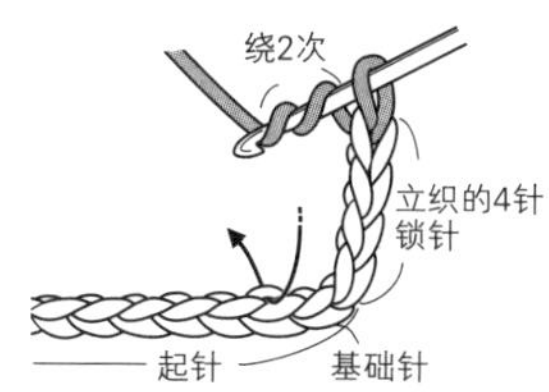

1 钩织“起针+立织的4针锁针”后，在钩针上绕2次线，然后挑取起针端头第2针锁针。

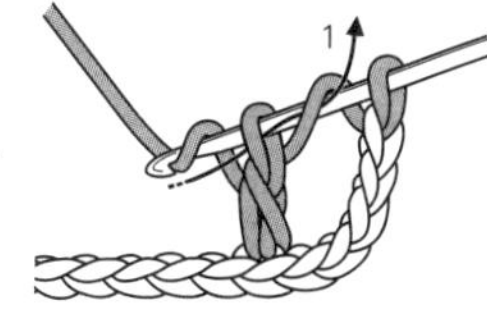

2 钩针挂线，拉出相当于2针锁针高度的线。钩针再次挂线，从钩针上的2个线圈中引拔出。

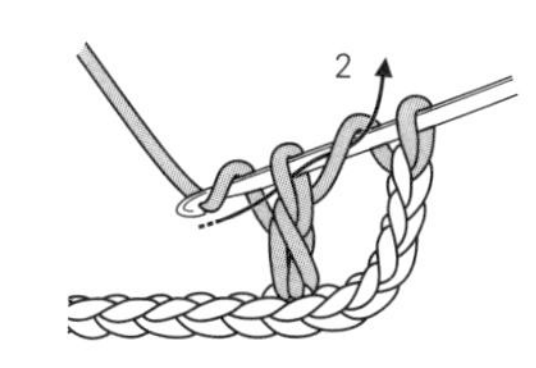

3 钩针再次挂线，并从钩针上的2个线圈中引拔出。

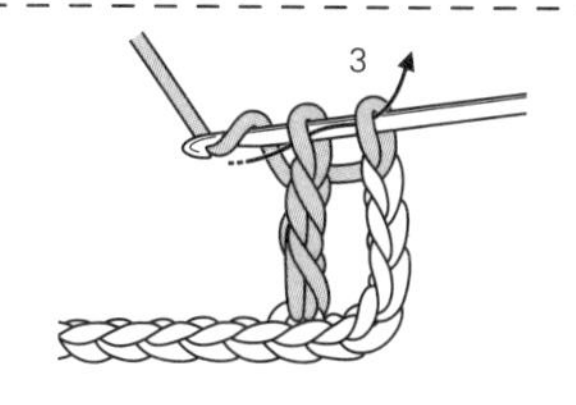

4 这个状态叫作“未完成的长长针”。钩针再次挂线，从剩余的2个线圈中引拔出。

短针的条纹针（平针编织）

挑起上一行的后面半针钩织，剩余的前面半针呈条纹状。往返编织时，为了使正面出现条纹，从反面编织的行要挑取内侧的针目钩织。

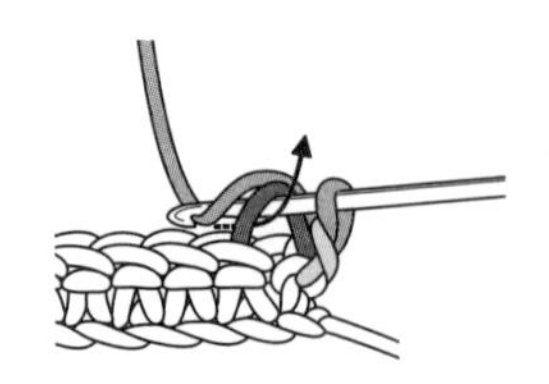

1 反面行，将钩针插入上一行端头的短针头部的前面半针，然后钩织短针。

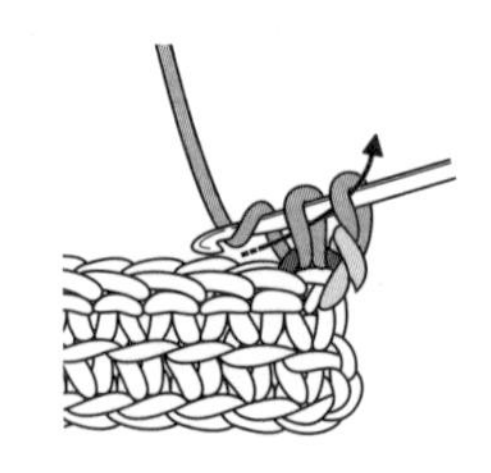

2 正面行，将钩针插入上一行锁针头部后面半针，保证织片的正面能够出现条纹状，同时钩织短针。

短针的条纹针（环形编织）

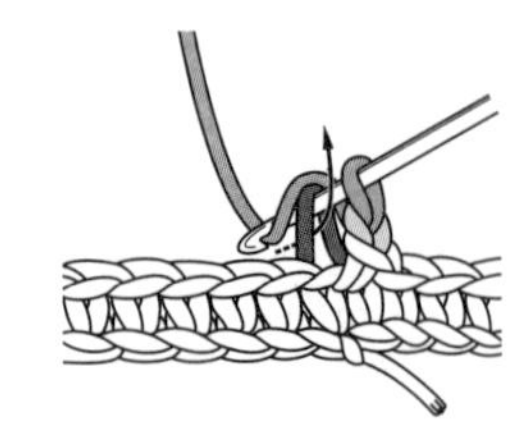

多是在上一行针目头部的后面的锁针半针处入针，钩织短针。

短针的棱针

每一行都是挑起上一行的半针，然后往返编织，织片会呈现出凹凸感。

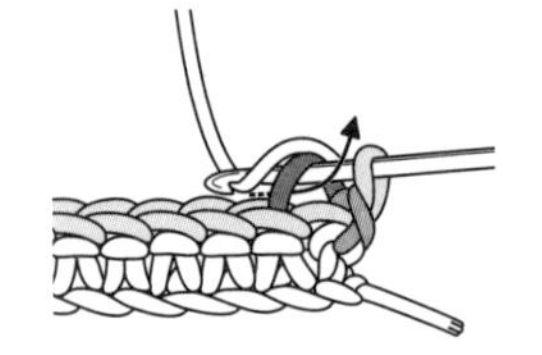

1 钩针挂线，从上一行锁针的头部的后面半针中入针，挂线拉出。

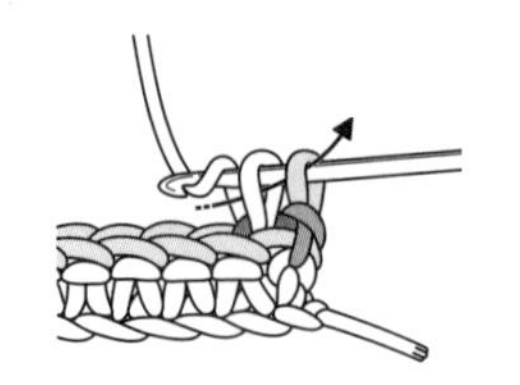

2 钩针挂线并引拔出（钩织短针）。

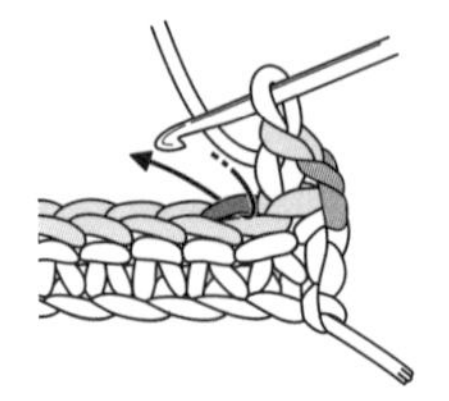

3 钩织完第1针。按照相同的钩织方法，挑起上一行针目头部的后面半针钩织。

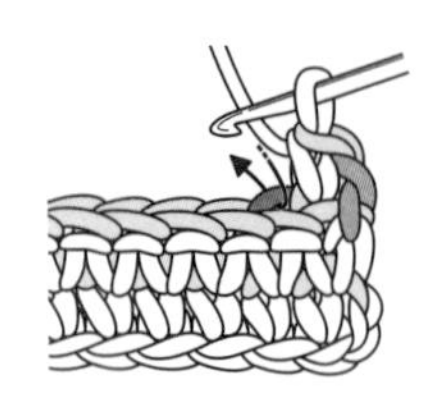

4 下一行也是挑起上一行针目头部的后面的半针后钩织短针。

1针放2针中长针

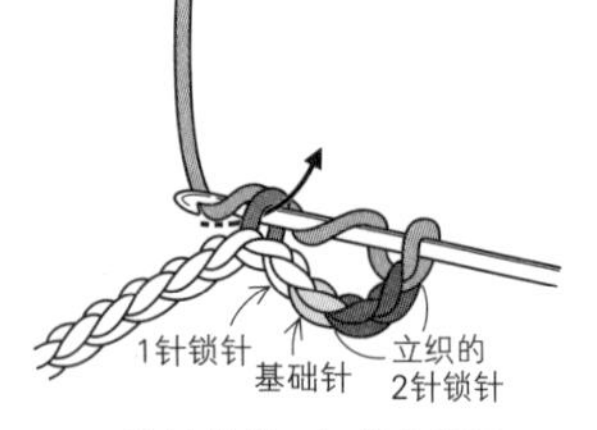

1 钩针挂线，如箭头所示方向拉出。

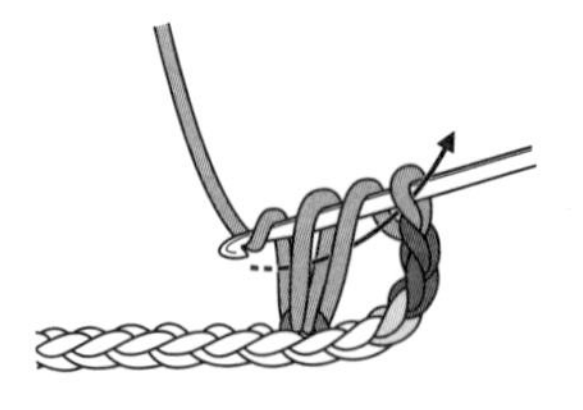

2 钩针再次挂线后，从钩针上的3个线圈中一次引拔出。

3 1针中长针完成。钩针挂线后在同一个针目中钩织中长针。

4 完成。图中所示是加了1针的状态。

1针放3针长针

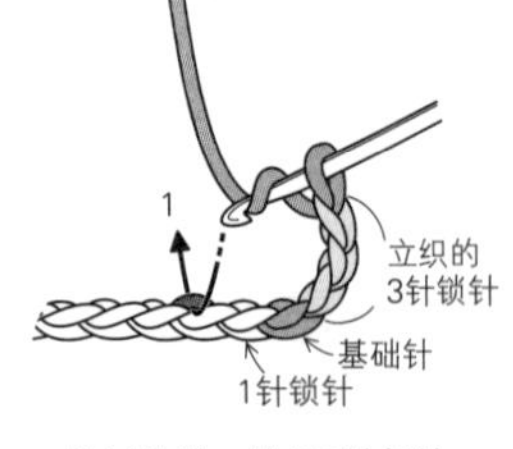

1 钩针挂线，钩织1针长针。

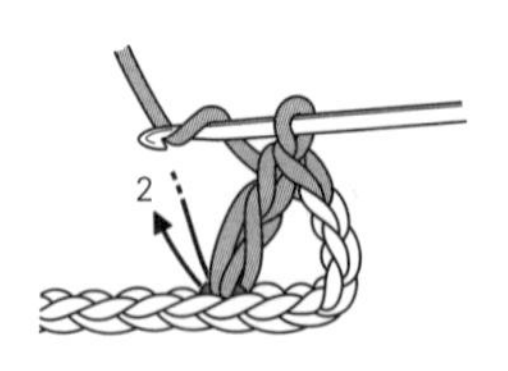

2 钩针挂线后，在同一个针目中钩织长针。

3 在同一个针目中再次入针，钩织长针。

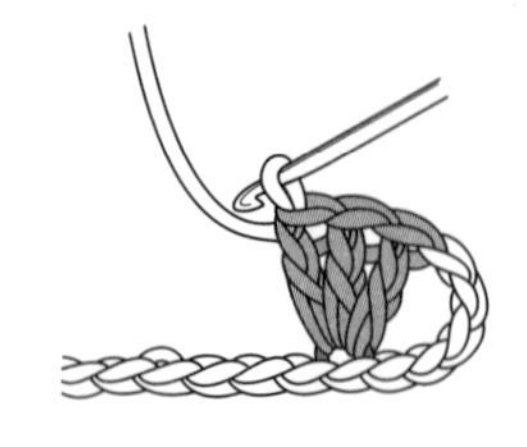

4 完成。图中所示是加了2针的状态。

反短针

织片方向不变，从左向右钩织。

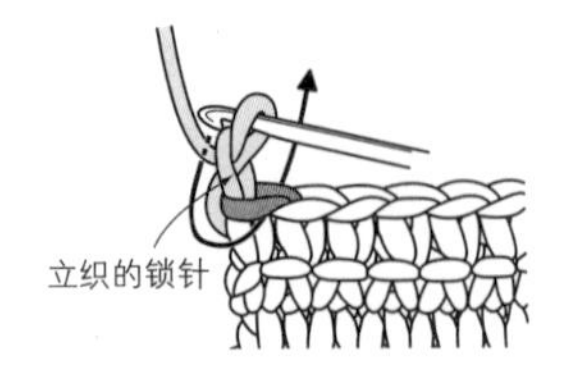

1 不用改变织片的方向立织，如箭头所示入针。

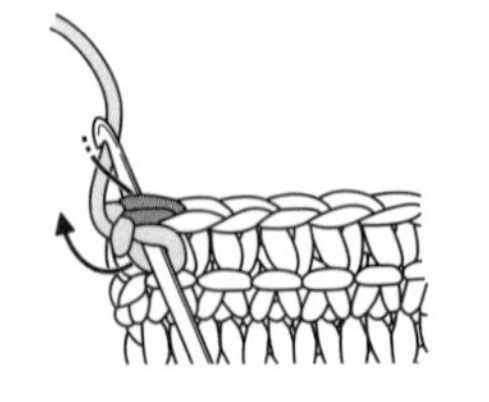

2 从线的上方钩住线，然后将其拉出。

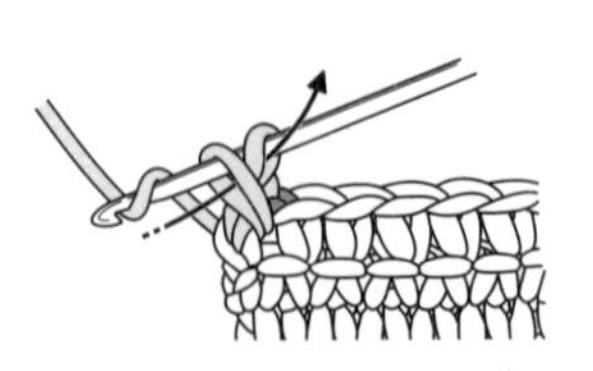

3 钩针挂线，从钩针上的2个线圈中一次引拔出（钩织短针）。

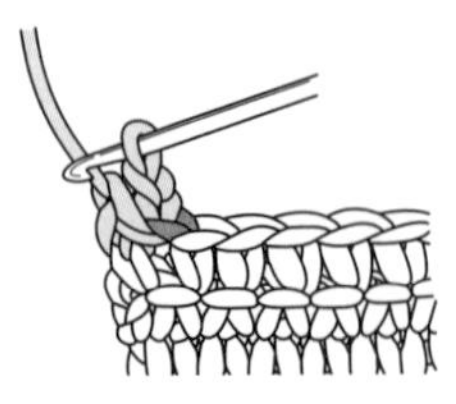

4 第1针钩织完成。

3针长针的枣形针（整段挑取）

这是一种集合了加针（在1个针目中织数针）、减针（数针并1针）的针法。虽然针数会发生不同的变化，但钩织方法基本是相同的。

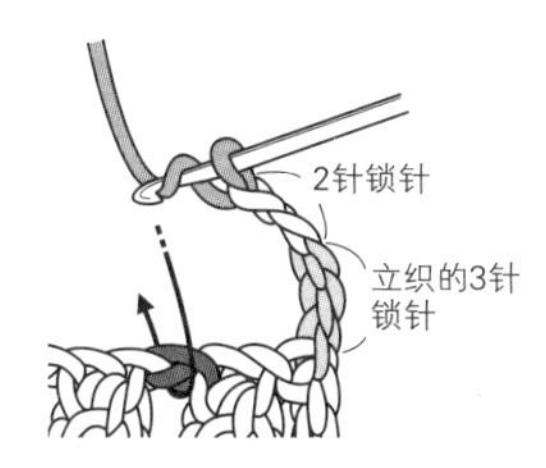

1 钩针挂线，从上一行锁针的下面入针（整段挑取）。

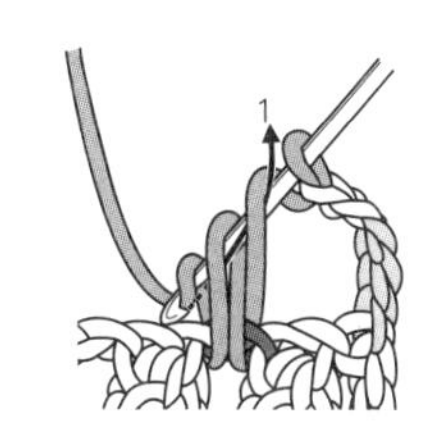

2 钩针挂线后拉出，然后再次挂线，从钩针上的2个线圈中引拔出（未完成的长针）。

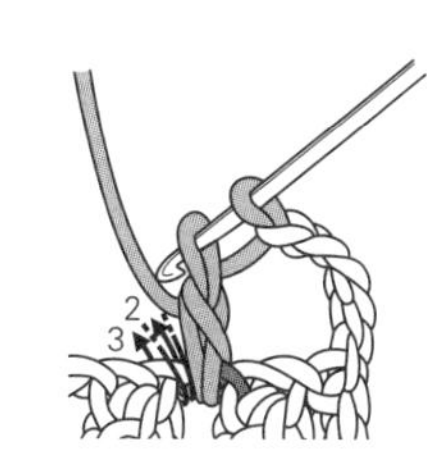

3 按照相同的方法，再钩织2针未完成的长针。

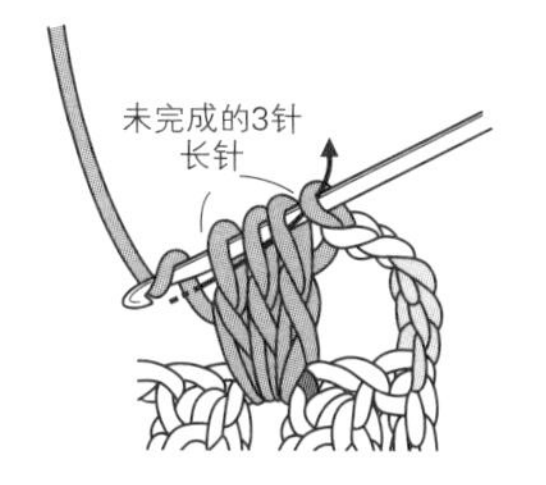

4 钩针挂线，如图所示，从钩针上的4个线圈中一次引拔出。

3针长针的枣形针（从1针中挑取）

符号图的底部如果连接在一起的话，就要挑起上一行针目头部的锁针的2根线钩织（参照p.11）。

1 钩针挂线，在上一行（起针处）针目中入针，钩织未完成的长针。

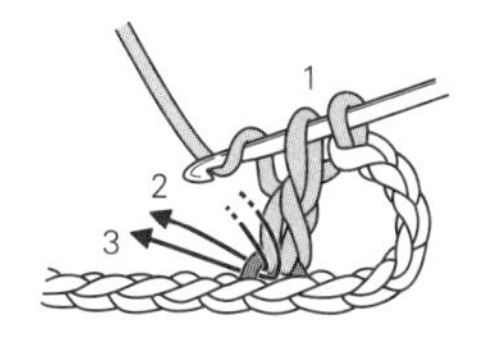

2 钩针挂线，在同一个针目中钩织2针未完成的长针。

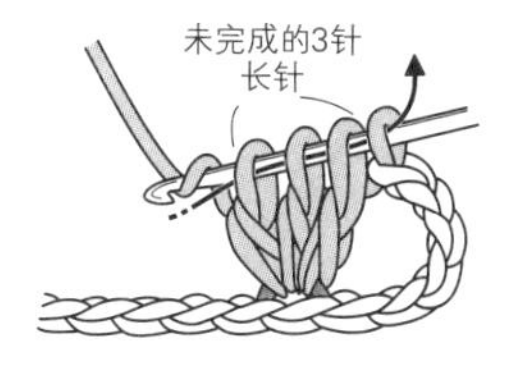

3 钩织3针未完成的长针后，钩针挂线，从钩针上的4个线圈中一次引拔出。

4 3针长针的枣形针完成。

变化的3针中长针的枣形针（整段挑取）

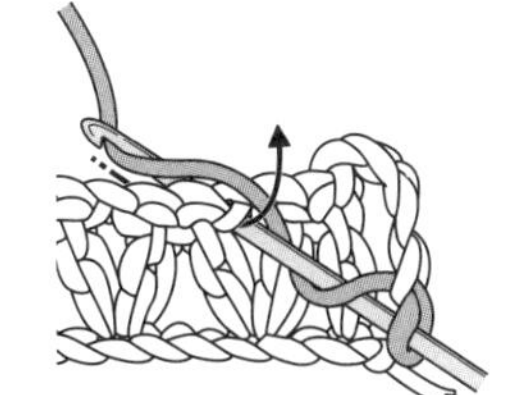

1 钩针挂线，从上一行锁针的下面入针（整段挑取）。

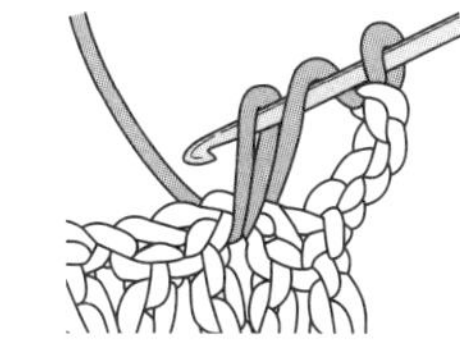

2 钩针挂线，拉出至2针锁针高度的线（未完成的中长针）。

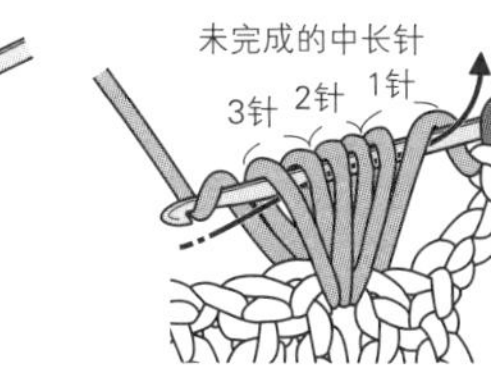

3 在同一个针目中钩织2针未完成的中长针，钩针挂线后如箭头所示，从钩针上的6个线圈中一次拉出。

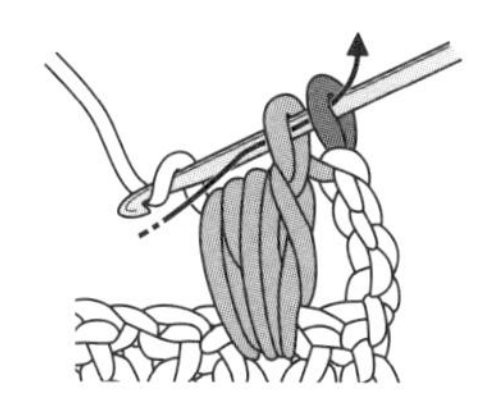

4 钩针再次挂线，从剩余的2个线圈中引拔出。

变化的2针中长针的枣形针（从1针中挑取）

1 在同一个针目中钩织2针未完成的中长针，然后钩针挂线，从钩针上的4个线圈中引拔出。

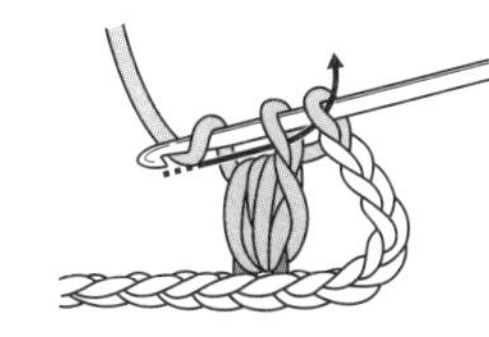

2 钩针再次挂线，从剩余的2个线圈中引拔出。

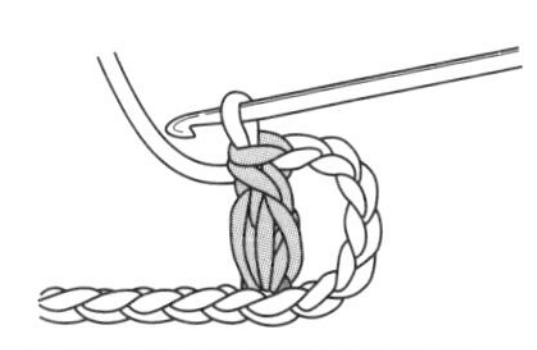

3 变化的2针中长针的枣形针完成。

5针长针的爆米花针（从1针中挑取）

看起来与枣形针相似，但是成品看起来更立体。在钩织的时候尽量让正面呈现出一种蓬蓬的感觉。

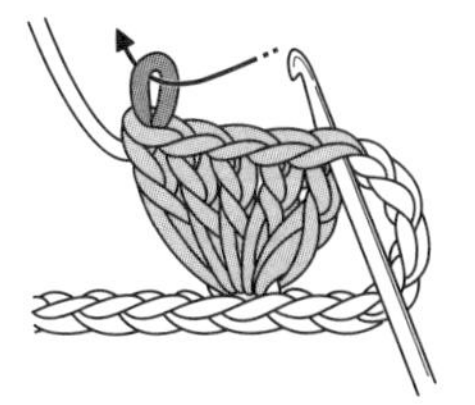

1 在上一行（起针处）的1针中钩织5针长针，然后取下钩针，第5针保持不变（休针），从织片前面插入第1针长针的头部和休针的第5针中。

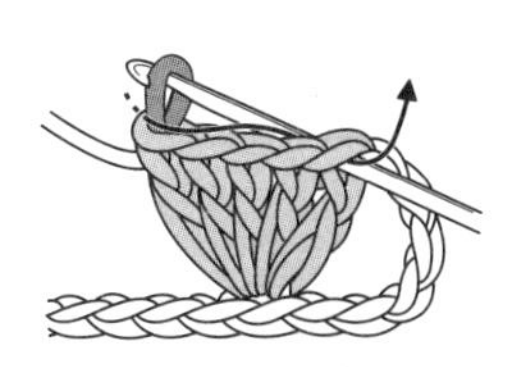

2 将休针的第5针从第1针中拉出。

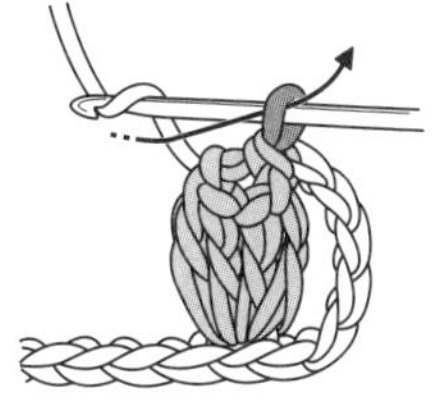

3 为避免拉出的针目变松，钩织1针锁针，将针目收紧。

4 针目前面会有蓬松感，步骤3中钩织的锁针成为爆米花针的头部。

3针锁针的狗牙拉针

对锁针稍微进行一些改变就可以变成能够进行装饰的针目。要注意的是引拔的位置。

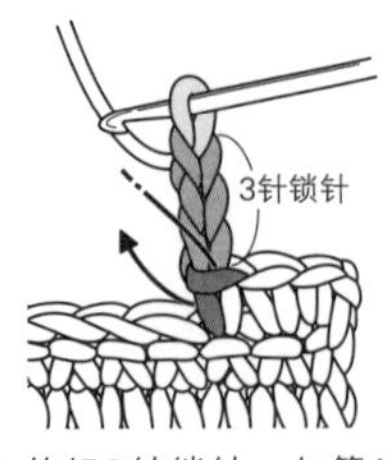

1 钩织3针锁针，如箭头所示，从短针头部的前面半针和根部的1根线入针。

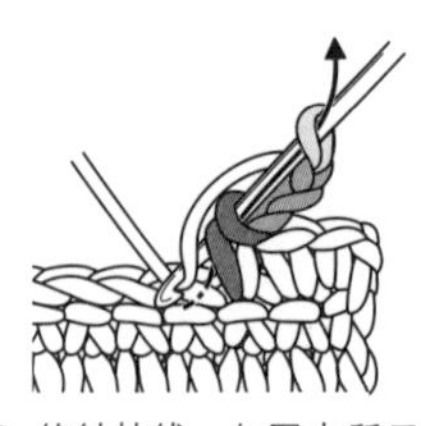

2 钩针挂线，如图中所示一次引拔出。

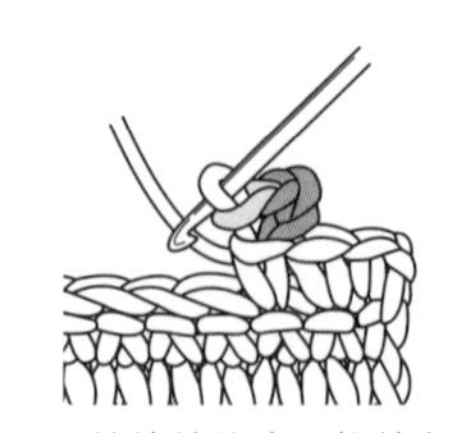

3 3针锁针的狗牙拉针完成。

1针长针交叉

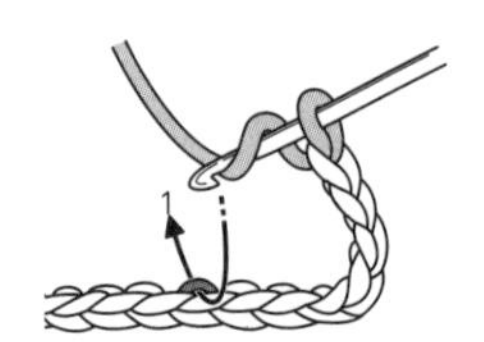

1 钩针挂线，挑取上一行（起针处）的针目，钩织长针（由符号图的左下向右上拉伸钩织长针）。

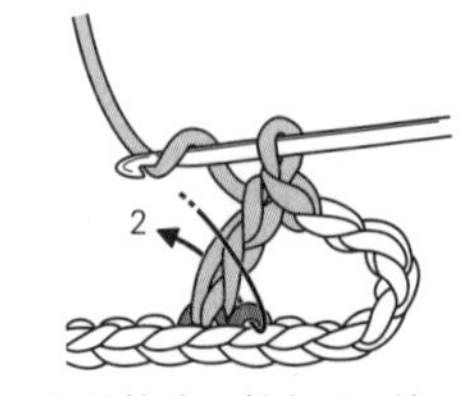

2 钩针挂线，挑起隔1针的前面针目后入针（由符号图的右下向左上拉伸钩织长针）。

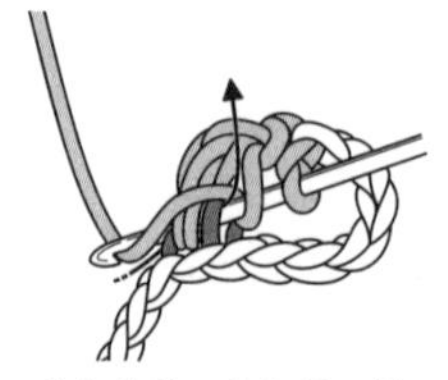

3 像包住前一针长针那样，拉出线。

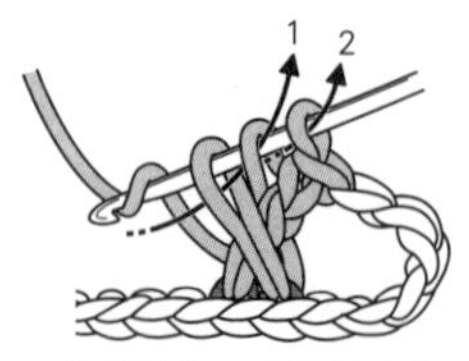

4 钩针挂线，从钩针上的2个线圈中引拔出，钩织长针。

变形的1针长针交叉（左上）

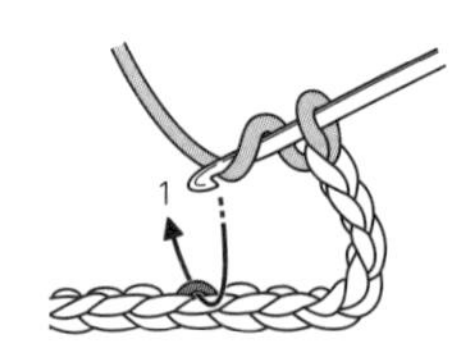

符号图中间断开的针目，是进行交叉编织的。虽然编织方法和针目不同，但基本的方法是相同的。

1 钩针挂线，挑取上一行（起针处）的针目后钩织长针（由符号图的左下向右上拉伸钩织长针）。

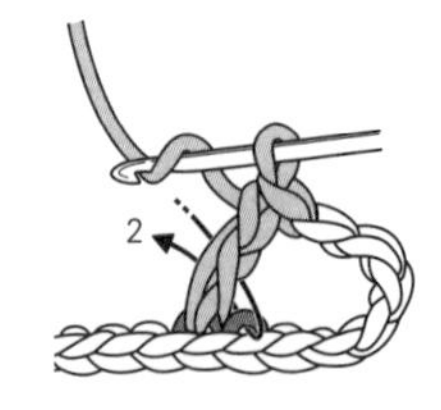

2 钩针挂线，挑起隔1针的前面针目后入针（由符号图的右下向左上拉伸编织长针）。

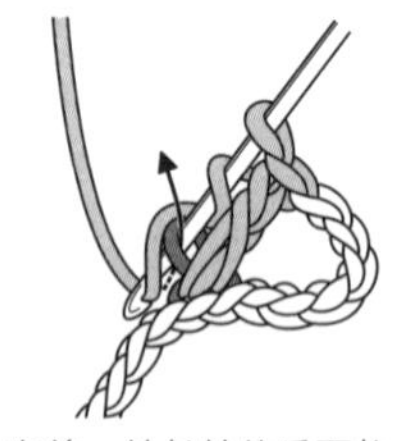

3 在前一针长针的后面拉出线。

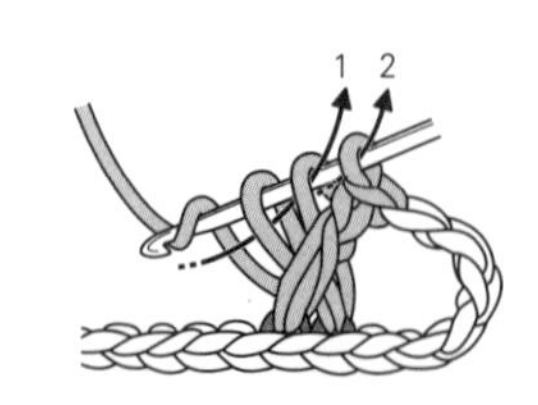

4 钩针挂线，从钩针上的2个线圈中引拔出，钩织长针。左侧的长针在上面，形成交叉形状。

长针的正拉针

编织符号的钩形部分，是代表要挑开针目入针。虽然编织方法稍有不同，但基本的方法是相同的。

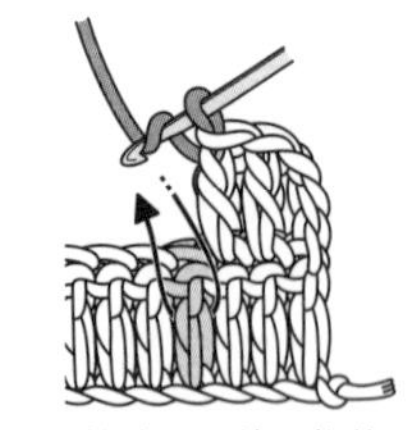

1 钩针挂线，从前面将钩针插入上一行长针的根部，全部挑起来。

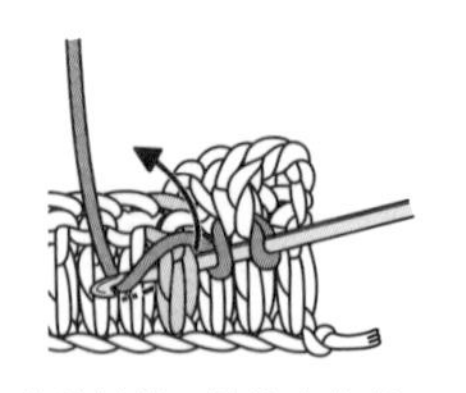

2 钩针挂线，并拉出较长的线。

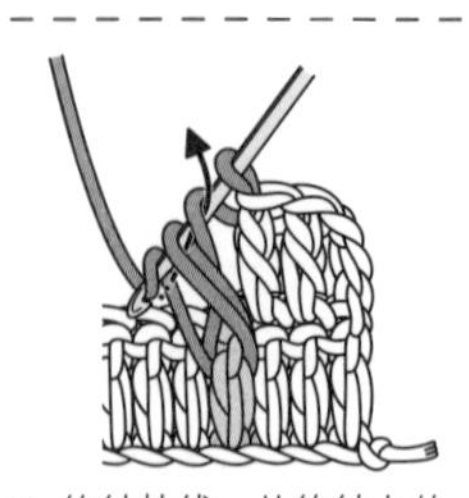

3 钩针挂线，从钩针上的2个线圈中引拔出。

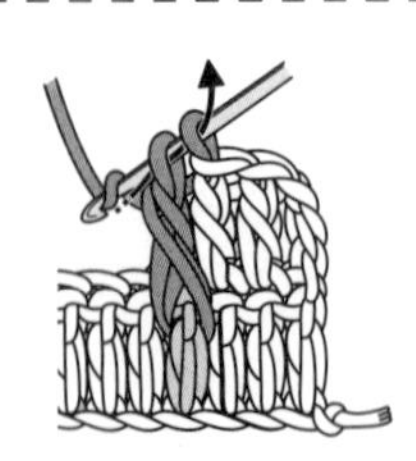

4 钩针再次挂线，从剩余的2个线圈中引拔出（钩织长针）。

长针的反拉针

钩织有正面和反面之分，所以正拉针如果变成从反面钩织的话，就叫作反拉针（从正面看的话还是正拉针）。

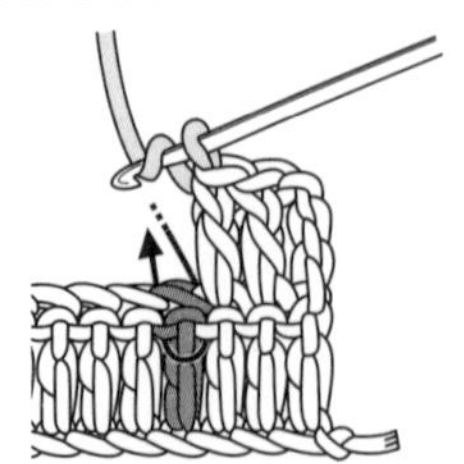

1 钩针挂线，从后面将钩针插入上一行长针的根部，全部挑起来。

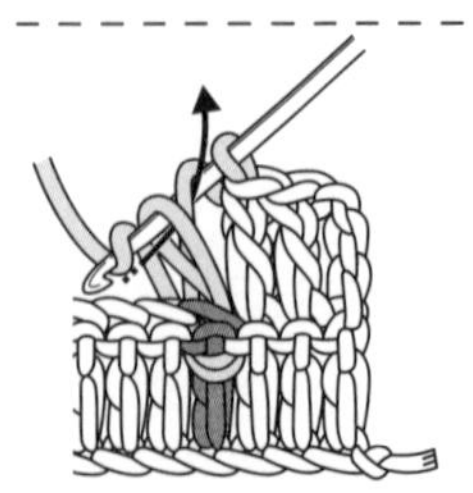

2 钩针挂线，并拉出较长的线，再次挂线，从钩针上的2个线圈中引拔出。

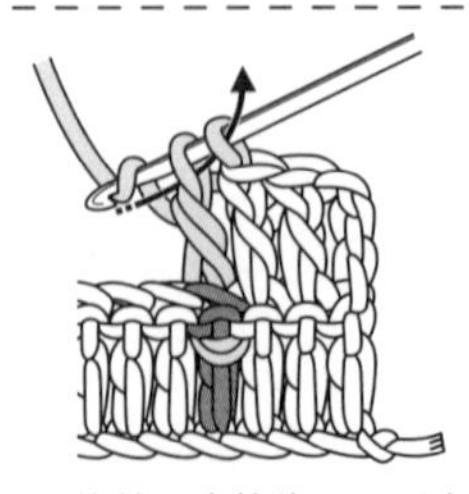

3 钩针再次挂线，从剩余的2个线圈中一次引拔出（钩织长针）。

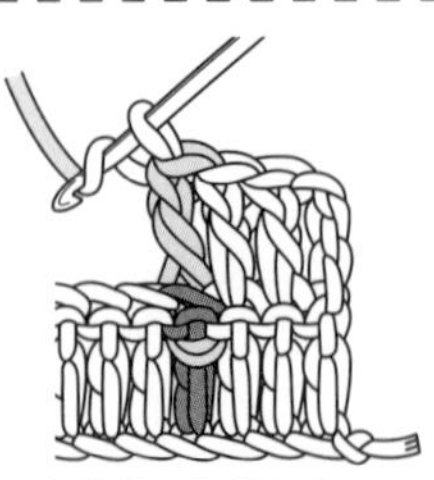

4 长针的反拉针完成。

花朵花片连接的围巾

图片 p.52

材料和工具

芭贝 Princess Anny 砖红色（527）40g、钩针6/0号

成品尺寸

领围50cm、长14cm

密度

10cm×10cm面积内：编织花样28针、19.5行

编织要点

●主体钩140针锁针起针，钩织成环形。然后参照图示，做27行编织花样。

●花朵花片环形起针，参照图示钩织2行，然后缝在主体合适的位置。

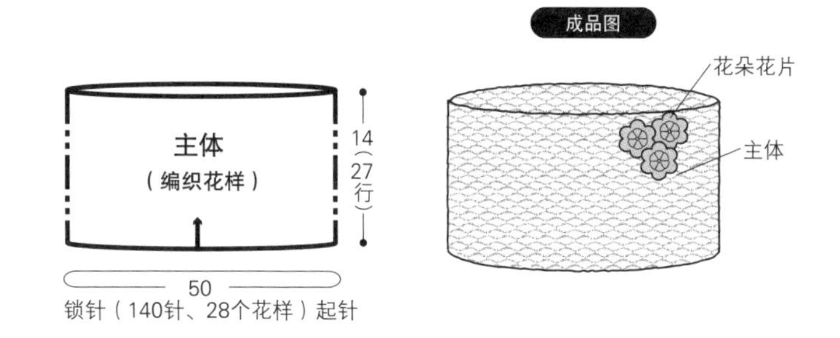

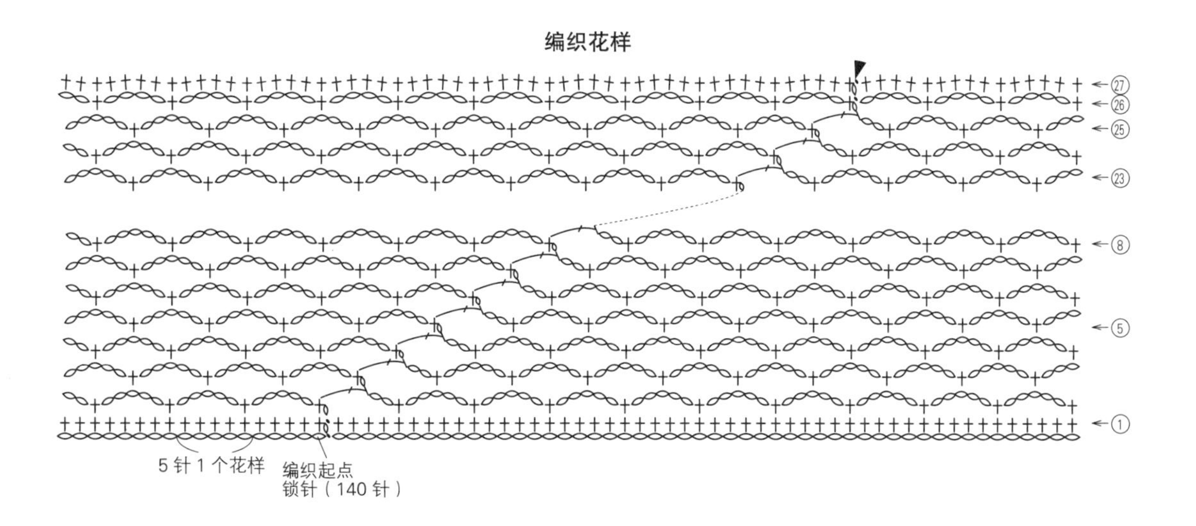

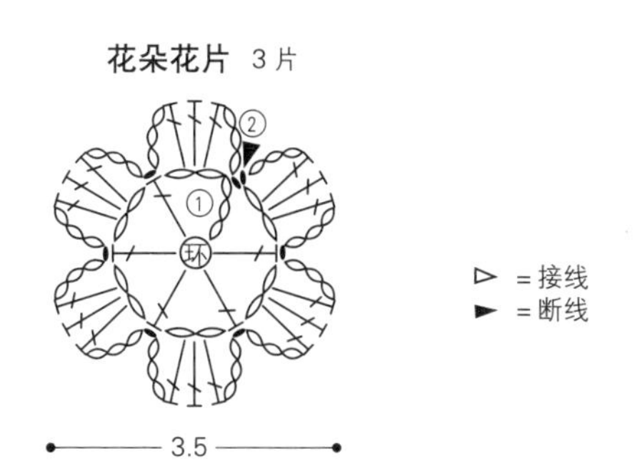

前纽扣式围巾 图片 p.53

材料和工具

和麻纳卡　Exceed Wool FL <粗> 米色（231）80g、直径15mm的纽扣5颗、钩针6/0号

成品尺寸

下摆周长73cm、长22cm

编织密度

10cm×10cm面积内：编织花样24.5针、16.5行

编织要点

●主体钩125针锁针起针，参照图示，做35行编织花样。然后做边缘编织。

●最后缝上纽扣。

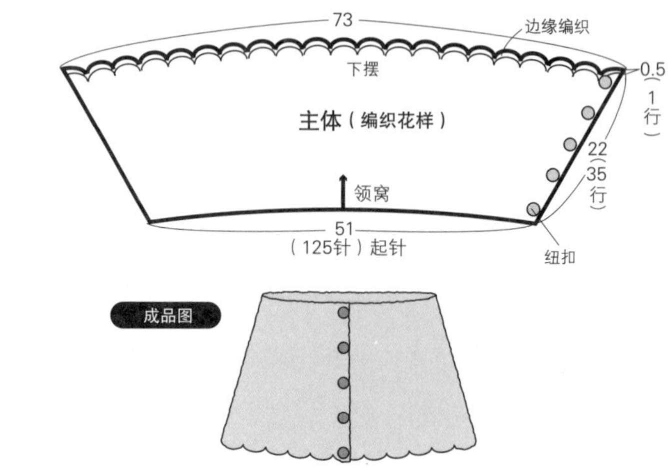

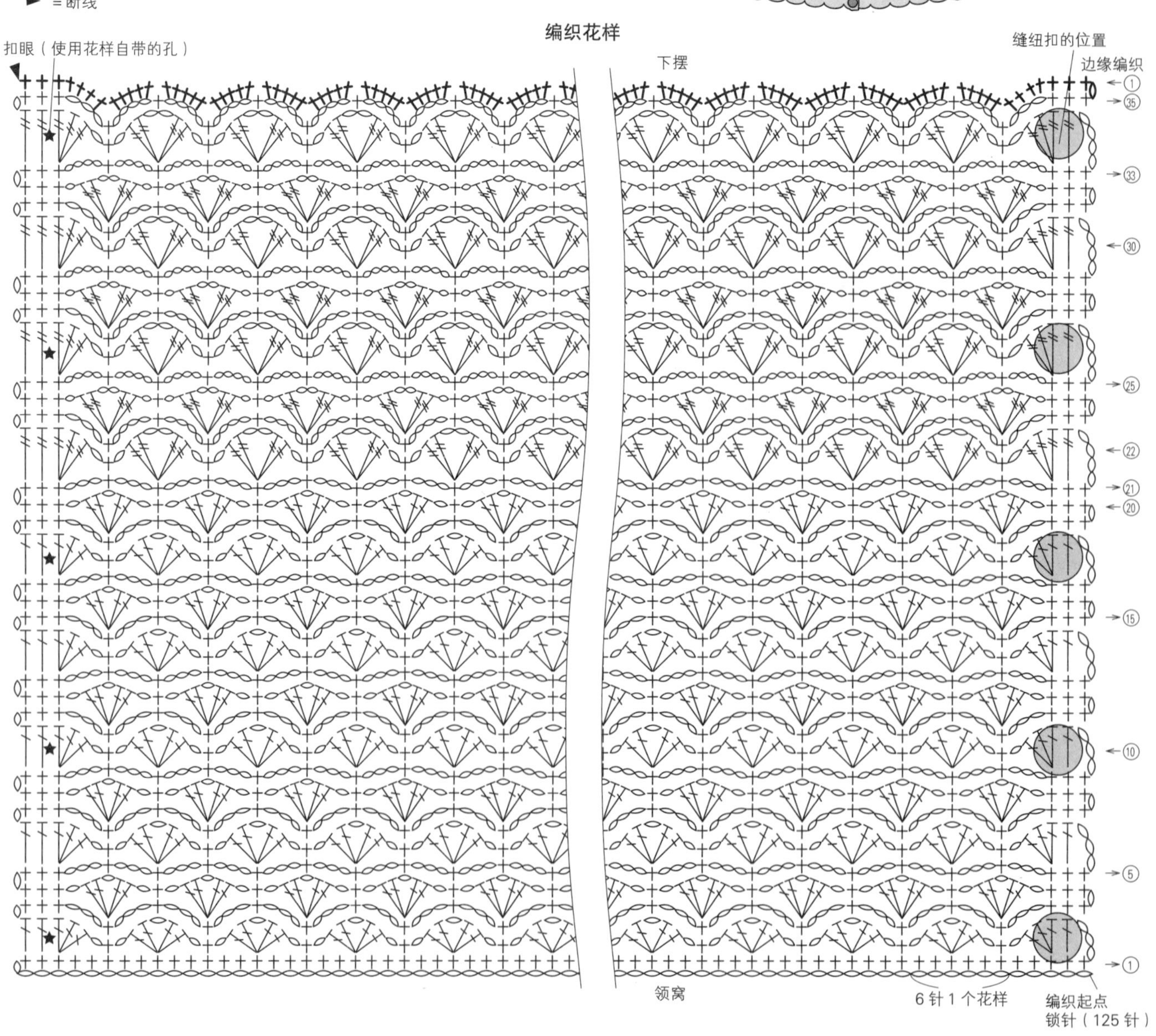

花朵花片长围巾

图片 p.54

材料和工具

Hobbyra Hobbyre Zegna Moose 米黄色（10）85g，LOBINGRURU 粉色、黄色、绿色系的段染线（01）35g，钩针5/0号

成品尺寸

宽16cm（主体）、长153cm（包含花片）

密度

花朵花片大小　直径3.5cm

10cm×10cm面积内：编织花样A 25.5针、8.5行

编织要点

●钩6针锁针环形起针，钩织花朵花片。从第2片之后，按照编织图钩织到最后一行时进行连接。

●钩41针锁针起针，主体的编织花样A钩织105行。

●做3行编织花样B，第4行与花朵花片连接在一起（钩织两端）。花片连接部分要把反面当作正面使用。

花朵花片

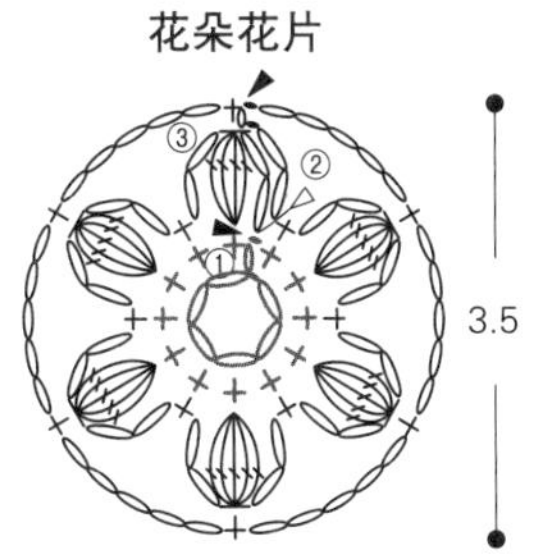

起针、第1行用米黄色线
第2行、第3行用段染线

▷ = 接线

► = 断线

= 5针长针的枣形针（从1针中挑取）

= 4针长针的枣形针（从1针中挑取）

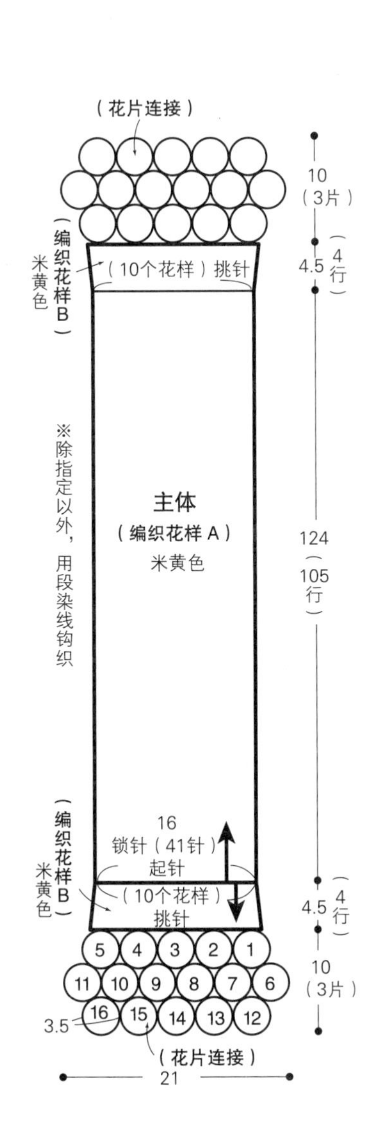

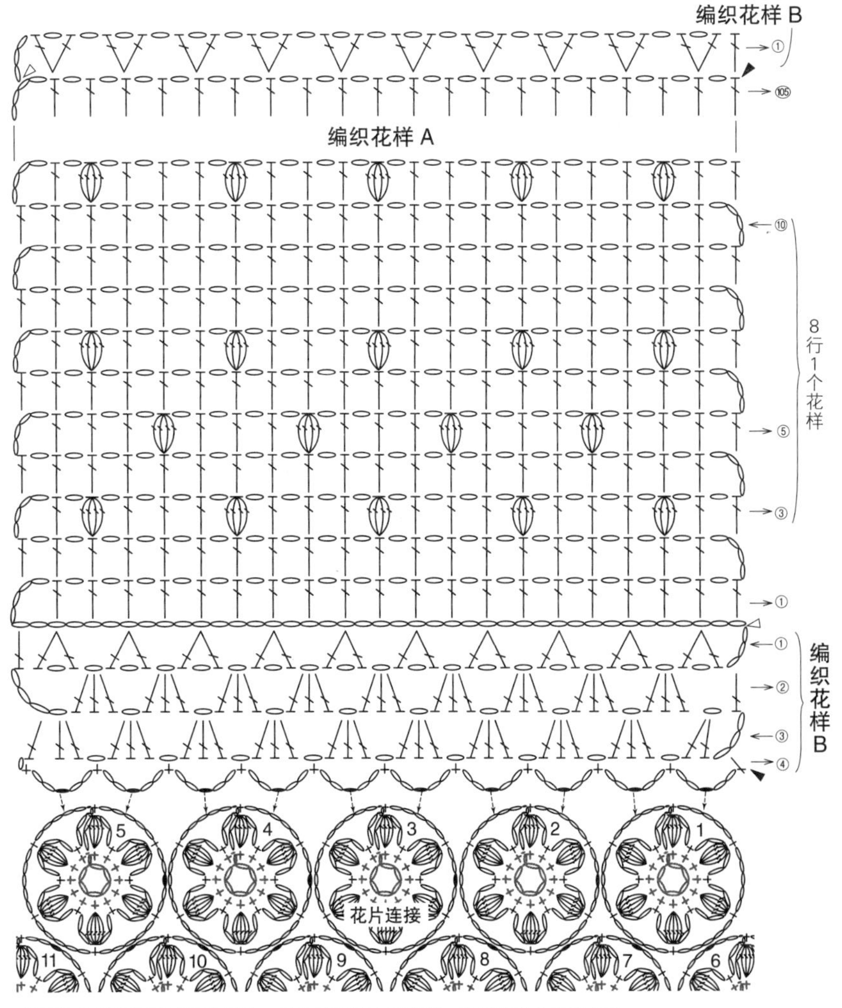

※花片内的数字是连接的顺序。花片的连接方法参照p.76引拔针的连接方法

※花片与主体连接时，花片的反面当作正面

装饰领 图片 p.54

材料和工具

和麻纳卡 Wash Cotton<Crochet> 象牙白色（101）25g、钩针 3/0 号

成品尺寸

领围 45cm、宽 9cm

密度

编织花样 1个花样 宽 1.2（领窝）~ 2.45cm（外侧）

编织要点

● 钩 181 针锁针起针，做 9 行编织花样。

● 在起针的另一端，钩织 1 行边缘编织。

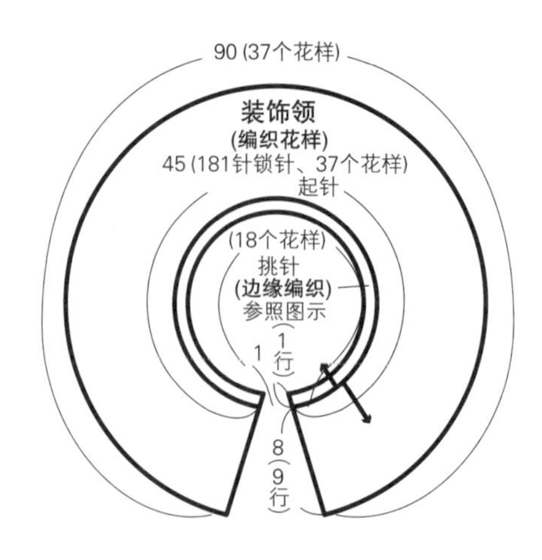

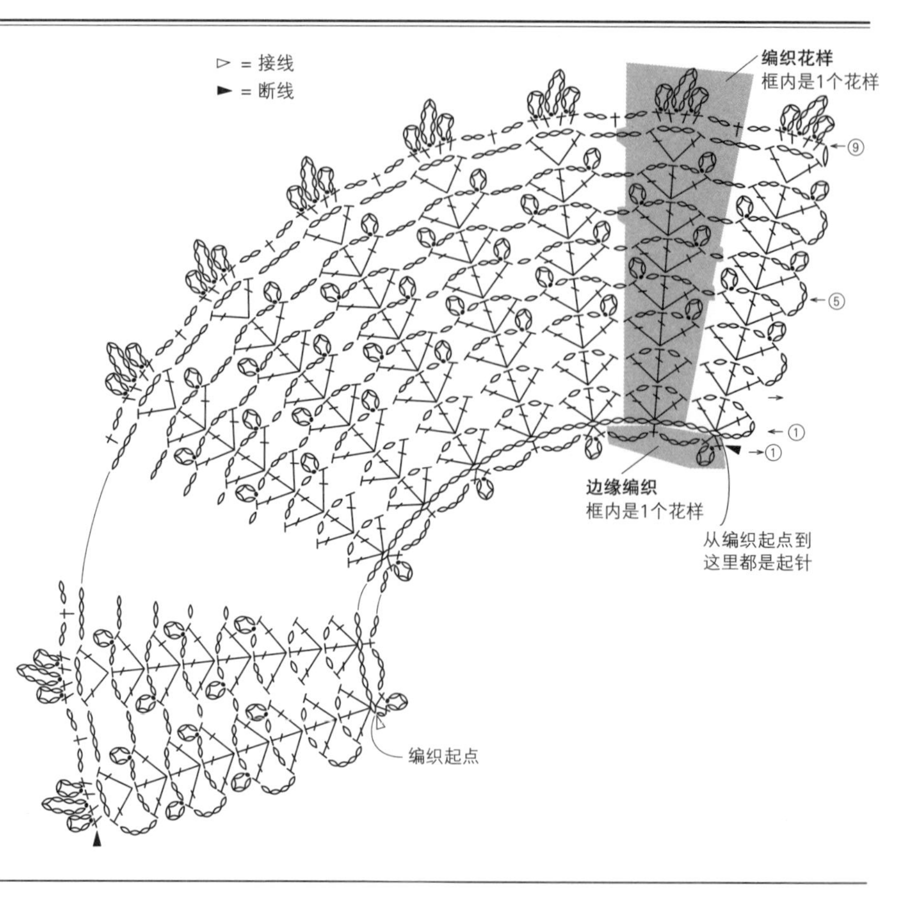

清新的雏菊花样披肩 图片 p.56

材料和工具

和麻纳卡 纯毛中细 米色（3）185g、橘黄色（8）、紫红色（12）、紫色（18）、橄榄绿色（40）、黄色（33）各 10g，30cm 的橡皮筋（米色）2 根，钩针 3/0 号

成品尺寸

宽 37cm、长 119cm

密度

10cm×10cm 面积内：编织花样 29 针、15.5 行

编织要点

● 花片环形起针，参照配色表和编织图，按照顺序编织，连接成环形。

● 主体钩 107 针锁针起针，然后做编织花样。编织到第 69 行时再与花片连接到一起。

● 从起针另一端挑针，按照相同方法做编织花样，并在第 69 行与花片连接。

● 从两侧的花片连接的最后一行穿过橡皮筋，做成环形。

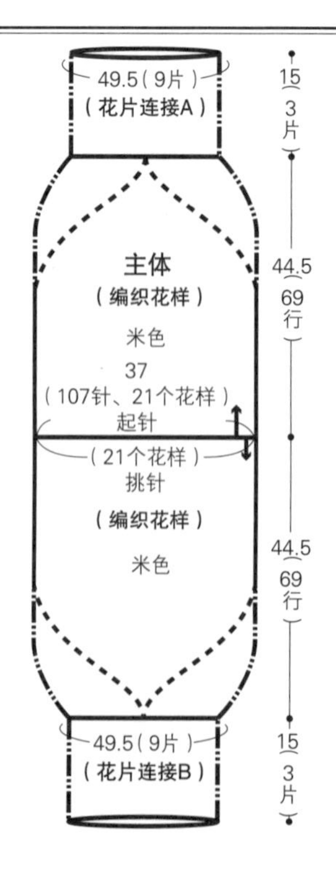

花片连接 A 的制作图

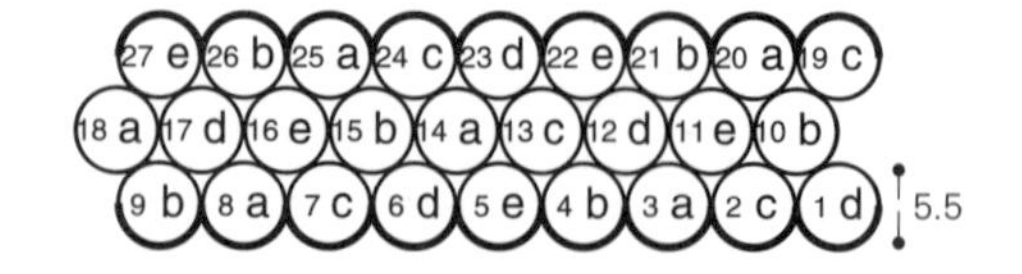

花片连接 B 的制作图

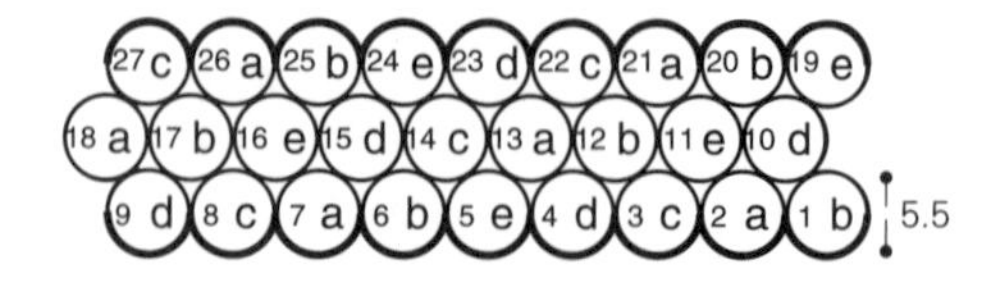

花片的配色

	第 1 行的颜色	
a	紫红色	12 片
b	橘黄色	12 片
c	黄色	10 片
d	橄榄绿色	10 片
e	紫色	10 片

※第 2、3 行用米色线钩织

清新的雏菊花样披肩

图片 p.56

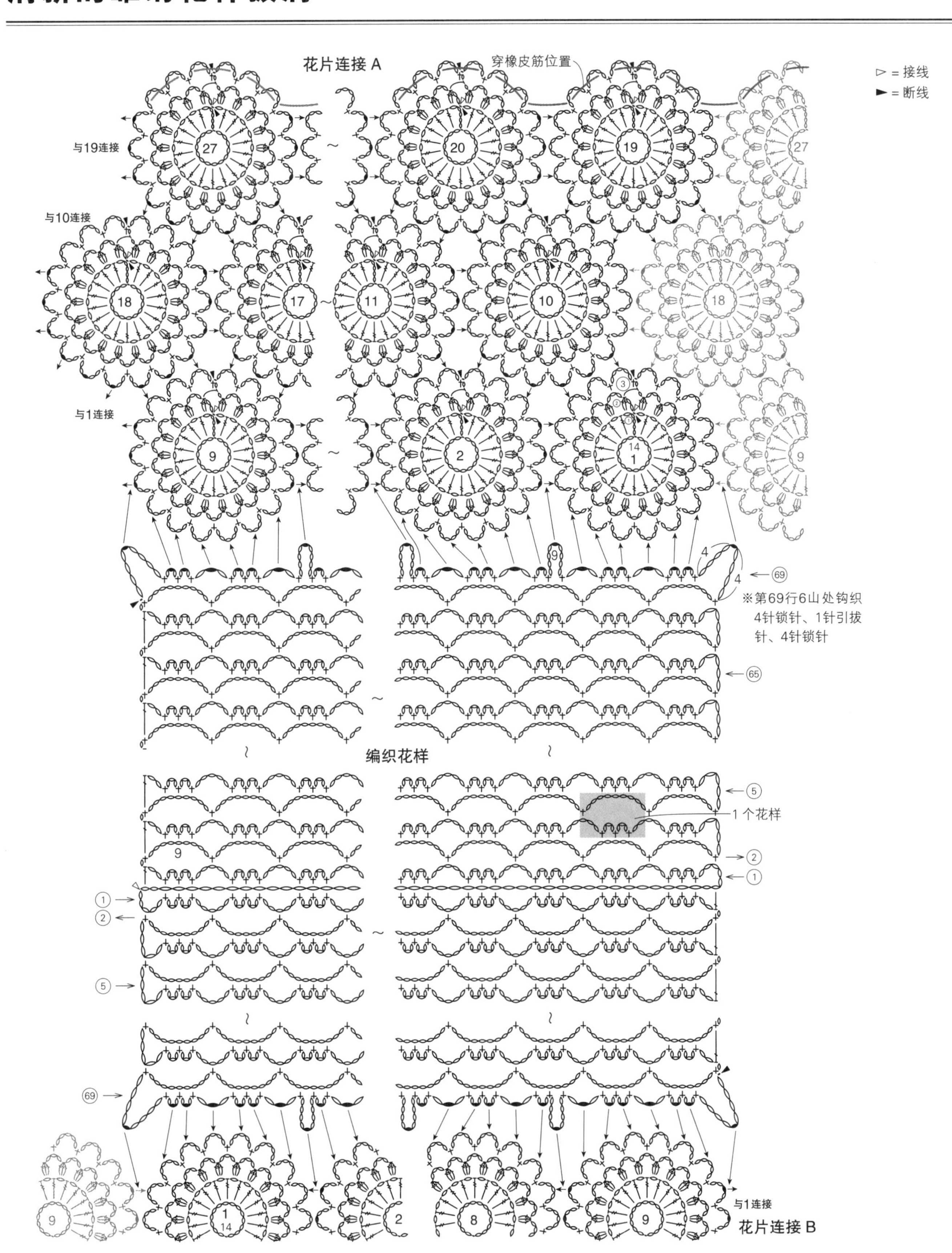

贝壳花样的披肩

图片 p.55

材料和工具

极粗毛线　紫色 220g、钩针 7/0 号

成品尺寸

下摆周长 105cm（不包含前搭襟）、长 33cm

密度

10cm×10cm面积内：编织花样19针、12.5行

编织要点

●主体的编织花样，参照图示在中途的编织行开始减针。从起针反面的针目挑针，做边缘编织 A。

●从主体的两端开始挑针，编织前搭襟。参照图示，在前搭襟的第 9 行接线，编织前搭襟的边缘。

前搭襟的边缘
（边缘编织B）

前搭襟是在折线处向反面翻折，将第16行和第3行对齐，然后挑起第2行的头部的针目，交替钩织引拔针和锁针

▷ ＝接线

► ＝断线

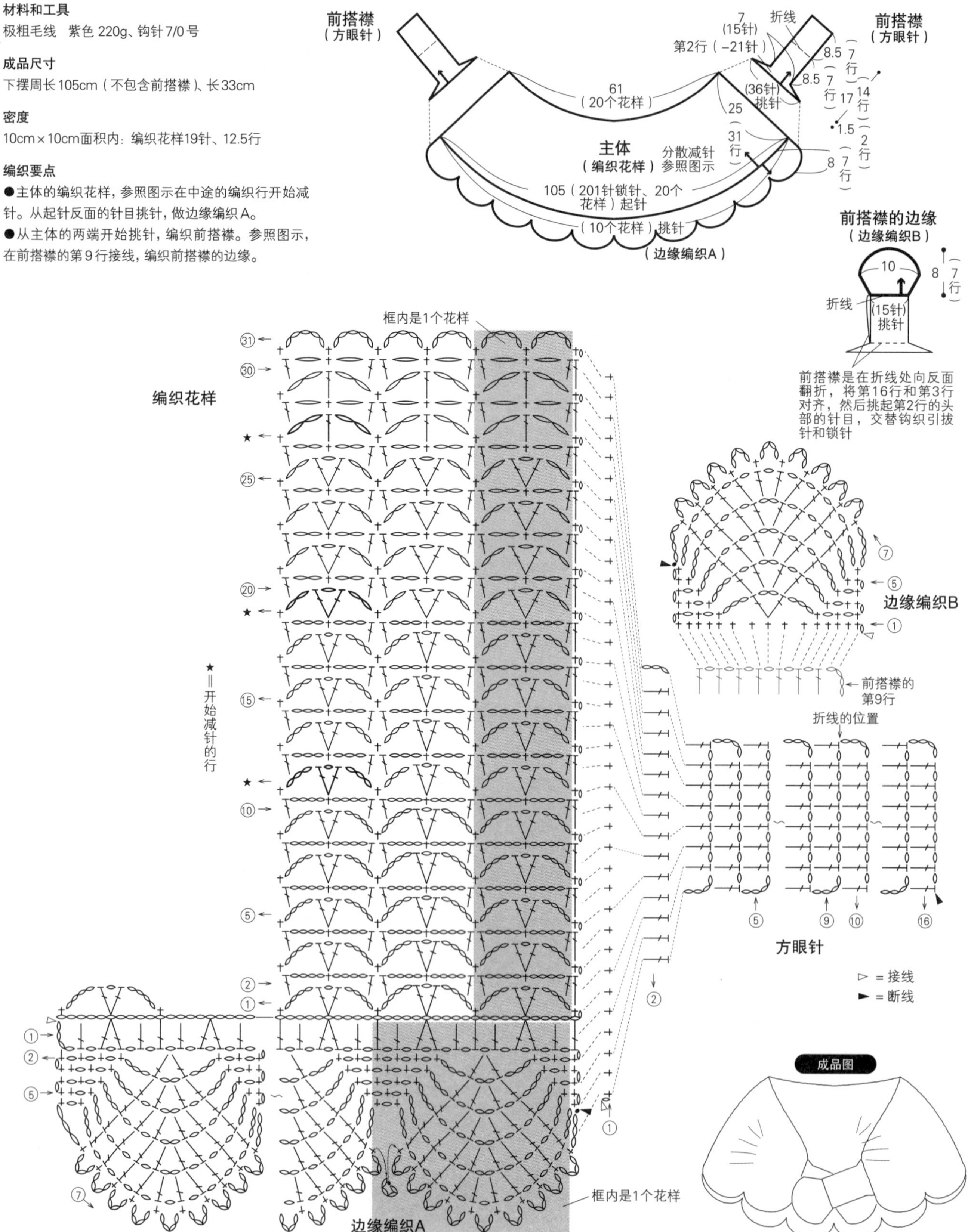

花片连接的长围巾 图片 p.57

材料和工具

和麻纳卡 Exceed Wool L <中粗> 樱桃粉色（336）95g、米色（302）75g，钩针 7/0 号

成品尺寸

长 136cm、宽 15cm

密度

花片直径 8.5cm

编织要点

●主体部分从第 1 片花片开始钩织。钩织 4 针锁针起针后呈环形，参照图示在钩织的同时进行配色，需要钩织 4 行。从第 2 片花片开始，在最后一行与上一片花片连接，一共钩织 32 片。

●纽扣环形起针，钩织 3 行短针。参照组合方法进行处理。

●把纽扣缝到主体的钉缝位置（4 处）。

纽扣

樱桃粉色 4颗

5(8针)

3行

纽扣

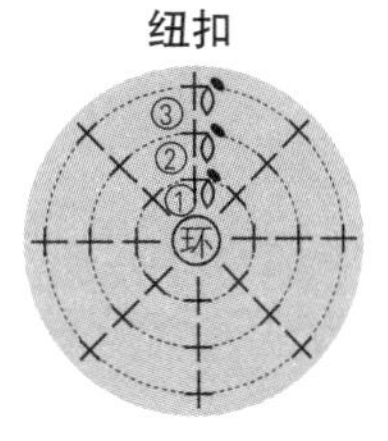

组合方法

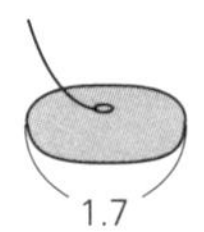

主体（花片连接）

32 31 30 29 28 27 26 25 24 23 22 21 20 19 18 17

16 15 14 13 12 11 10 9 8 7 6 5 4 3 2 1

8.5

15（2片）

136（16片）

主体

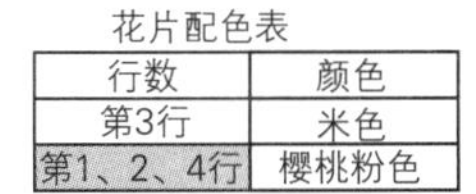

花片配色表

行数	颜色
第3行	米色
第1、2、4行	樱桃粉色

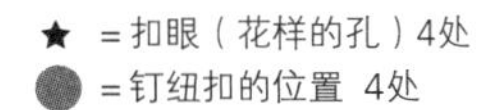

= 变化的2针中长针的枣形针

成品图

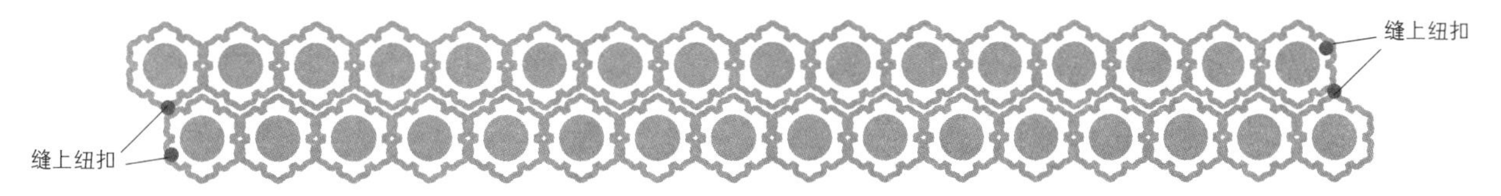

简单的无檐帽 图片 p.58

材料和工具

DARUMA　Bie Ball Melange 米色（2）40g、极粗 BOUCLE 线　淡茶色 25g、直径 15mm 的纽扣 1 颗、3cm 的别针 1 个、钩针 9/0 号

成品尺寸

头围 59.5cm、帽深 20cm

密度

淡茶色　4 个花样（12 针）9.5cm、10cm 5.5 行

编织要点

●主体部分环形起针，参照图示做编织花样的同时加针，共钩织 6 行。到第 13 行后无加、减针钩织。

●帽花环形起针，参照图示钩织 4 行。在帽花的反面缝上别针，在正面的中心缝上纽扣。

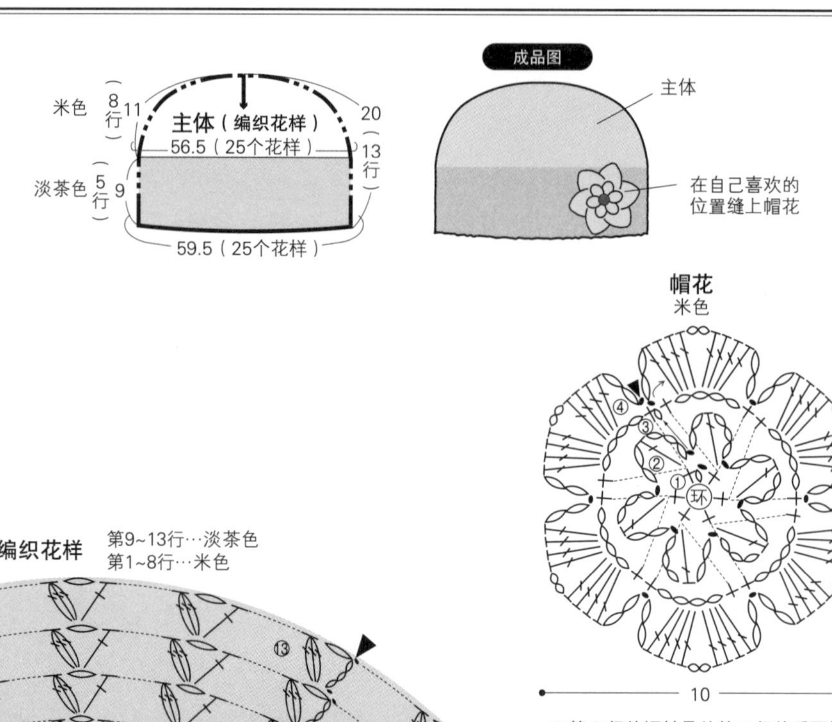

※第 3 行的短针是从第 2 行的后面挑起第 1 行的短针，然后钩织

※第 4 行按照相反的方向钩织

※别针缝在反面中心稍微靠上一点的位置

※在正面的中心缝上纽扣

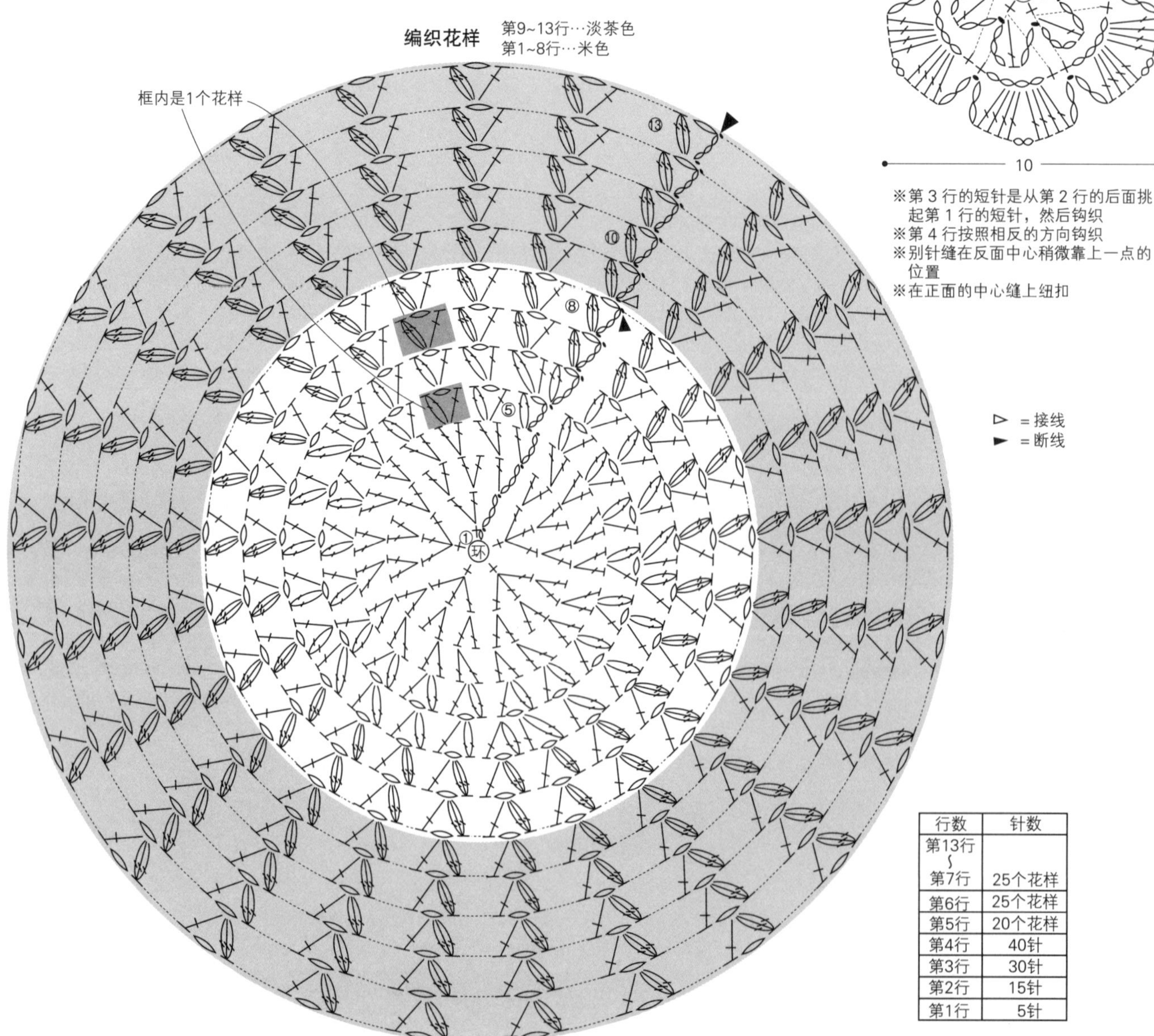

行数	针数
第13行 ∫ 第7行	25个花样
第6行	25个花样
第5行	20个花样
第4行	40针
第3行	30针
第2行	15针
第1行	5针

带帽花的吊钟形女帽

图片 p.59

材料和工具

聚丙烯纤维与亚麻混纺粗线　淡绿色70g、宽0.5cm的绒面革缎带（深咖啡色）24cm、宽1.1cm的蕾丝花边24cm、宽2cm的蕾丝花边13cm、直径1.8cm的纽扣1个、长3.5cm的别针1个、钩针4/0号

成品尺寸

头围57cm、帽深26cm

密度

10cm×10cm面积内：编织花样B　3.5个花样、10.5行

编织要点

●主体环形起针，参照图示钩织。

●帽花先钩织花瓣，然后按照组合方法进行最后处理。

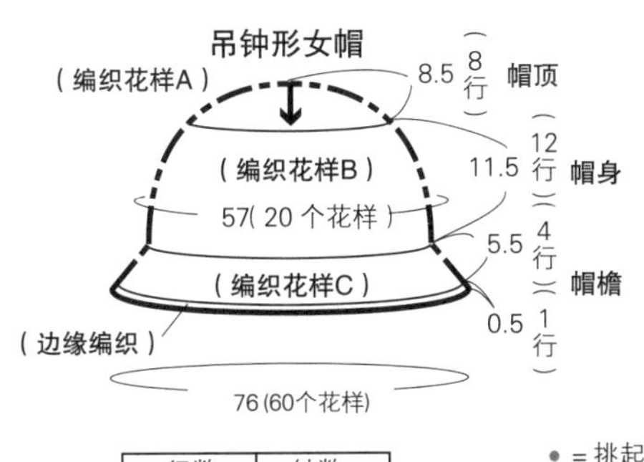

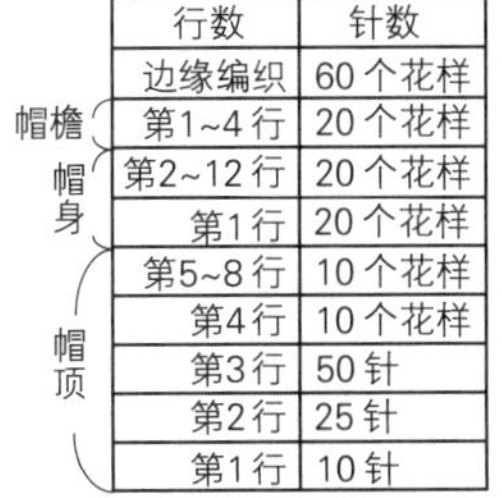

	行数	针数
	边缘编织	60个花样
帽檐	第1~4行	20个花样
帽身	第2~12行	20个花样
	第1行	20个花样
帽顶	第5~8行	10个花样
	第4行	10个花样
	第3行	50针
	第2行	25针
	第1行	10针

成品图

框内1个花样　**边缘编织**

编织花样C

帽檐

框内1个花样

2行1个花样

编织花样B

帽身

帽顶

编织花样A

● = 挑起针目与针目的空隙

框内1个花样

▷ = 接线

▶ = 断线

帽花的花瓣　▶ = 断线

同色系线穿过的位置

4.5

5针1个花样

锁针（35针）起针

帽花的组合方法

①同色系线从花瓣的第1行穿过后收紧。

②把宽2cm的蕾丝花边用手缝针缝制成花的形状，重叠放在①的上面。

③在最上面缝上纽扣。

④把绒面革缎带和宽1.1cm的蕾丝花边对折，缝在反面的中心位置。

⑤然后再把别针缝在反面。

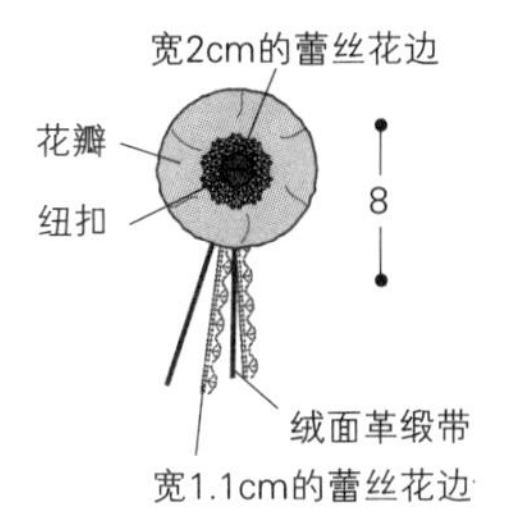

枣形针花样的鸭舌帽 图片 p.61

材料和工具

和麻纳卡 Warmmy 茶红色（6）90g、钩针8/0号

成品尺寸

头围 50cm

密度

10cm×10cm面积内：编织花样16.5针、9行

编织要点

●主体钩43针锁针起针，做13行编织花样。

●同色系线从主体的边端穿过，把帽子的两侧收紧，然后多余部分在两侧打结。

●如图，挑针后编织帽檐和饰带。

●编织2个花片，缝在帽子的两侧。

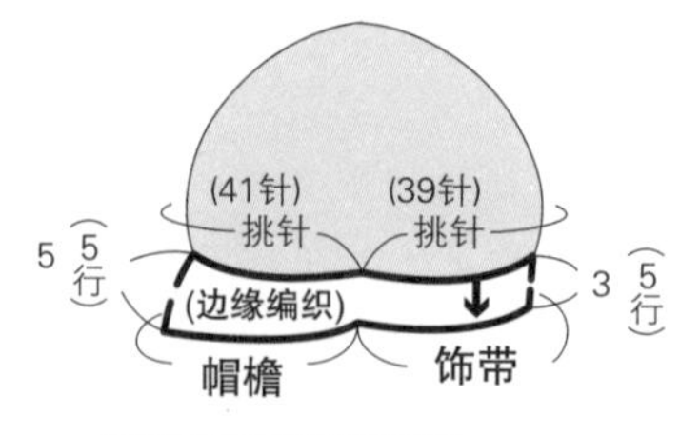

※线从帽子的两侧穿过后收紧，调节成帽子的形状后挑针，呈环形钩织

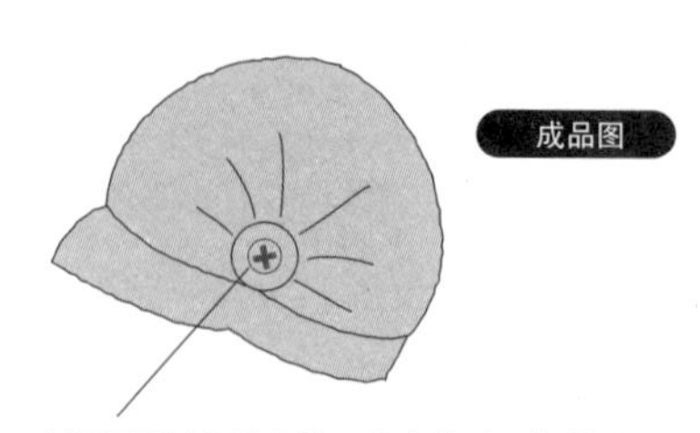

在帽子两侧收紧的位置缝上花片。把花片翻过来使用，在中心缝十字形

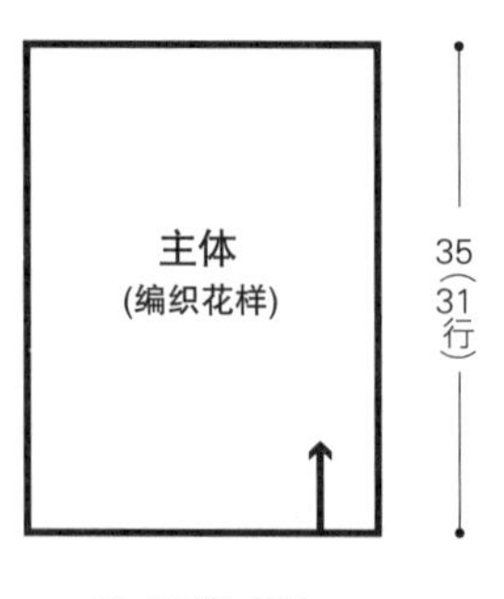

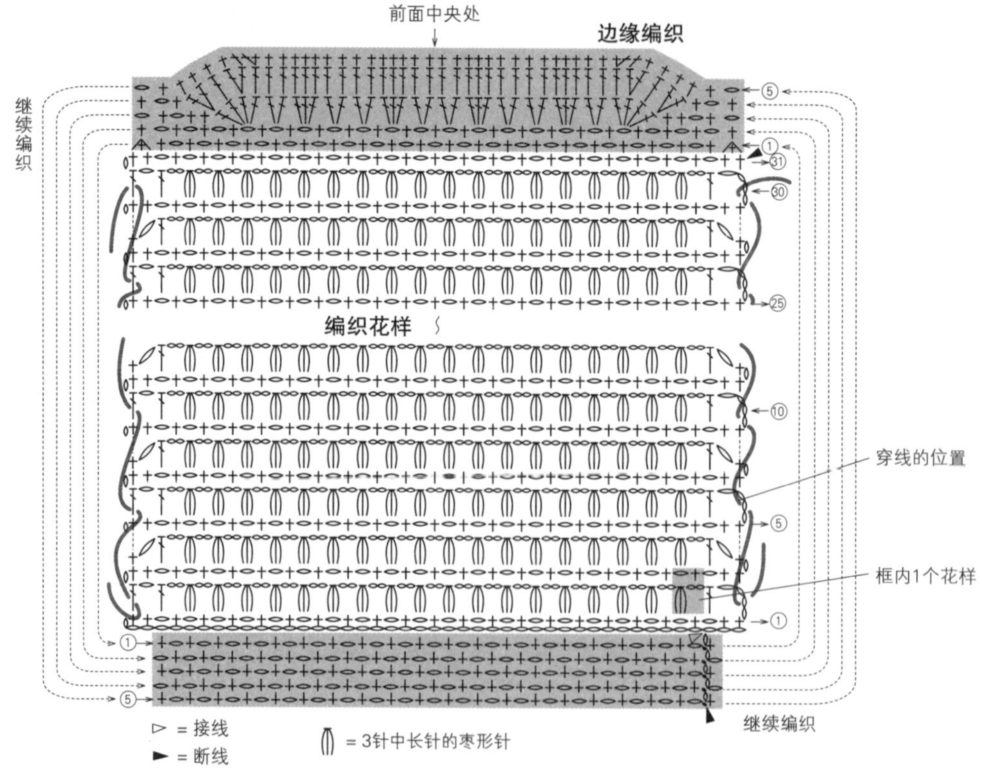

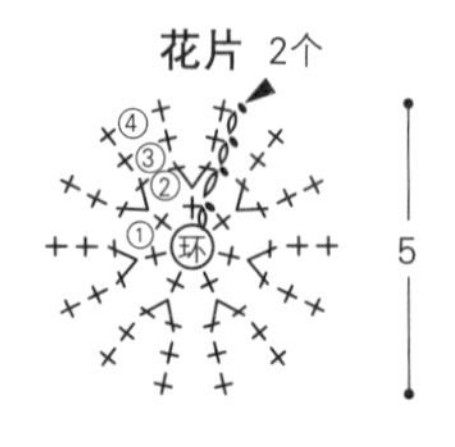

横条纹鸭舌帽 图片 p.60

材料和工具

和麻纳卡 亚麻线〈亚麻〉 藏青色（6）61g、红色（7）21g、浅蓝色（5）31g、原白色（1）13g，直径2.3cm的包扣1个，钩针5/0号

成品尺寸

头围57cm、帽深22cm

密度

10cm×10cm面积内：条纹花样19.5针、10行

编织要点

（具体说明见p.111）

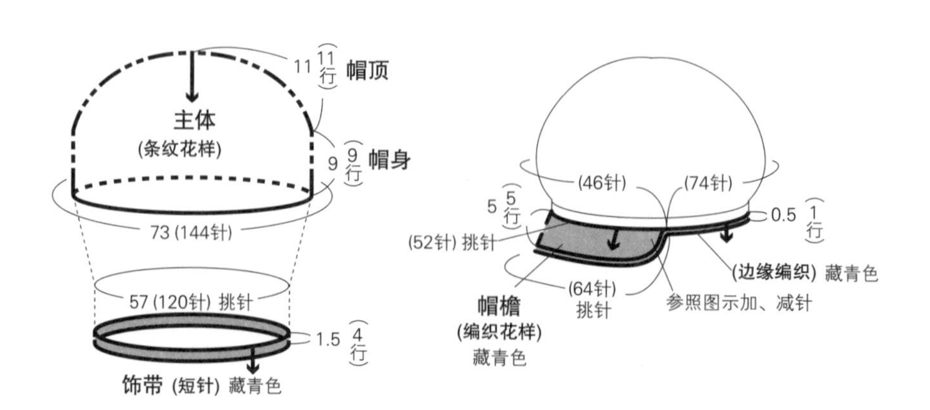

横条纹鸭舌帽

图片 p.60

编织要点

●用藏青色线环形起针，从帽顶开始，做条纹花样的同时加针。

●然后，用藏青色线钩织4行短针，做成饰带，休线。

●在图中所示位置接线，挑起饰带的第46针到第52针，重复钩织5行，编织帽檐后断线。

●从休线处再开始钩织，继饰带和帽檐之后做一圈边缘编织。

●包扣用红色线环形起针后，如图所示，把包扣缝住。

●包扣缝在帽顶。

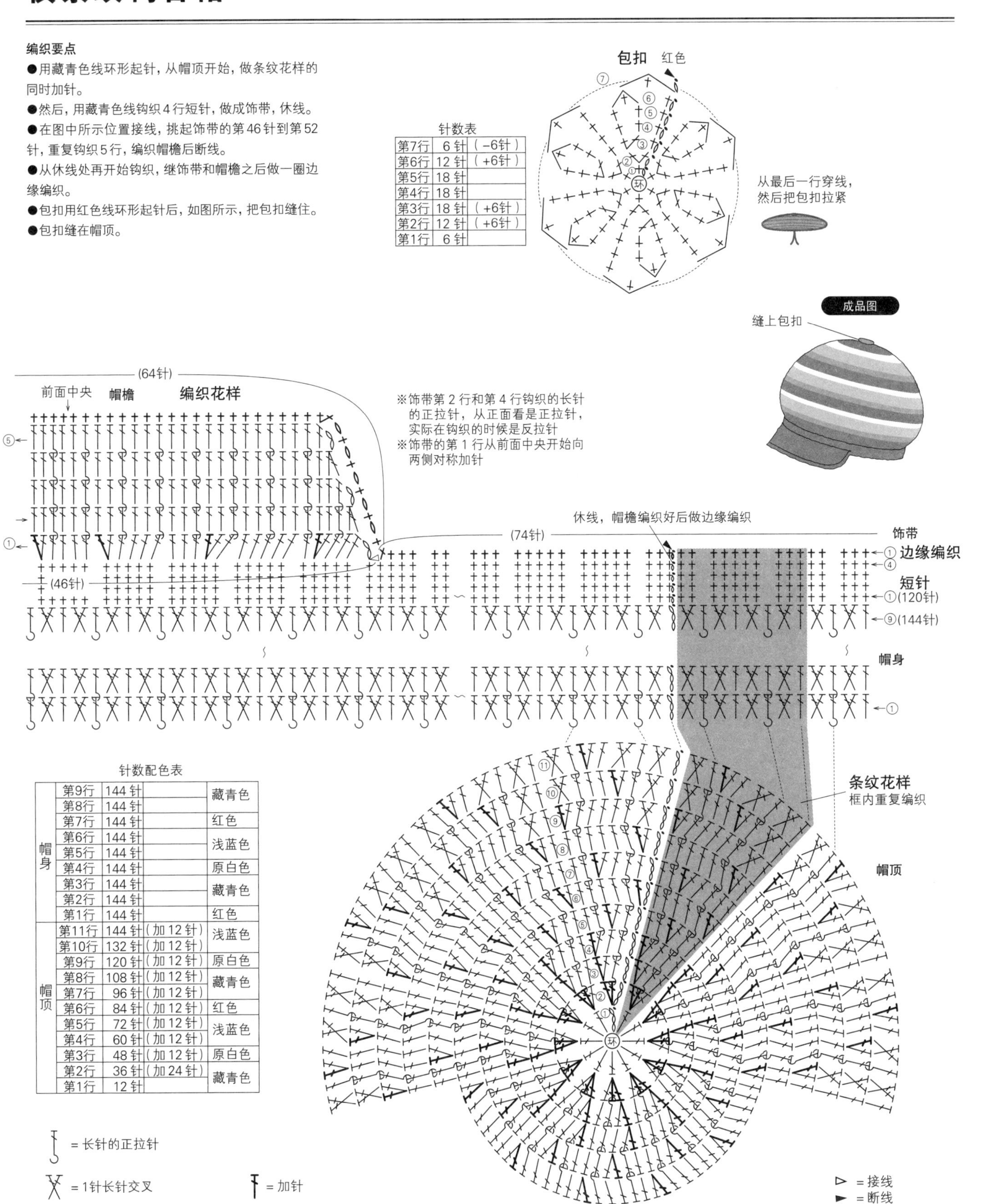

针数表

行	针数	加减针
第7行	6针	(−6针)
第6行	12针	(+6针)
第5行	18针	
第4行	18针	
第3行	18针	(+6针)
第2行	12针	(+6针)
第1行	6针	

针数配色表

	行	针数	加针	颜色
帽身	第9行	144针		藏青色
	第8行	144针		
	第7行	144针		红色
	第6行	144针		浅蓝色
	第5行	144针		
	第4行	144针		原白色
	第3行	144针		藏青色
	第2行	144针		
	第1行	144针		红色
帽顶	第11行	144针	(加12针)	浅蓝色
	第10行	132针	(加12针)	
	第9行	120针	(加12针)	原白色
	第8行	108针	(加12针)	藏青色
	第7行	96针	(加12针)	
	第6行	84针	(加12针)	红色
	第5行	72针	(加12针)	浅蓝色
	第4行	60针	(加12针)	
	第3行	48针	(加12针)	原白色
	第2行	36针	(加24针)	藏青色
	第1行	12针		

深蓝色鸭舌帽

图片 p.60

材料和工具

和麻纳卡　Amiami Cotton 深蓝色（19）170g，亚麻线　原白色（1）3g、米色（2）3g，直径23mm的纽扣1颗，钩针6/0号

成品尺寸

头围58.5cm、帽深7.5cm

密度

10cm×10cm面积内：编织花样17针、14.5行

编织要点

- ●环形起针后，参照图示做编织花样。帽顶加针钩织，帽身的前半部是加针钩织，后半部是减针钩织。
- ●参照图示，在前面的4处挑针，折出褶子，然后钩织2行短针。
- ●接线后挑针，钩织饰带。
- ●然后钩织一圈边缘编织。
- ●钩织一条细绳，缝在帽子上。

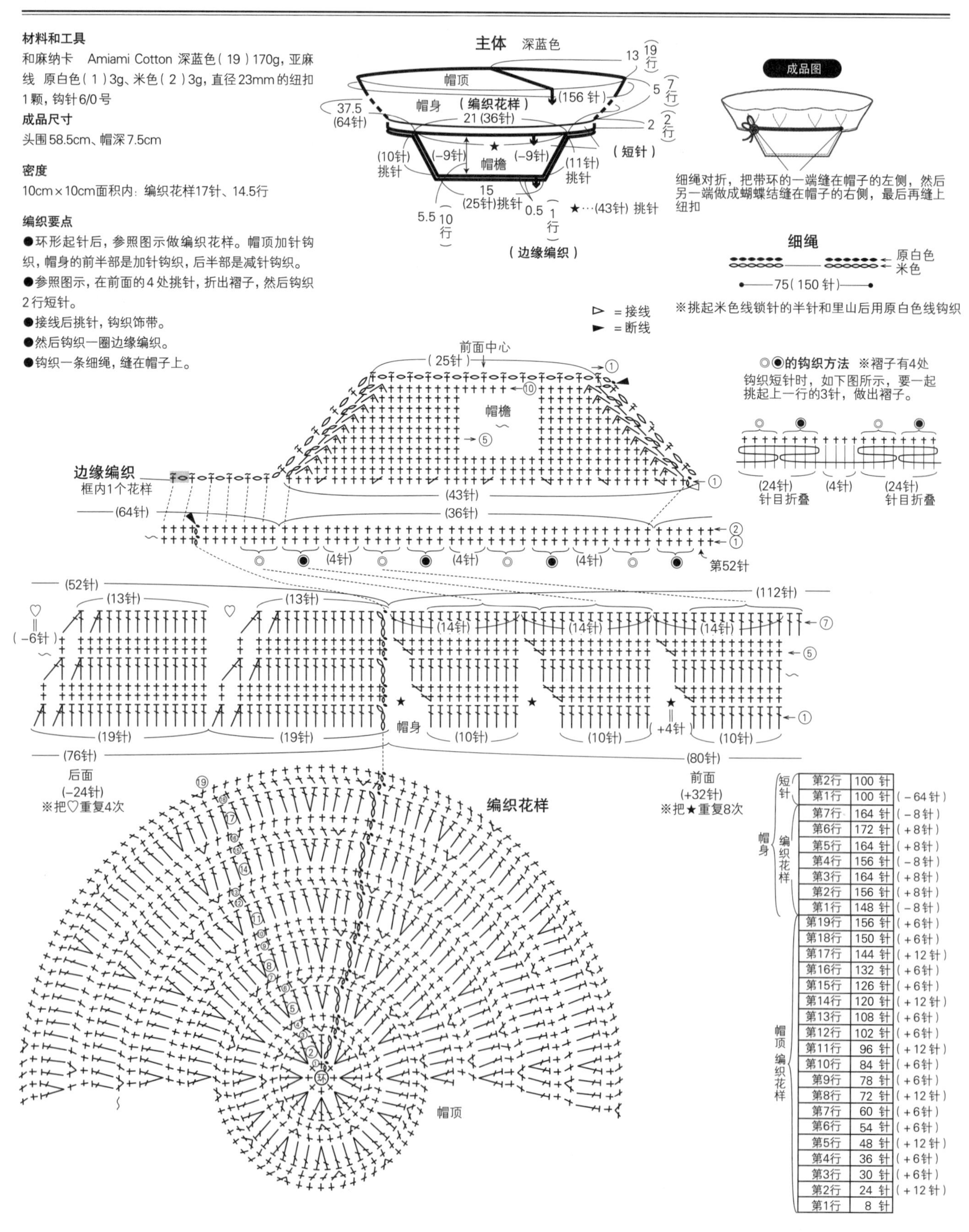

		行数	针数	加减
短针		第2行	100 针	
		第1行	100 针	（－64针）
帽身	编织花样	第7行	164 针	（－8针）
		第6行	172 针	（＋8针）
		第5行	164 针	（＋8针）
		第4行	156 针	（－8针）
		第3行	164 针	（＋8针）
		第2行	156 针	（＋8针）
		第1行	148 针	（－8针）
帽顶	编织花样	第19行	156 针	（＋6针）
		第18行	150 针	（＋6针）
		第17行	144 针	（＋12针）
		第16行	132 针	（＋6针）
		第15行	126 针	（＋6针）
		第14行	120 针	（＋12针）
		第13行	108 针	（＋6针）
		第12行	102 针	（＋6针）
		第11行	96 针	（＋12针）
		第10行	84 针	（＋6针）
		第9行	78 针	（＋6针）
		第8行	72 针	（＋12针）
		第7行	60 针	（＋6针）
		第6行	54 针	（＋6针）
		第5行	48 针	（＋12针）
		第4行	36 针	（＋6针）
		第3行	30 针	（＋6针）
		第2行	24 针	（＋12针）
		第1行	8 针	

水珠状镂空贝雷帽

图片 p.62

材料和工具

芭贝　Cotton Kona　米灰色（64）90g、直径13mm的纽扣1个、钩针6/0号

成品尺寸

头围53cm、帽深25cm

编织要点

●主体环形起针后，参照图示加针钩织。按照编织花样，一圈一圈地共钩织20行。第21~25行，在钩织出后面开口的同时，进行往返编织。不断线，继续在后面的开口处钩织2行短针，然后做5行边缘编织，钩织出扣眼。

●缝上纽扣。

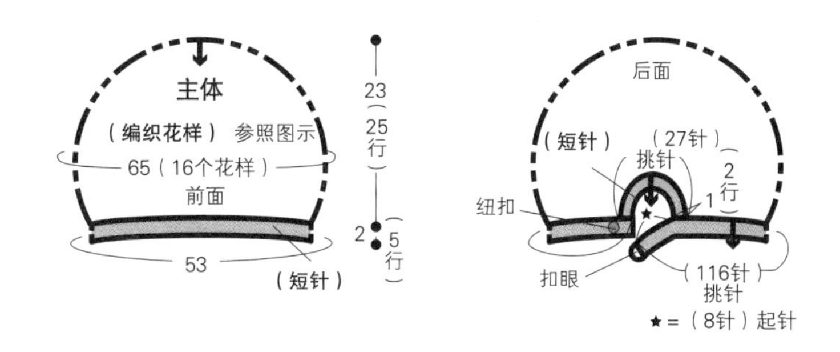

编织花样

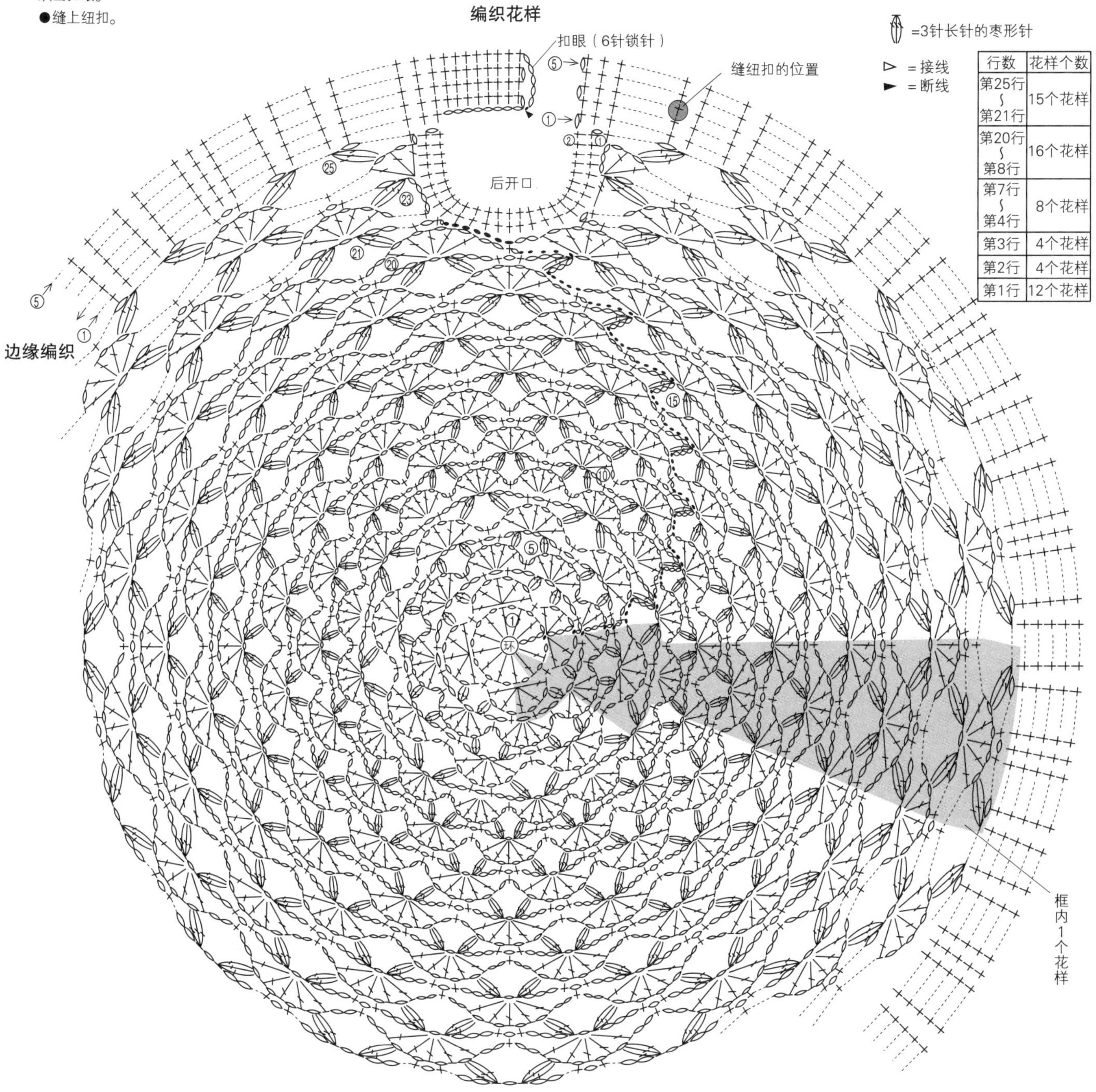

行数	花样个数
第25行～第21行	15个花样
第20行～第8行	16个花样
第7行～第4行	8个花样
第3行	4个花样
第2行	4个花样
第1行	12个花样

枣形针花样贝雷帽

图片 p.63

材料和工具

中粗 Cotton Tweed 蓝灰色80g、白色 少量，钩针 5/0号

成品尺寸

头围54cm、帽深28cm

密度

10cm×10cm面积内：编织花样22针、9.5行

编织要点

- ●钩120针锁针起针，连成环形做27行编织花样。
- ●线从最后一行穿过后收紧。
- ●从编织起点锁针开始挑起120针，做2行边缘编织。

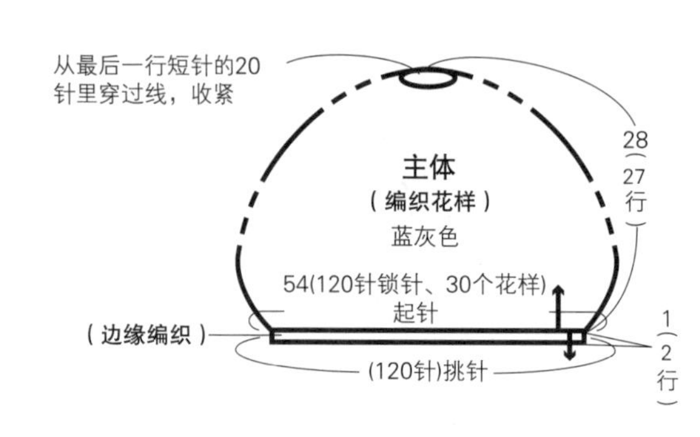

主体加、减针数表

行数	针数	
第27行	20针	
第25、26行	20个花样	
第24行	80针	（-20针）
第23行	100针	
第21、22行	25个花样	
第20行	100针	（-20针）
第19行	120针	
第17、18行	30个花样	
第16行	120针	（-20针）
第15行	140针	
第13、14行	35个花样	
第11、12行	140针	
第9、10行	35个花样	
第7、8行	140针	
第5、6行	35个花样	
第4行	140针	（+20针）
第3行	120针	
第1、2行	30个花样	

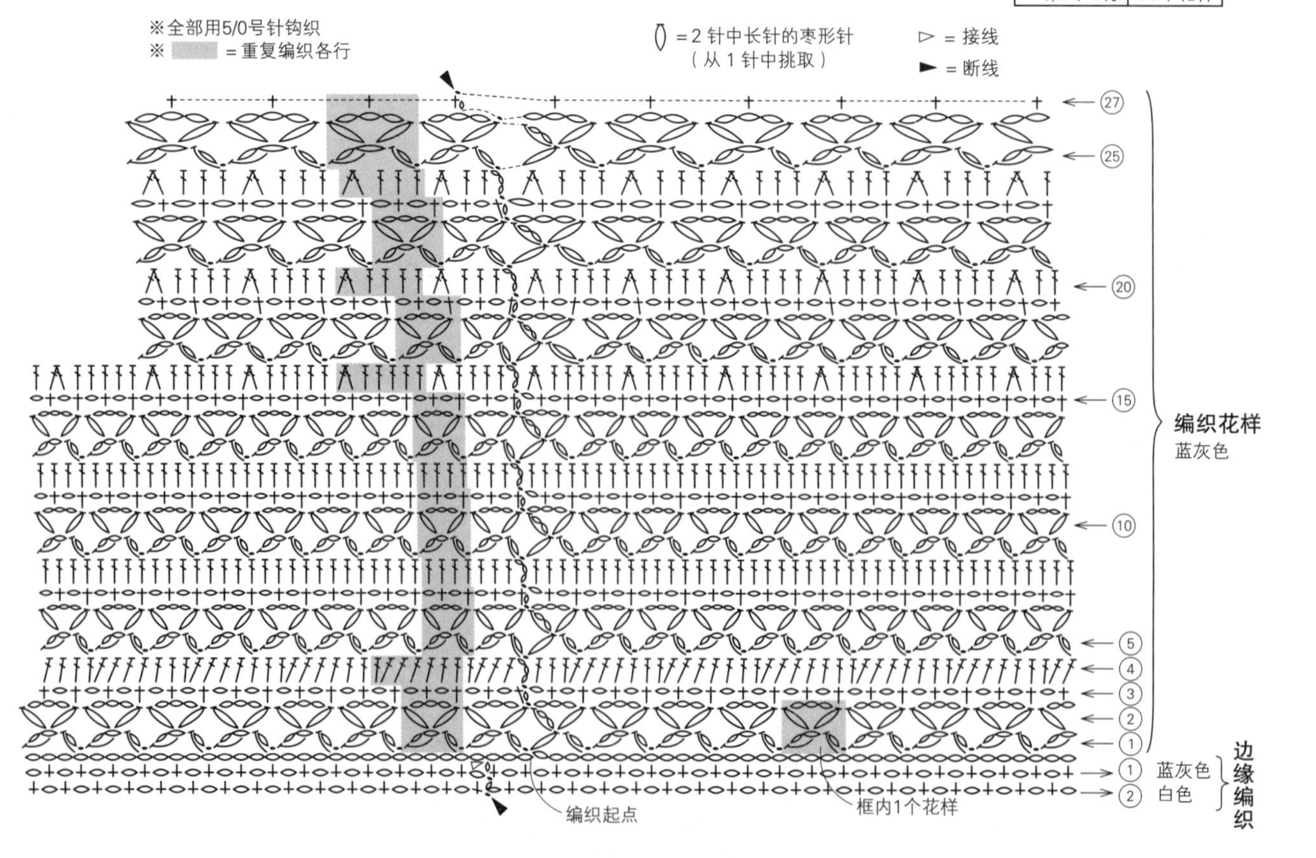

长腕套 图片 p.66

材料和工具

和麻纳卡 Sonomono Tweed 灰色（75）120g、原白色（71）40g，直径10mm的木珠8颗，宽4mm的皮革绳160cm，钩针5/0号

成品尺寸

宽14cm、长35cm

密度

10cm×10cm面积内：编织花样20针、10行

编织要点

●主体钩56针锁针起针，环形钩织。参照图示做编织花样的同时进行配色，钩织34行。2针长针的枣形针钩织得宽松一些，最后做1行边缘编织。

●皮革绳从第32行穿过，在绳子的两端分别穿上2颗木珠，然后打结。

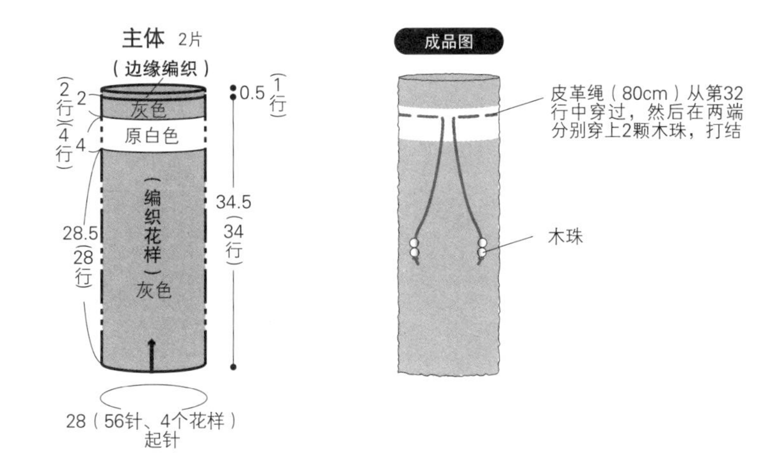

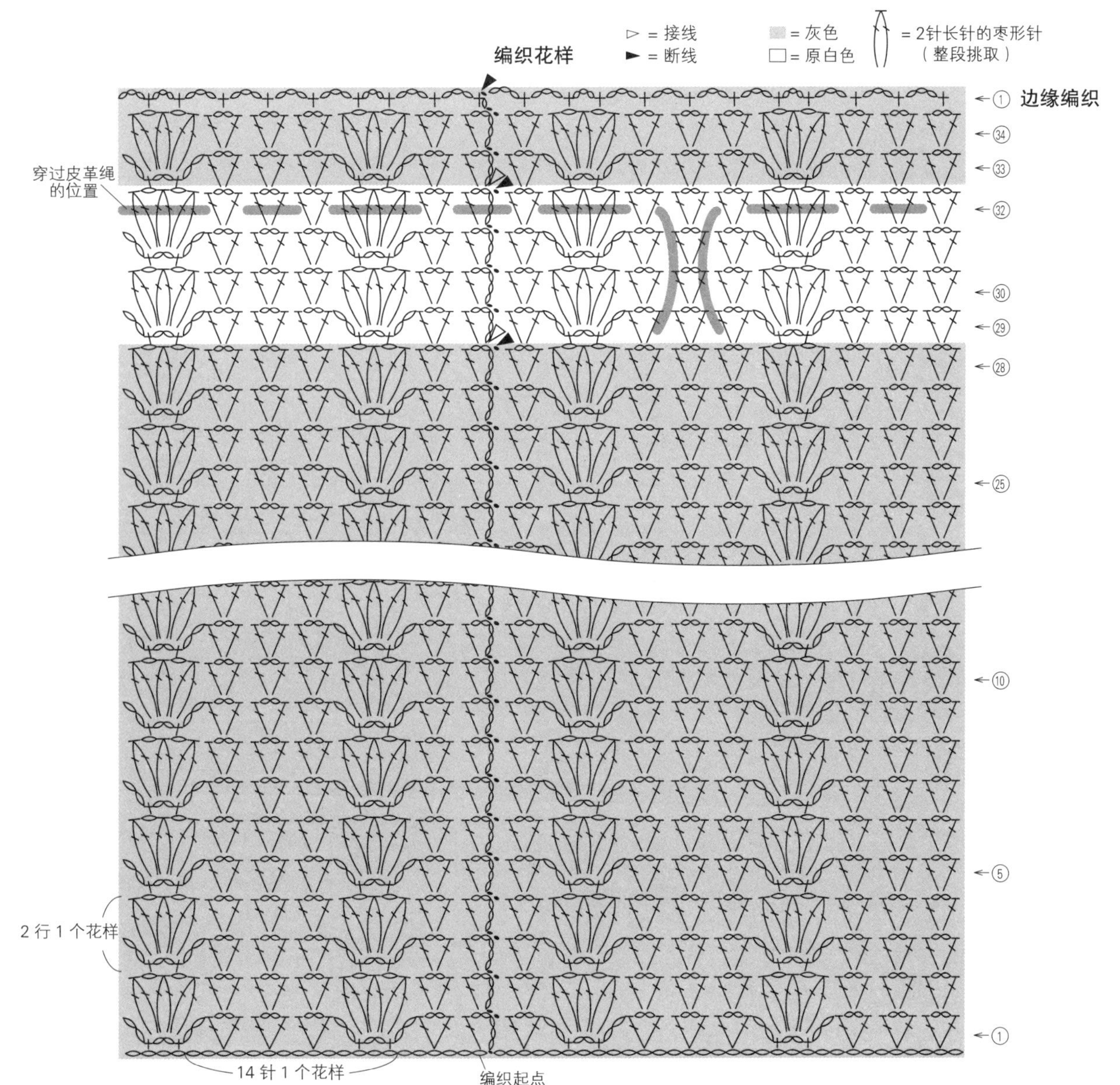

狗牙针编织的家居鞋 图片 p.67

材料和工具

中粗 Boucle线 灰色30g，和麻纳卡 hamanka mohair 灰白色（61）5g，钩针8/0号、4/0号

成品尺寸

鞋底长23cm

编织要点

●从鞋面开始钩织，钩10针锁针起针，参照图示钩织5行。

●主体部分是从鞋口开始钩织。在鞋面位置接线。钩38针锁针起针，从鞋面的周边开始挑针后，钩织短针，最后引拔至编织起点处。然后钩织4行长针连成环形。最后纵向对折，把编织终点（底部）用毛线缝针缝合。

●用灰白色线钩织鞋口的边缘，然后钩织好鞋带缝到鞋口。

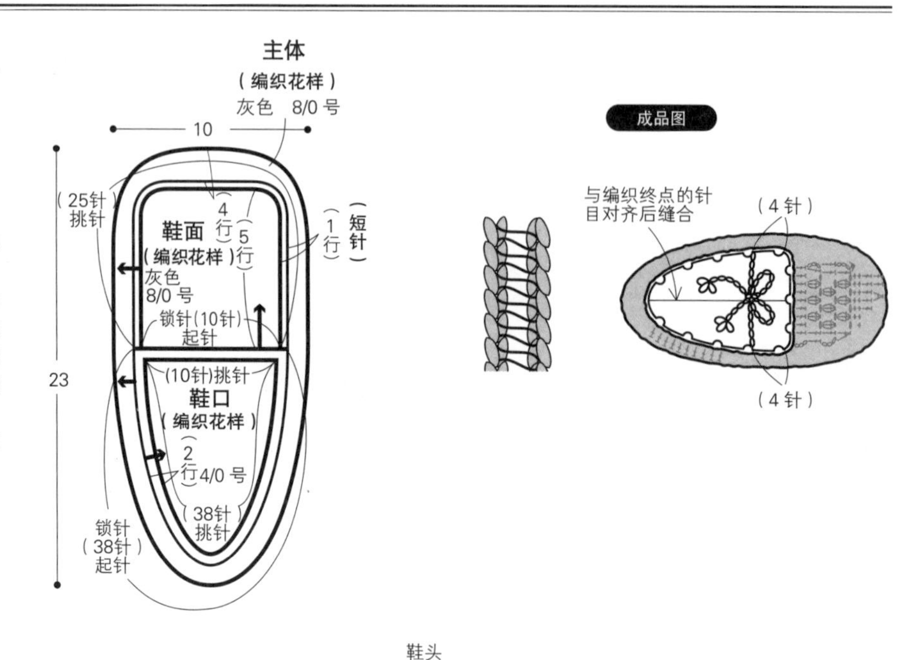

鞋头

锁针（10针）

主体编织起点

锁针（38针）

鞋跟

鞋口边缘的接线位置

▷ = 接线
► = 断线
=3针长针的枣形针

鞋带 灰白色 4/0号 2根

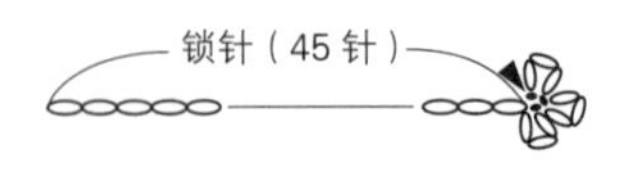

鞋口的短针 灰白色 4/0号

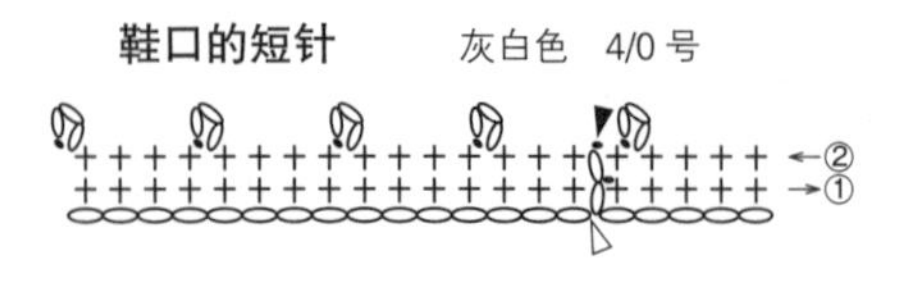

枣形针编织的家居鞋 图片 p.67

材料和工具

和麻纳卡 SOMONOMO <中粗> 淡茶色（2）80g、直径1.5cm的木制纽扣2颗、钩针3/0号

成品尺寸

鞋底长22cm

密度

10cm×10cm面积内：编织花样22针、12行

编织要点

●钩12针锁针起针，参照图示从鞋头开始，环形钩织5行短针。然后做编织花样6行连成环形，断线。

●接线后，侧面重复钩织14行。鞋跟部分，还需要多钩织4行（左右相同）。

●把缝合记号对齐后，用卷针缝缝合。

●鞋口处做边缘编织，从第2行的编织中途开始钩织鞋带。

●缝上纽扣。

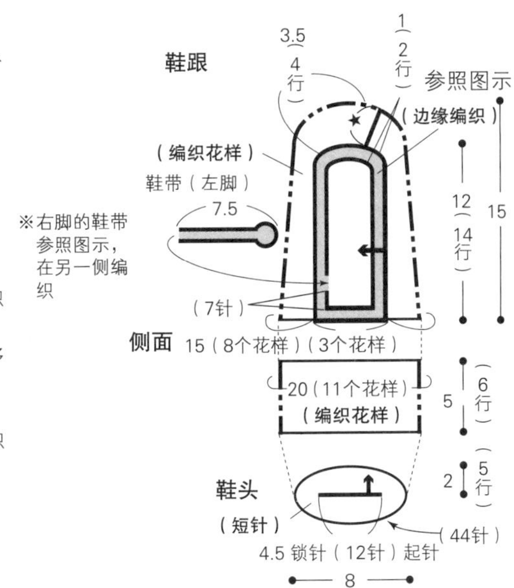

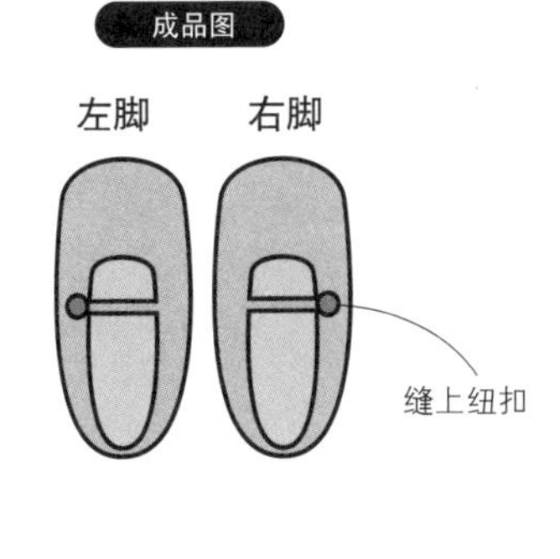

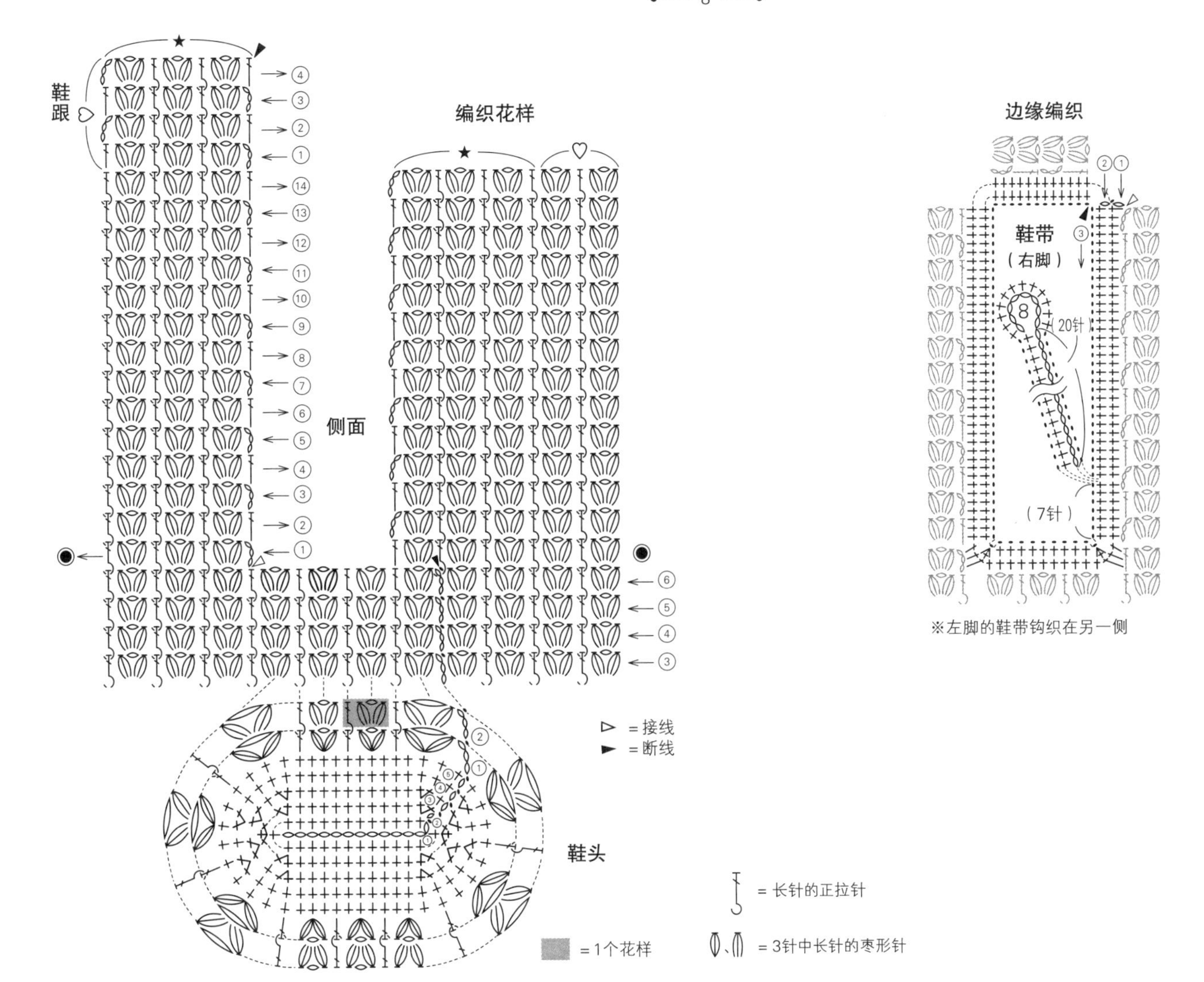

带装饰带的家居鞋 图片 p.68

材料和工具

中粗段染线　红色混合80g、23cm的不织布鞋底1组、0.3cm粗的麻绳42cm　2根、木珠8颗、钩针4/0号

成品尺寸

鞋底长 23cm

密度

10cm×10cm面积内：长针23针、10.5行（主体）

编织要点

●主体钩23针锁针起针，钩织13行，接下来的16行在减针的同时钩织长针。从起针的另一侧挑针后，按照相同方法钩织。
●参照图示，钩织折回部分。
●对齐记号背面相对对齐，用卷针缝缝合。
●把编织好的部分缝到不织布鞋底上。
●木珠穿过麻绳，如图所示打结后，缝在鞋子上。

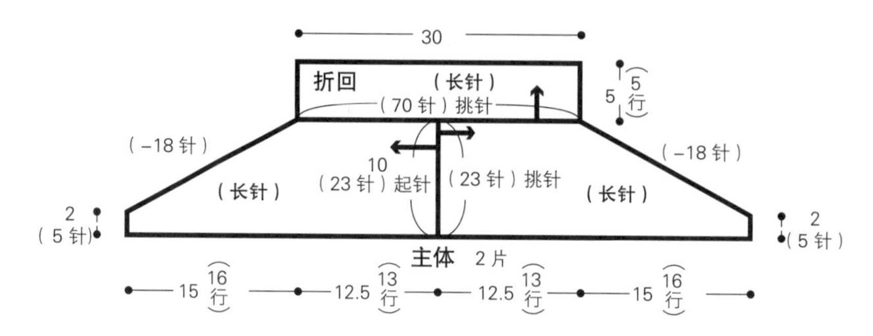

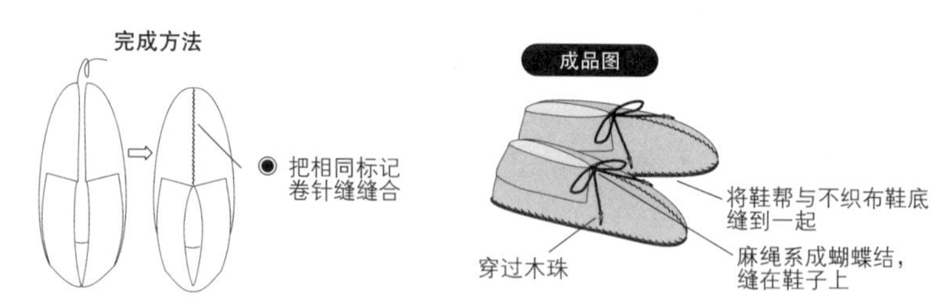

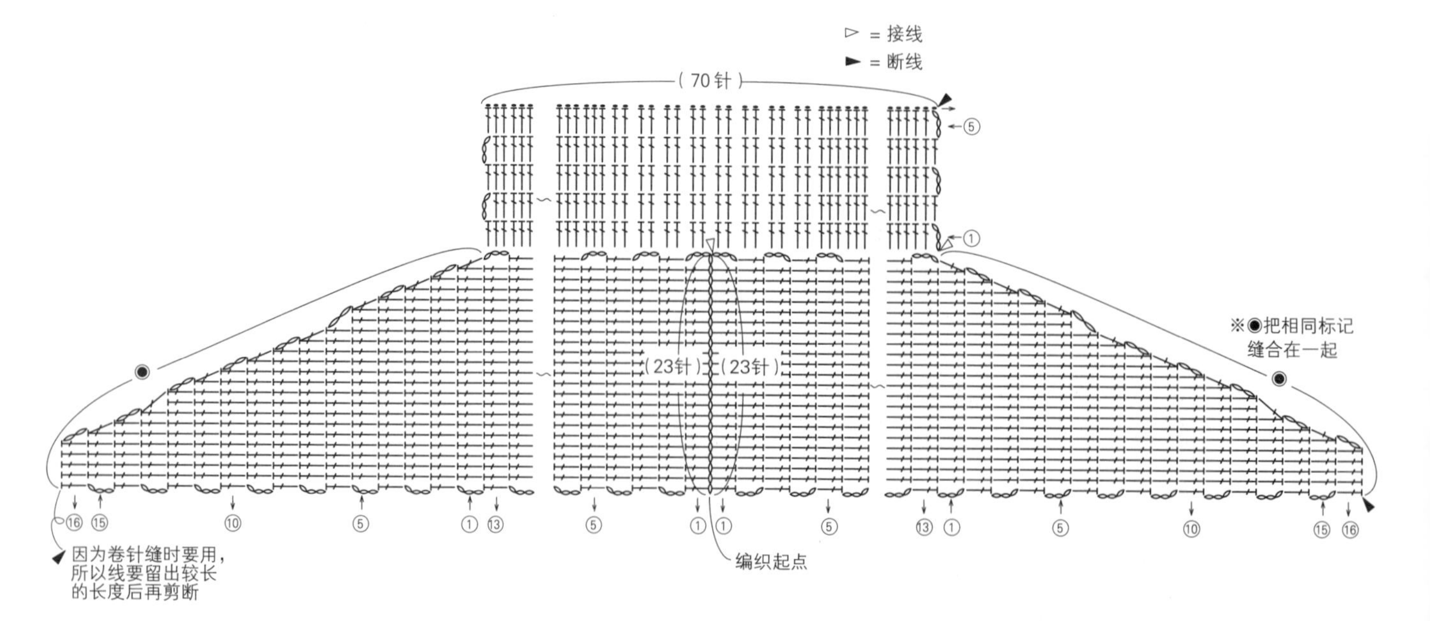

可爱草莓连指手套 图片 p.70

材料和工具

中粗人造丝线系列　粉红色55g、绿色15g，圆形玻璃珠（红色）32颗，钩针5/0号

成品尺寸

掌围21cm、长21cm

密度

10cm×10cm面积内：中长针17针、13行

编织要点

●钩36针锁针起针，织成环形。参照图示，中长针加、减针钩织18行，注意在第10行钩织出拇指洞。然后减针钩织9行中长针，编织终点的线头编入到针目中后收紧。

●在拇指位置接线，然后挑起14针，环形钩织7行中长针。编织终点的线头编入到针目中后收紧。

●边缘编织是在编织起点处接线后钩织6行。

●在两只手背各缝16颗圆形玻璃珠。

●边缘部分是翻到外侧使用。

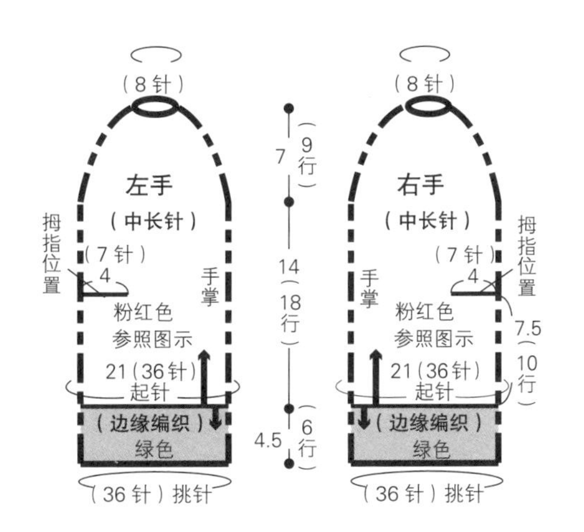

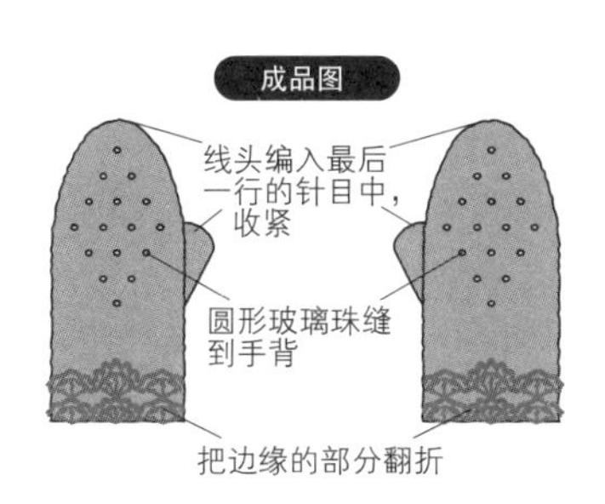

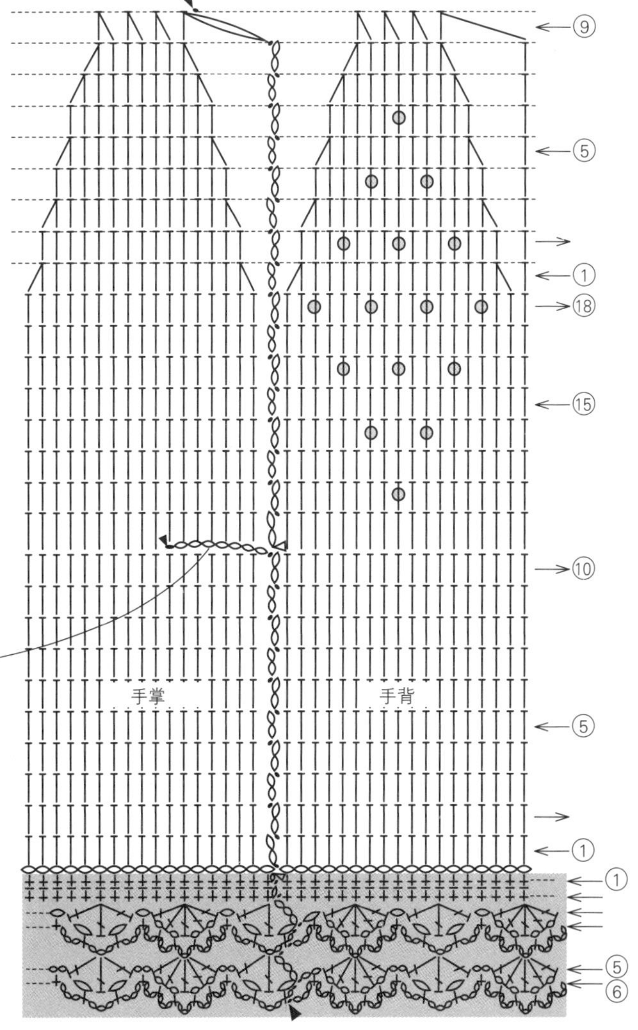

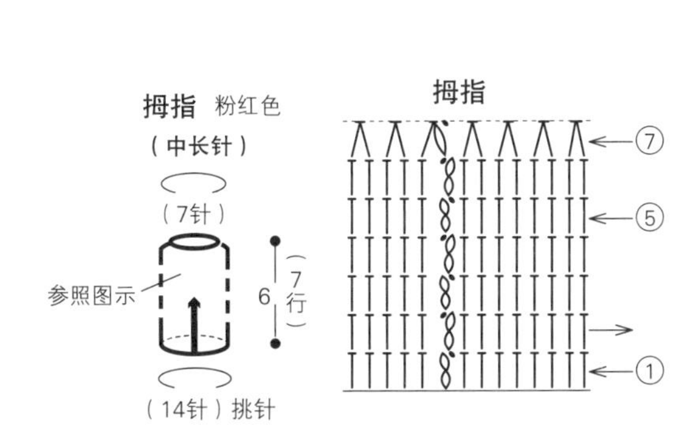

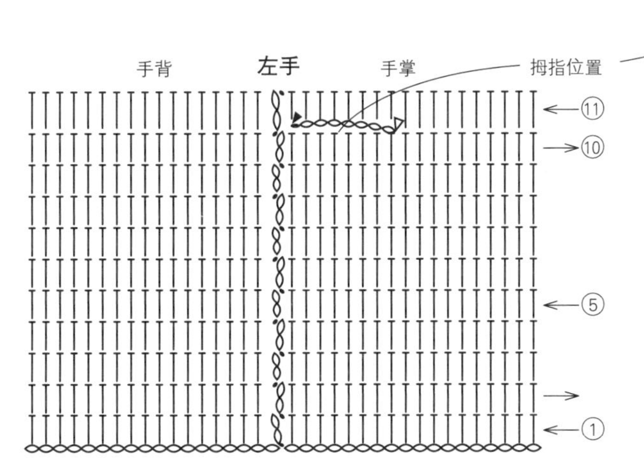

麻花花样的暖手套

图片 p.71

材料和工具

和麻纳卡 Fairlady 50 灰色（48）85g，钩针5/0号、6/0号

成品尺寸

掌围18cm、长20cm

密度：

10cm×10cm面积内：短针26针、27行

编织要点

●用6/0号钩针锁针起针，钩织46针，钩织4行边缘编织。

●主体部分做编织花样。

●在第29行的中途钩织10针锁针，留出拇指的位置。然后，钩织到第40行后换为5/0号钩针，开始钩织第41行和边缘编织。

●按照相同的钩织方法，钩织另一侧，注意要调整拇指的位置。

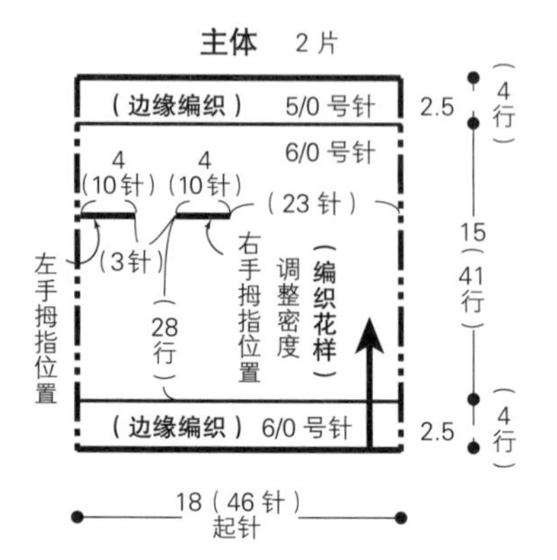

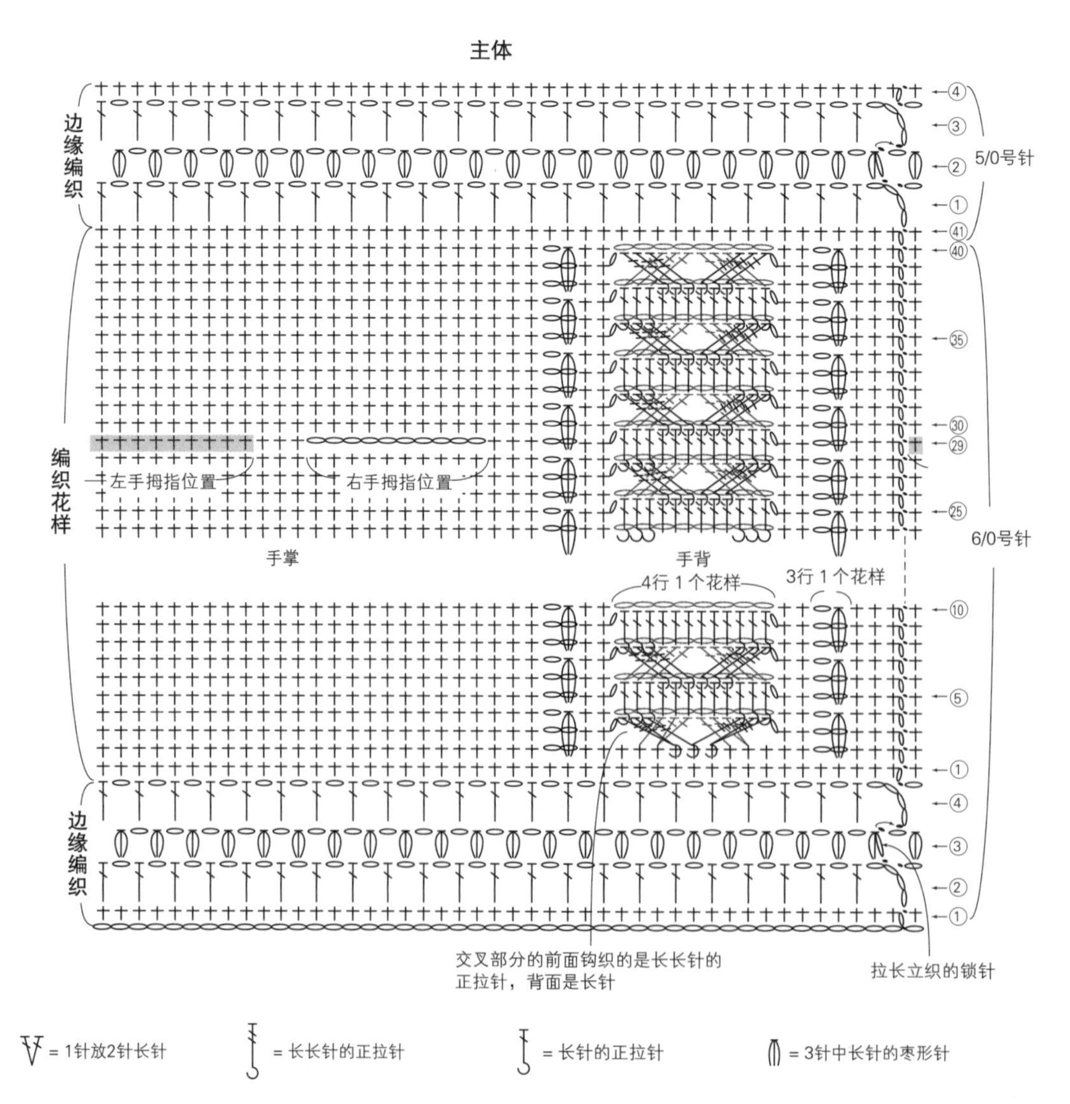

带束带的暖手套

图片 p.71

材料和工具

粗 Silk Wool 系列　灰白色 70g，直径 15mm 的纽扣 2 颗，钩针 6/0 号、7/0 号

成品尺寸

掌围 22cm、长 22cm

密度

10cm×10cm 面积内：编织花样 22 针、13.5 行

10cm×10cm 面积内：短针 22 针、27 行

编织要点

●主体钩 48 针锁针起针，钩织成环形，参照图示钩织 12 行编织花样。然后用短针来回钩织 30 行。正面相对，将△和▲处对齐用卷针缝缝合。翻到正面之后接线，环形钩织 3 行边缘编织。在图中的 2 处添加束带用环。

●束带钩 45 针锁针起针，参照图示，钩织 3 行短针。

●参照成品图组合。

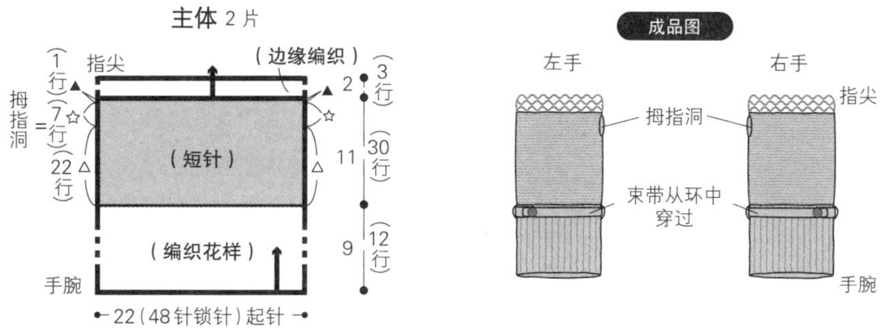

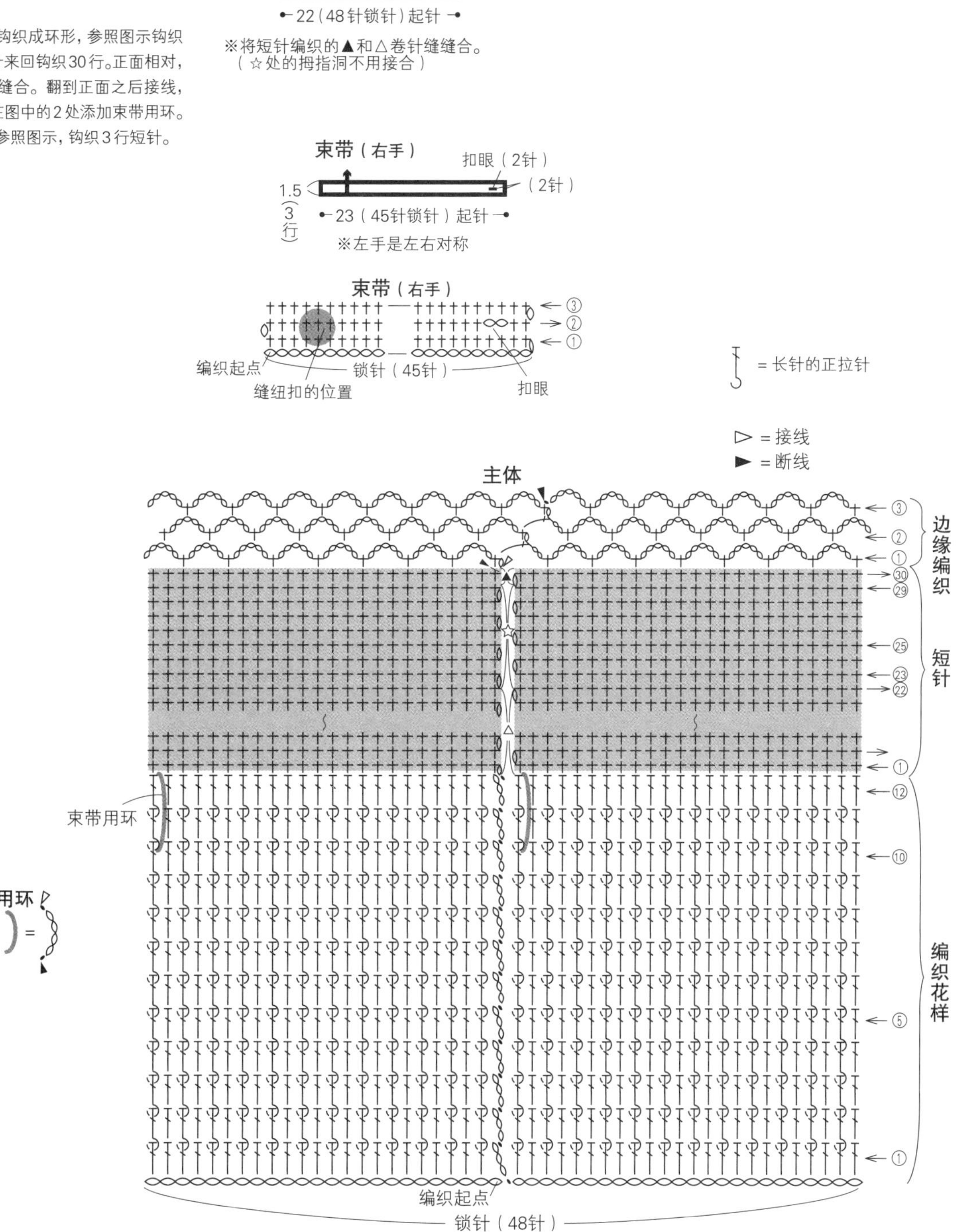

枣形针编织的手套 图片 p.73

材料和工具

和麻纳卡　Fairlady 50　草绿色（13）40g、Arcoba 粉色系段染线（4）20g、钩针5/0号

成品尺寸

掌围20cm、长17cm

密度

10cm×10cm面积内：条纹花样　20针、14行

编织要点

●主体钩10针锁针起针，参照图示做40行编织花样A。用卷针缝把编织起点和编织终点缝合到一起连成环。挑起一行，做17行条纹花样。在钩织的过程中要留出拇指的位置。

●拇指挑起主体的14针后，做8行编织花样B。

※第1行挑锁针的里山钩织

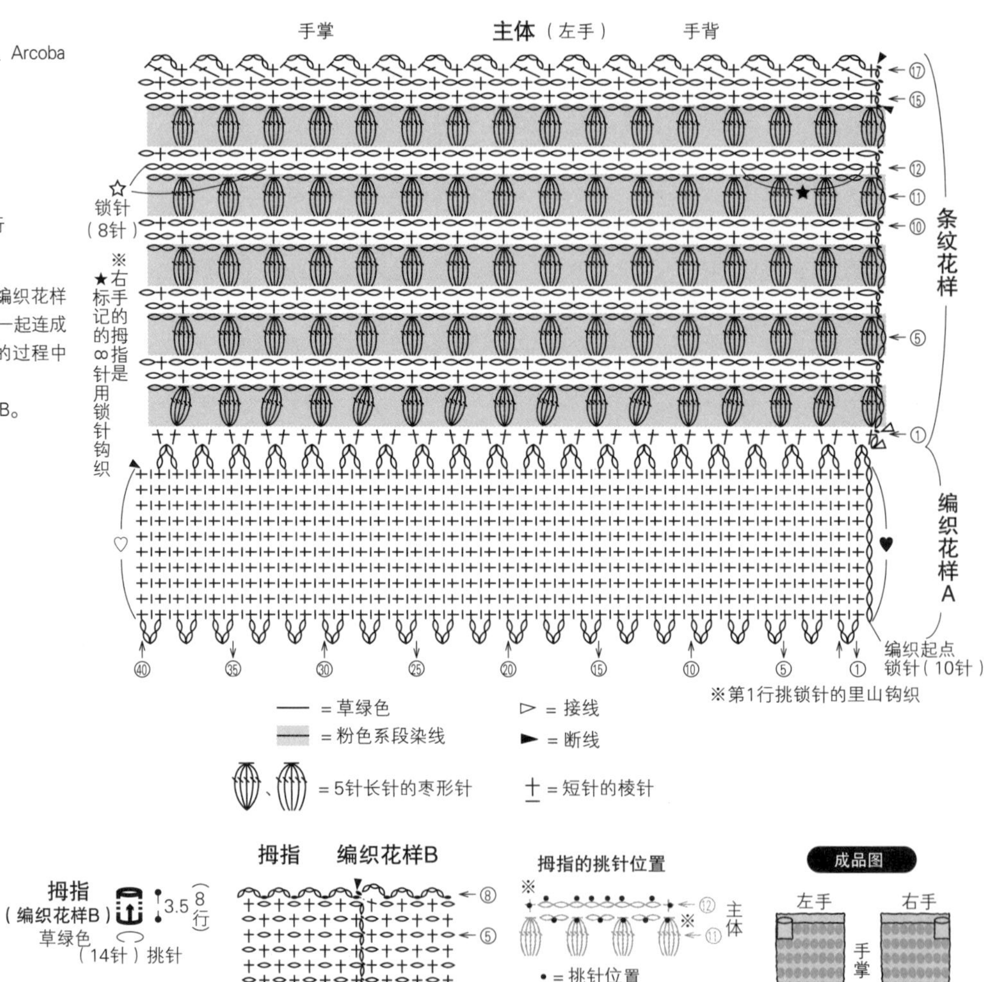

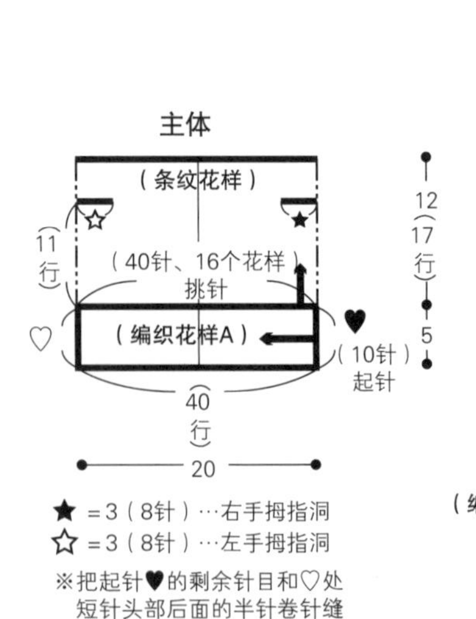

★ =3（8针）…右手拇指洞

☆ =3（8针）…左手拇指洞

※把起针♥的剩余针目和♡处短针头部后面的半针卷针缝缝合

※从旁边的枣形针和短针开始挑针

枣形针编织的袖套 图片 p.73

材料和工具

和麻纳卡　Sonomono Alpaca lily 原白色（111）65g、钩针8/0号

成品尺寸

腕围20cm、长26cm

密度

10cm×10cm面积内：编织花样B　15针、11.5行

编织要点

●主体钩10针锁针起针，然后参照图示做30行编织花样A。用卷针缝把编织起点和编织终点缝合到一起连成环。从侧面开始挑针，做23行编织花样B。在编织的过程中要留出拇指的位置。

★ =3（5针）…右手拇指洞

☆ =3（5针）…左手拇指洞

※把起针的♥的剩余针目和♡处短针头部后面的半针卷针缝缝合

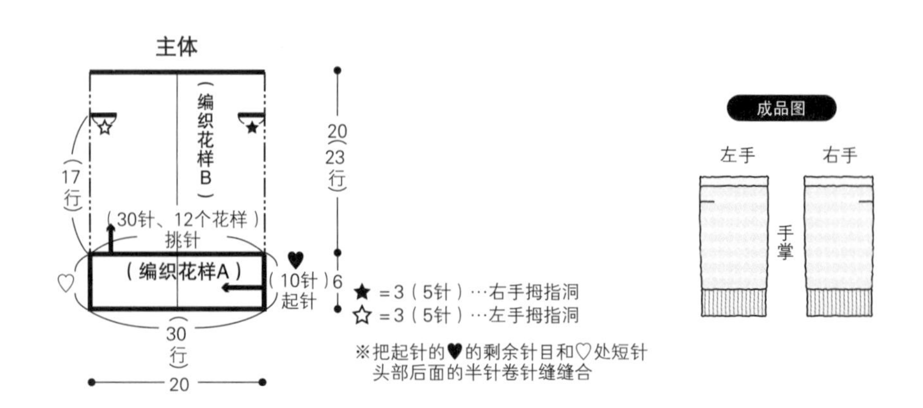

圆形花片口金包

图片 p.81

材料和工具

A：Hobbyra Hobbyre　WOOL SWEET　黄色（12）、橘黄色（13）各少量

B：Hobbyra Hobbyre　WOOL SWEET　粉红色（04）、亮黄色（11）各少量

通用：Hobbyra Hobbyre WOOL SWEET　象牙白色（22）、褐色（15）各少量，10cm的口金（灰白色）1个，钩针4/0号

成品尺寸

直径11cm（不含口金）

密度

花片大小　直径11cm

编织要点

●钩6针锁针环形起针，根据花片做配色钩织。

●第1片的第12行钩织3针锁针，与第2片的3针锁针的第2针连接。

●把口金与花片缝到一起。

▷ = 接线

► = 断线

主体（左手）

手掌　手背

锁针☆（5针）

※右手的★处在拇指的5针钩织锁针

编织花样B

编织花样A

编织起点 锁针（10针）

※第1行挑锁针的里山钩织

花片的配色表

	A	B
第12行	黄色	象牙白色
第11行	橘黄色	粉红色
第10行	黄色	象牙白色
第9行	橘黄色	亮黄色
第8行	黄色	象牙白色
第7行	象牙白色	粉红色
第6行	黄色	褐色
第5行	褐色	亮黄色
第4行	橘黄色	粉红色
第3行	象牙白色	象牙白色
第2行	褐色	褐色
第1行	黄色	亮黄色

※为了使符号图简单易懂，每行的粗细程度略有不同

带盖化妆包 图片 p.81

材料和工具

和麻纳卡 Fairlady 50 芥末黄色（98）40g，1cm宽的茶色缎带35cm 1根、25cm 1根，钩针5/0号

成品尺寸

宽17cm、深12.5cm

密度

10cm×10cm面积内：编织花样A 21.5针、10行

编织要点

●钩25针锁针起针，按照图示在锁针链两侧挑针钩织长针，钩织底部。
●然后按编织花样A的方法在主体环形钩织9行。
●从主体开始继续用编织花样B的方法钩织包盖，要在主体一半的位置（37针）时翻到反面，往返编织11行。
●没有钩织盖子的37针，接线后钩织1行边缘编织。
●缎带从盖子穿过，缎带的两端缝到盖子的内侧。

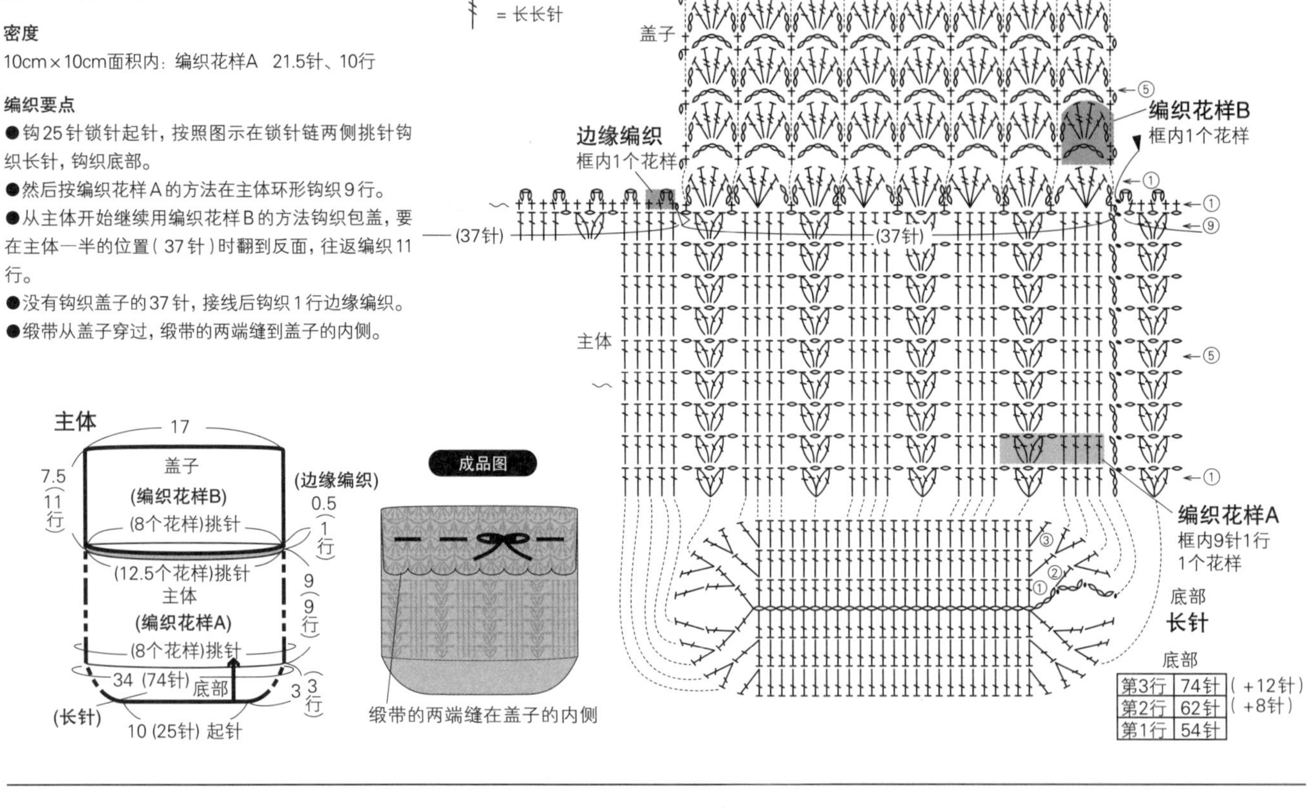

底部

第3行	74针	（+12针）
第2行	62针	（+8针）
第1行	54针	

正方形花片手提包 图片 p.80

材料和工具

达摩手编线 小卷café Demi 淡粉色（10）50g、深红色（26）15g、咖啡色（11）12g、原白色（9）10g，钩针3/0号

成品尺寸

宽28.5cm、深23.75cm（不含提手）

密度

花片大小 6.75cm×6.75cm

编织要点

●环形起针，然后按照配色表钩织花片A和花片B。
●如图示，从第2片开始，在最后一行与花片连接，一共钩织24片。
●钩7针锁针起针，用深红色线钩织4片提手。
●参照成品图，把提手缝到包上，提手用卷针缝缝合。

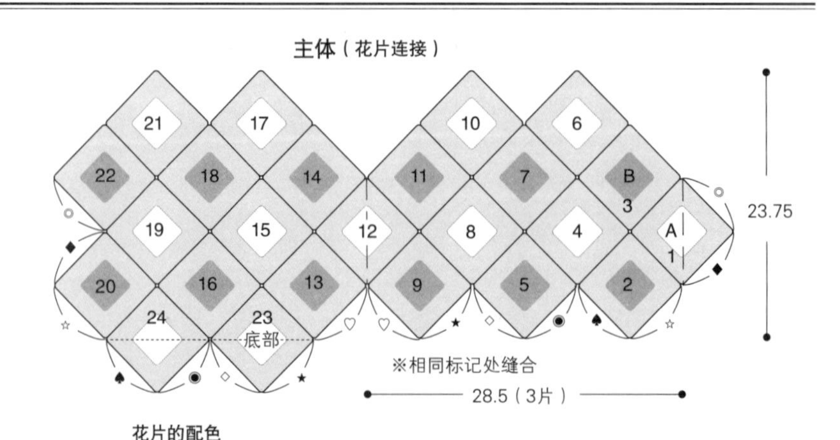

花片的配色

	A	B
第6行	深红色	深红色
第3~5行	淡粉色	淡粉色
第2行	原白色	咖啡色
第1行	咖啡色	原白色

正方形花片手提包

图片 p.80

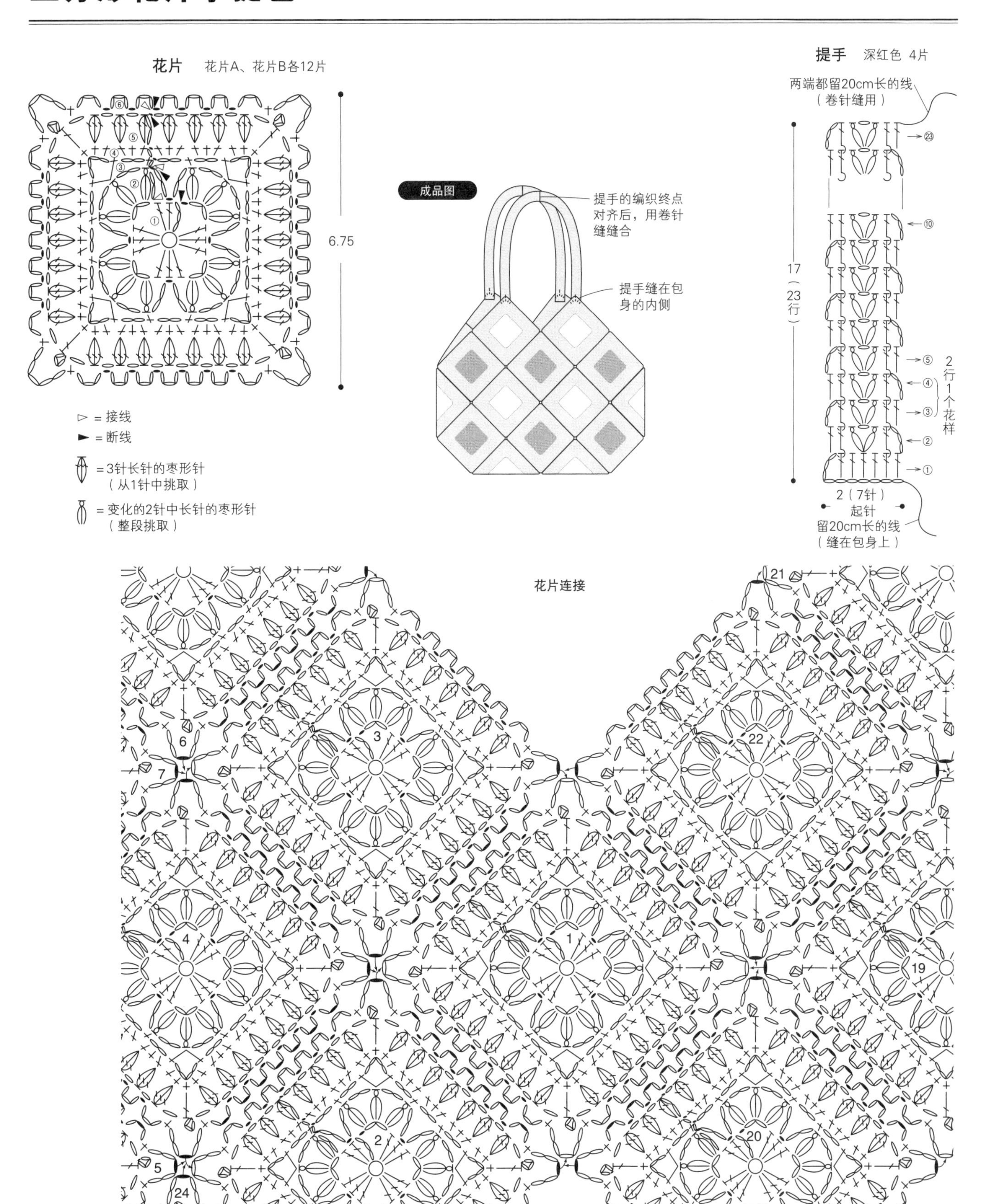

扁平化妆包 图片 p.82

材料和工具

中粗毛线　灰粉色45g、直径1.3cm的纽扣1颗、宽18mm的蕾丝带19.5cm、钩针6/0号

成品尺寸

宽17cm、深11.5cm

密度

10cm×10cm面积内：编织花样A　22.5针、13.5行

10cm×10cm面积内：编织花样B　19.5针、14行

编织要点

●主体钩35针锁针起针，参照图示做15行编织花样A。然后继续钩33针锁针起针，用编织花样B的方法往返编织，连成环形钩织16行。

●★背面相对对齐，卷针缝缝合内侧的半针。

●包盖的三边，钩织1行边缘编织。

●小花环形起针，参照图示钩织2行。然后在花的中心缝上纽扣。

●蕾丝带对折成2条后，从蕾丝带的孔中入针，用回针缝将蕾丝带缝到包盖的位置。然后再缝上小花。

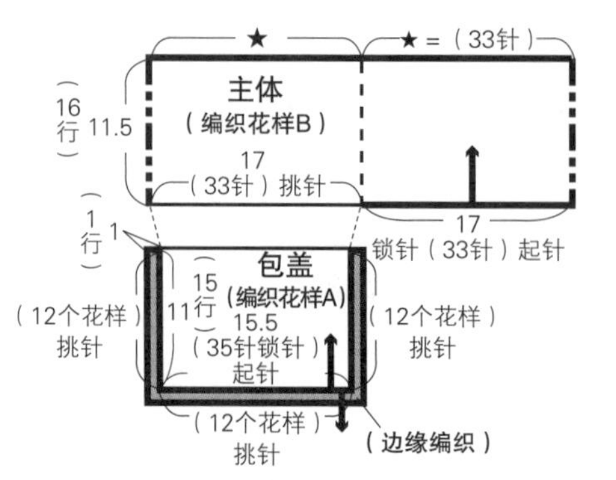

※★背面相对对齐，用卷针缝缝合内侧的半针

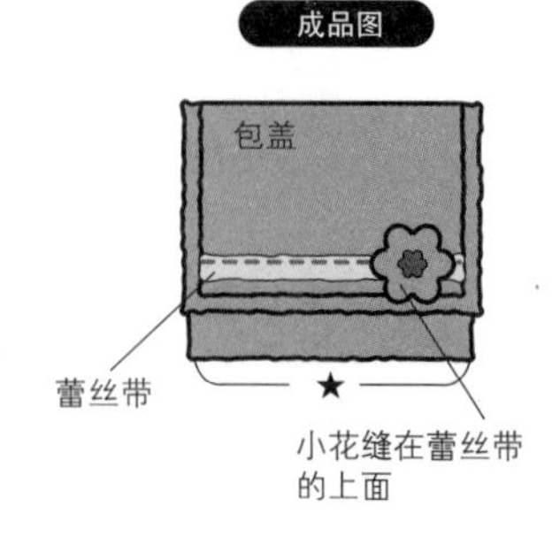

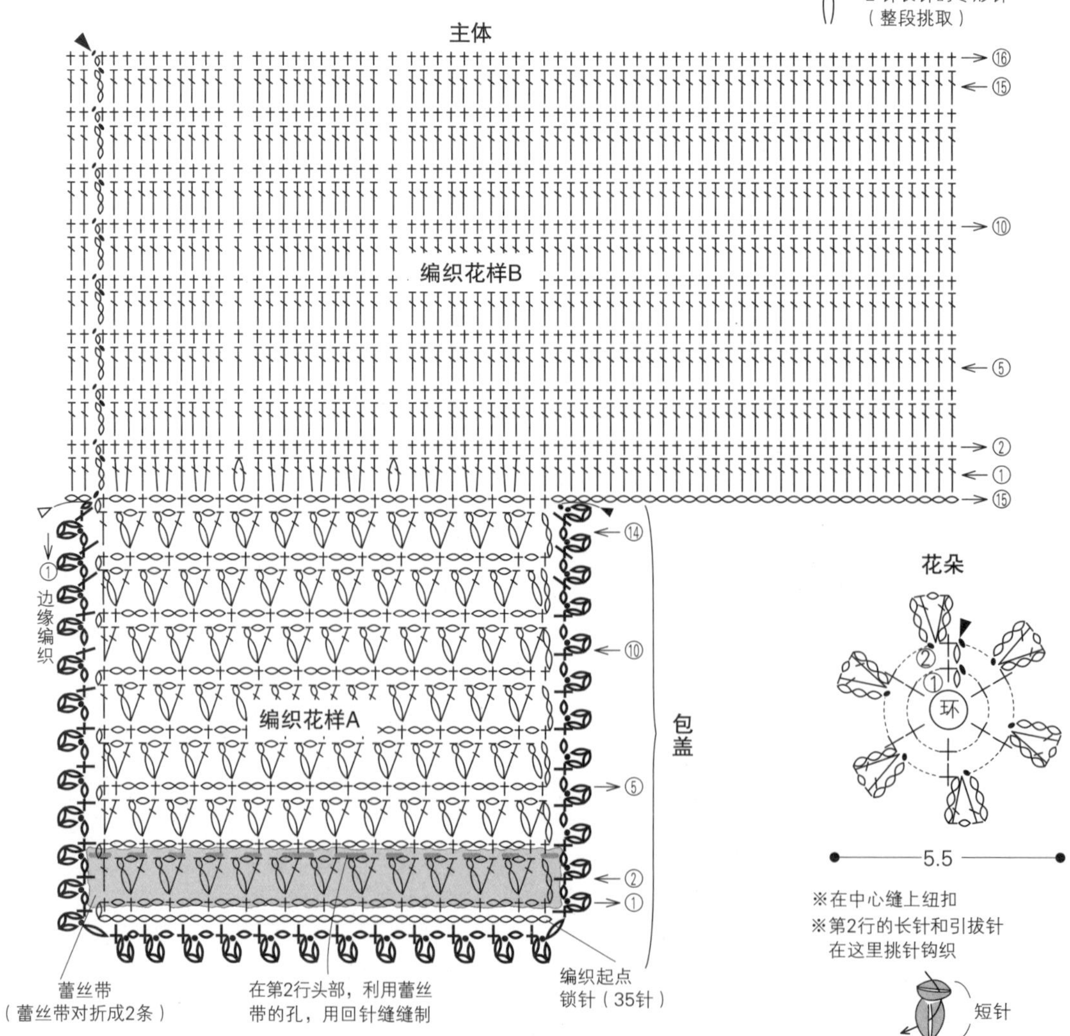

口金包 图片 p.82

材料和工具

粗棉线　原白色20g、7.5cm的口金1个、钩针3/0号

成品尺寸

宽11cm、深10cm（不含口金）

编织要点

●主体钩24针锁针起针，参照图示，用编织花样的方法一圈一圈地钩织，钩织14行。然后分成两部分，分别重复钩织5行。

●在主体的★处缝上口金。

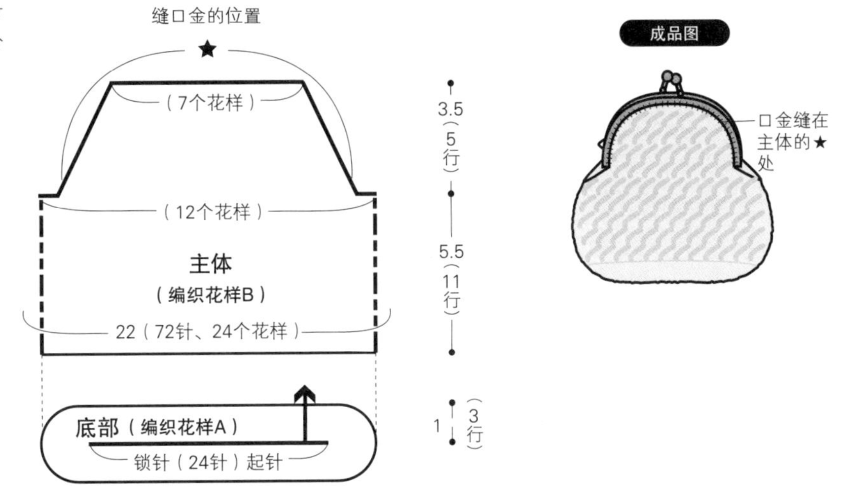

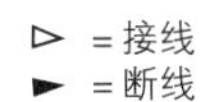

= 变形的 1 针和 2 针长针交叉（左上）
※跳过上一行短针的 2 针，钩织 1 针长针，然后再从第 1 针入针，钩织 2 针长针

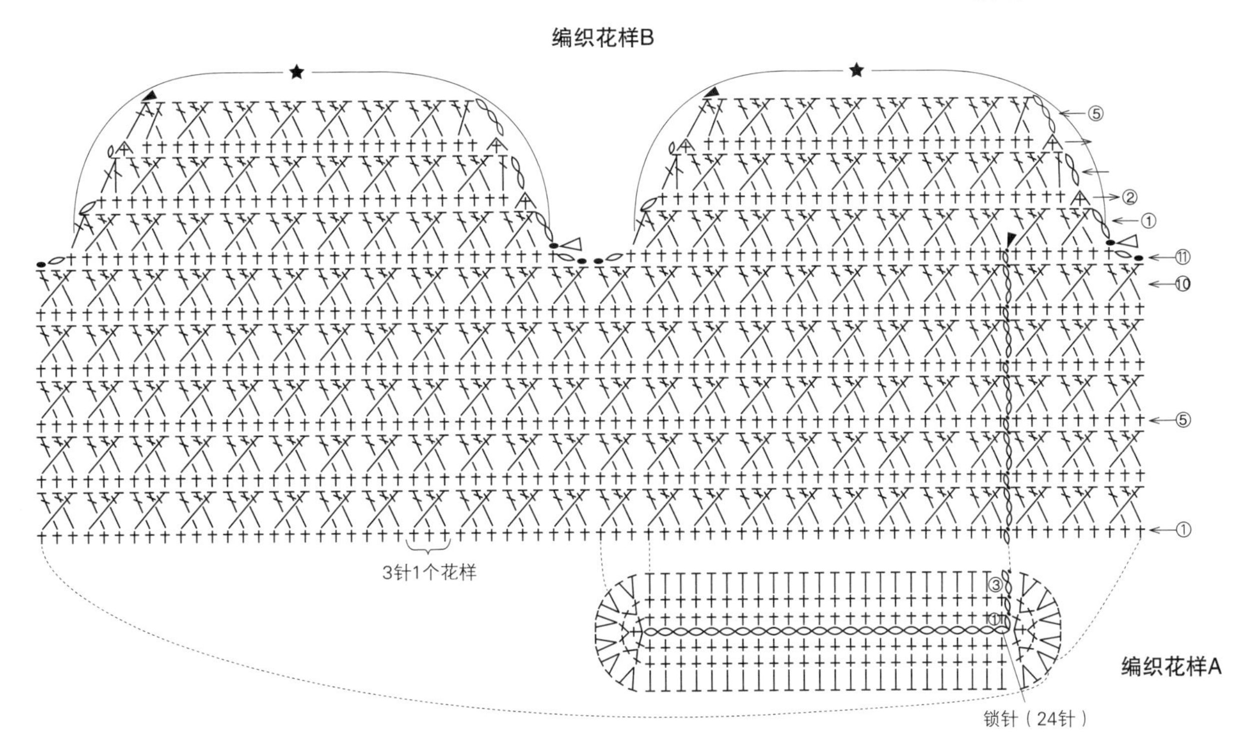

双色拼接包

图片 p.85

材料和工具

奥林巴斯 Souffle（粗）灰茶色（206）55g、蓝色（204）15g，1.5cm×76cm的皮革带2根（提手用），内衬用麻布22cm×55cm，钩针5/0号

成品尺寸

宽20.5cm、深25.5cm（不含提手）

密度

10cm×10cm面积内：编织花样A 22针、18行，编织花样B 10cm 22针、8cm 10行

编织要点

●用灰茶色线钩90针锁针起针，环形钩织31行编织花样A。编织花样B用蓝色线环形钩织10行。

●底部对齐后，用卷针缝缝合。

●缝上提手。

●制作内袋，然后缝在内侧。

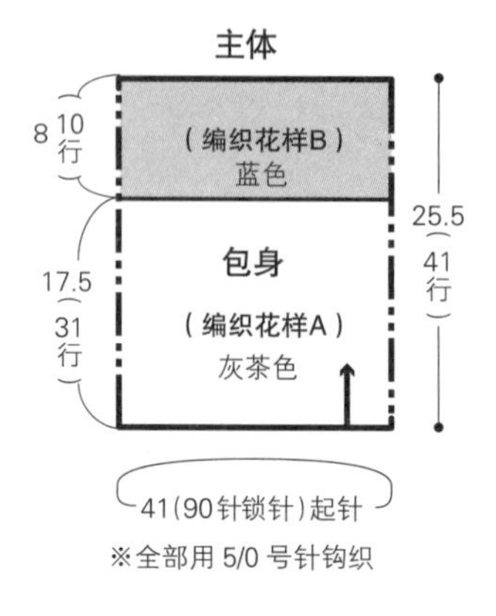

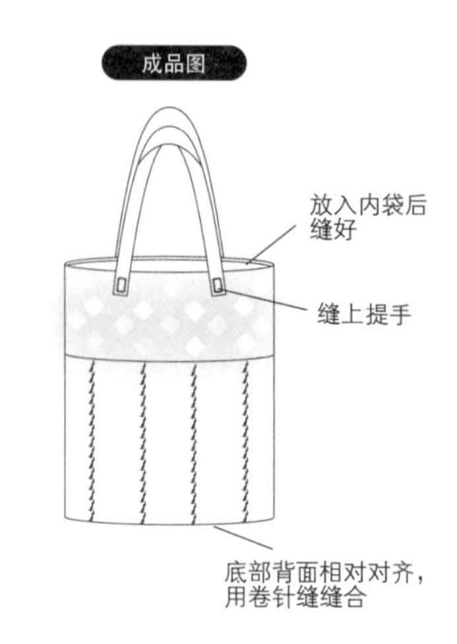

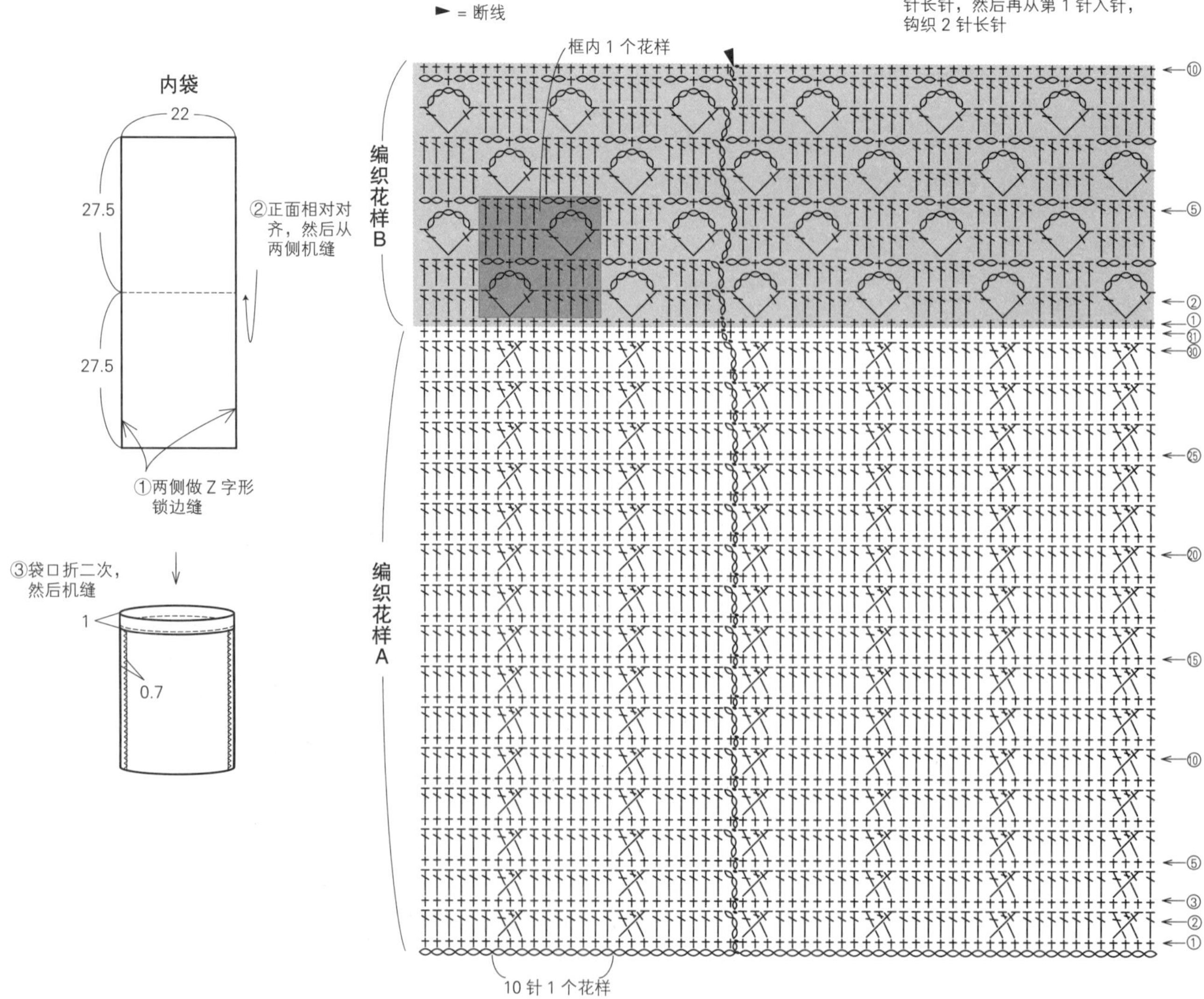

五彩缤纷的荷包袋

图片 p.85

材料和工具

中细棉线　黄绿色25g、白色10g、玫粉色10g，2mm粗的绳子80cm，钩针4/0号

成品尺寸

宽14cm、深13cm（不含提手）

编织要点

●主体环形起针，然后从底部开始钩织，如图所示，一圈一圈地钩织到第14行。然后按照图示的配色方法，做9行条纹花样。

●花片钩6针锁针起针，然后参照图示钩织。

●绳子从中间对折成2根，然后从穿绳的位置穿过，最后在绳子的一端穿上3个花朵花片。

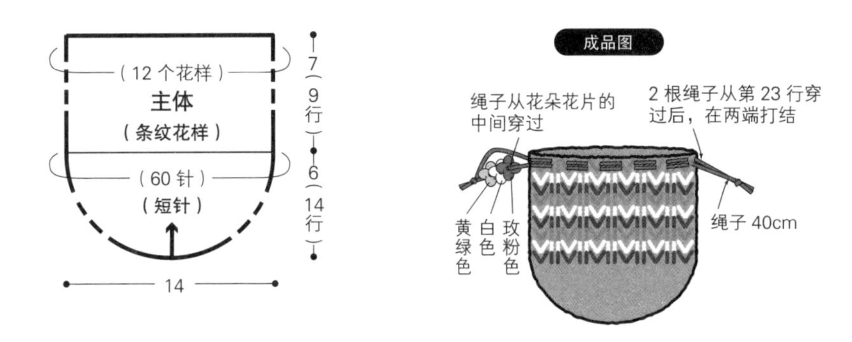

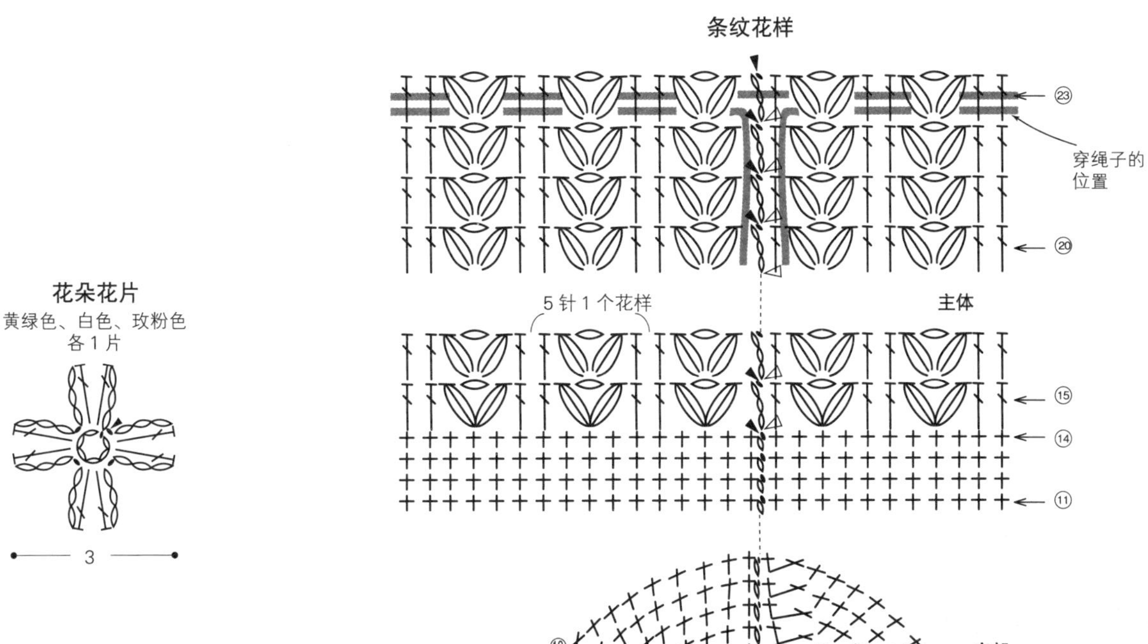

底部

短针

⑩ ⑤ ① 环

▷ = 接线
▶ = 断线

= 3针中长针的枣形针（从1针中挑取）

= 3针中长针的枣形针（整段挑取）

行数	针数	
第23行～第15行	12个花样	
第14行～第11行	60针	
第10行	60针	（+6针）
第9行	54针	（+6针）
第8行	48针	（+6针）
第7行	42针	（+6针）
第6行	36针	（+6针）
第5行	30针	（+6针）
第4行	24针	（+6针）
第3行	18针	（+6针）
第2行	12针	（+6针）
第1行	6针	

配色

行数	配色
第23行	黄绿色
第22行	白色
第21行	玫粉色
第20行	黄绿色
第19行	白色
第18行	玫粉色
第17行	黄绿色
第16行	白色
第15行	玫粉色
第14行～第1行	黄绿色

双层项链和戒指 图片 p.86

材料和工具

项链： 和麻纳卡 Wash Cotton Crochet 樱桃粉色（115）5g、米色（117）3g、淡紫红色（122）2g，金属链 70cm

指环： 和麻纳卡 Wash Cotton Crochet 樱桃粉色（115）1g、米色（117）少量，戒托1个

通用： 钩针3/0号

成品尺寸

参照图示

编织要点

●花朵花片分别环形起针后钩织2行，然后更换颜色编织。

●按照各自的组合方法进行收尾处理。

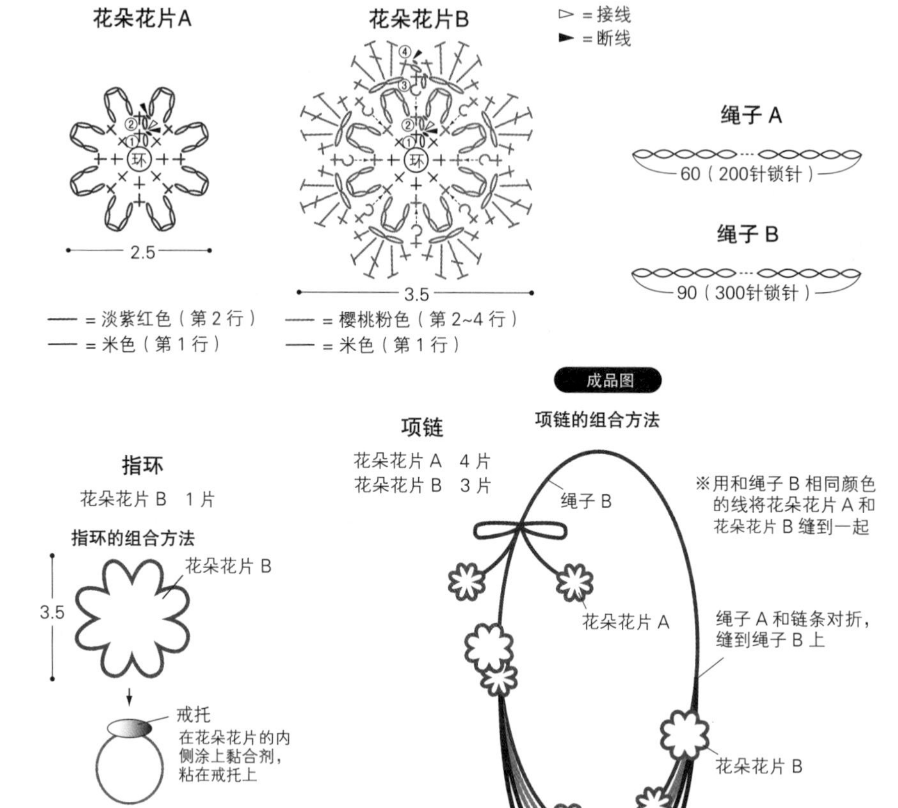

双层花瓣的发绳 图片 p.91

材料和工具

亚麻线（细） 粉色 10g、玫红色 10g、苔绿色 5g，直径 1.2cm 的纽扣各2颗，橡皮筋各 20cm，钩针 2/0 号

成品尺寸

花片直径 4cm

密度

10cm×10cm面积内：编织花样28针、19.5行

编织要点

●花朵环形起针，参照图示钩织3行。

●花萼也是环形起针，钩织2行。

●纽扣缝在花朵的中心，花萼缝在花朵的反面。准备2个相同的配件，然后把橡皮筋从花萼的中间穿过。

花朵 A…粉色 B…玫红色 各2片

4

花萼

苔绿色 各2片

1.5

▷ = 接线

► = 断线

= 2针长长针的枣形针

成品图

花朵

缝上纽扣

橡皮筋

橡皮筋从花萼的中心穿过

花萼缝在花朵的反面

2 朵花的发绳

图片 p.91

材料和工具

发绳A：亚麻线（中细） 粉红色5g、直径14mm的串珠1颗、橡皮筋20cm、直径12mm的包扣1颗、宽18mm的亚麻蕾丝10cm、宽10mm的亚麻丝带10cm、亚麻布6cm×5cm、蕾丝薄纱5cm、钩针4/0号

发绳B：棉线（中细） 粉红色5g、葡萄紫色4g，黄色、淡粉色、黄绿色、蓝绿色各少量，直径4.5cm的橡皮筋1根，钩针5/0号

成品尺寸

参照图示

编织要点

发绳A：

●大花、小花、底座环形起针，然后再分别参照图示钩织并组合。

发绳B：

●大花、小花环形起针，然后参照图示分别钩织。同时，钩织的时候还要进行配色。

●参照成品图进行组合。

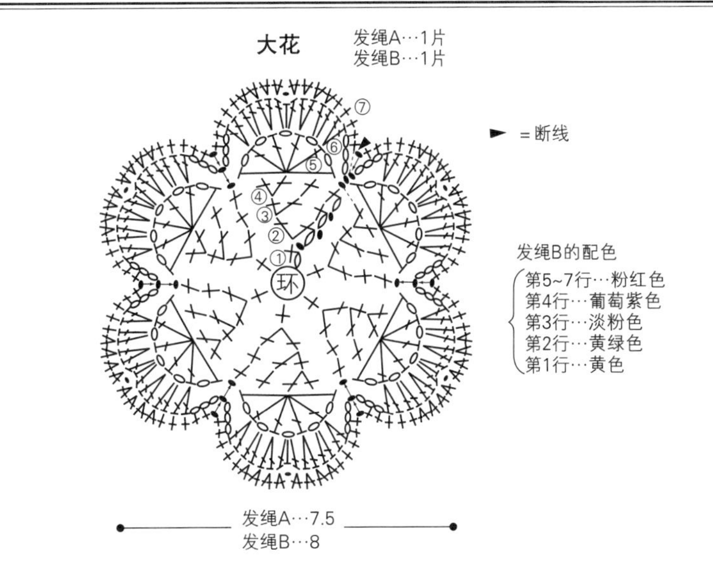

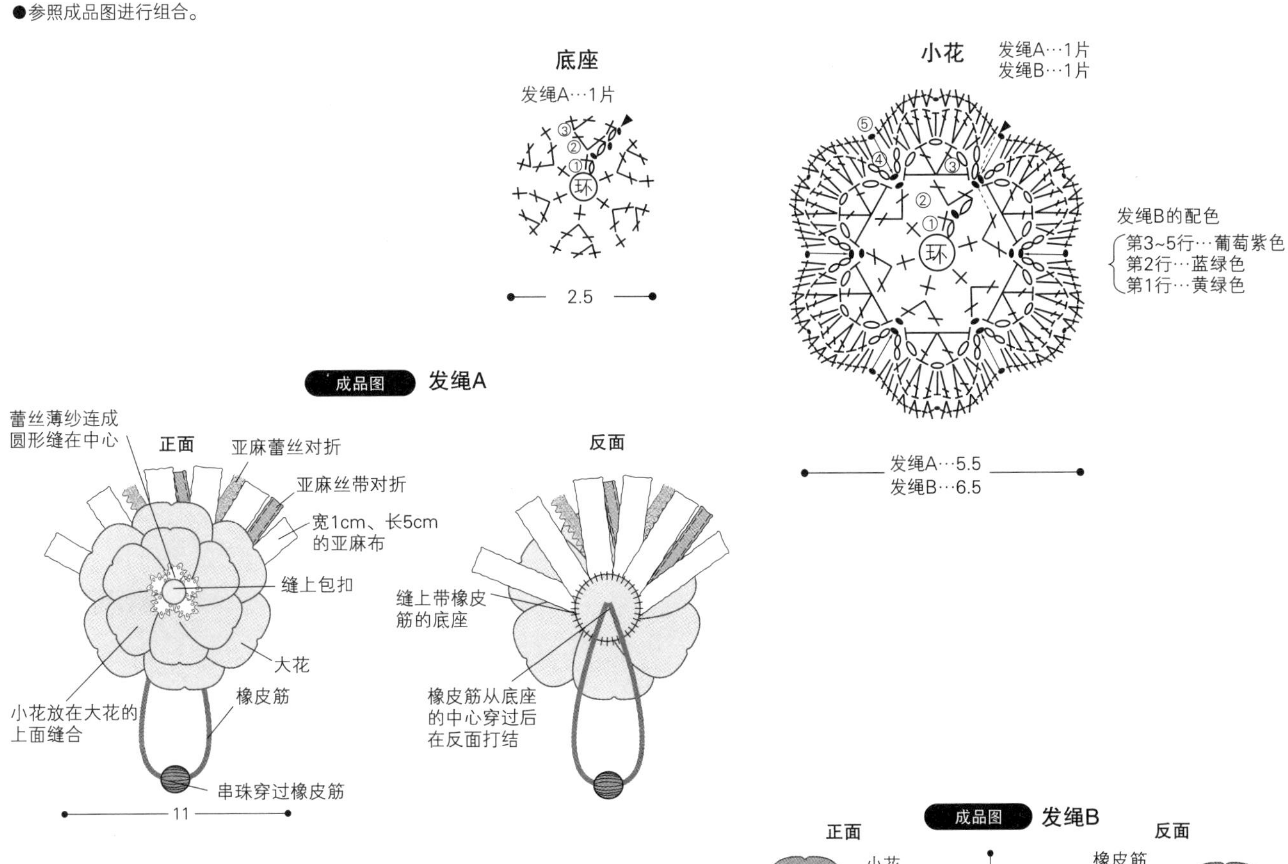

带花朵装饰的发圈和发绳 图片 p.91

材料和工具

发圈： 奥林巴斯 Emmy Grande 原白色（804）10g、鲑鱼粉色（141）1g

发绳： 奥林巴斯 Emmy Grande〈Herbs〉淡绿色（252）1g、Emmy Grande 原白色（804）少量、直径14mm的串珠1颗

通用： 奥林巴斯 Emmy Grande〈Herbs〉淡黄色（560）少量、橡皮筋20cm、钩针2/0号

成品尺寸

参照图示

编织要点

发圈：

●把橡皮筋绕成环形，用原白色线钩织78针短针。

●参照图示上侧钩织网眼针，下侧钩织78针短针后，再钩织网眼针。

●以橡皮筋为界，背面相对对折。

●钩织花朵花片，缝合。

发绳：

●钩织好花朵花片后，参照图示组合。

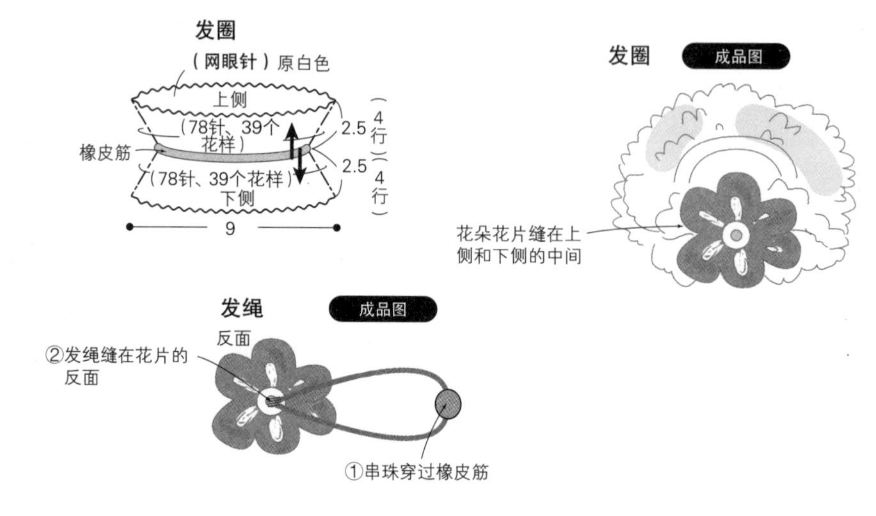

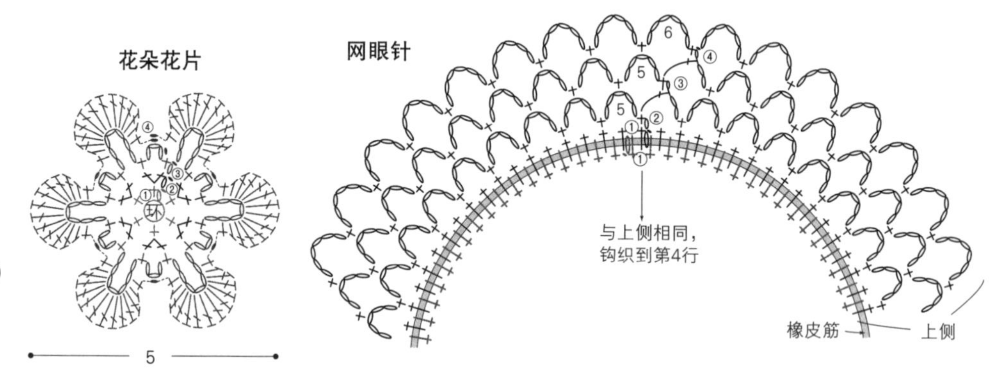

—— =发圈：鲑鱼粉色 / 发绳：淡绿色（第3、4行）

—— =原白色（第2行）

—— =淡黄色（第1行）

长发绳 图片 p.94

材料和工具

Ski毛线 Ski Cotton Linen~夏衣~粉红色（1007）10g、直径4mm的切割玻璃珠 半透明的白色70颗、钩针4/0号

成品尺寸

长约112cm（包括流苏）

编织要点

●编织之前先把串珠用线穿好。

●如图所示，钩织的时候把串珠一起钩织在内，共钩织71行。

●在两端缝上流苏。

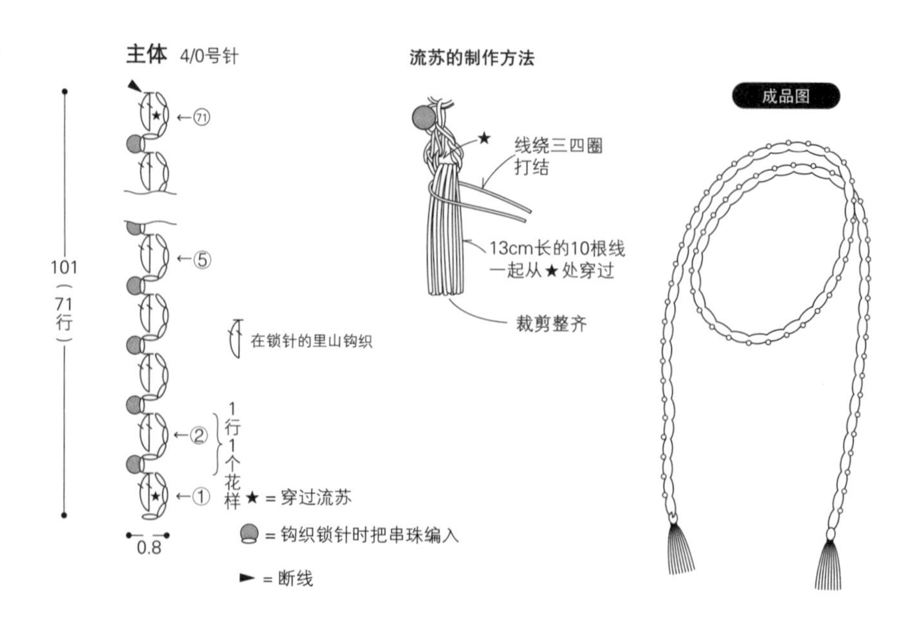

花片发夹 图片 p.94

材料和工具

正方形花片：奥林巴斯 Emmy Grande〈Herbs〉浅绿色（252）2g，芥末黄色（582）、白色（800）各1g，白色不织布6.5cm×3cm

圆形花片：可乐 法式亚麻线 象牙白色（79–714）、可可色（79–624）各1g，亚麻线（中细） 灰色1g，深咖色不织布5.5cm×5.5cm

通用：长5cm的发夹1个、黏合剂、钩针2/0号

成品尺寸

正方形花片：8.6cm×4.6cm

圆形花片：直径6cm

编织要点

正方形花片：

- 环形起针后，在换线的同时钩织4行。
- 钩织2片相同的花片，用半针卷针缝缝到一起，然后在四周做边缘编织。
- 不织布和发夹组合，用黏合剂粘贴在花片的反面。

圆形花片：

- 环形起针后，在换线的同时钩织4行。
- 不织布和发夹组合，用黏合剂粘贴在花片的反面。

正方形花片 2/0号针

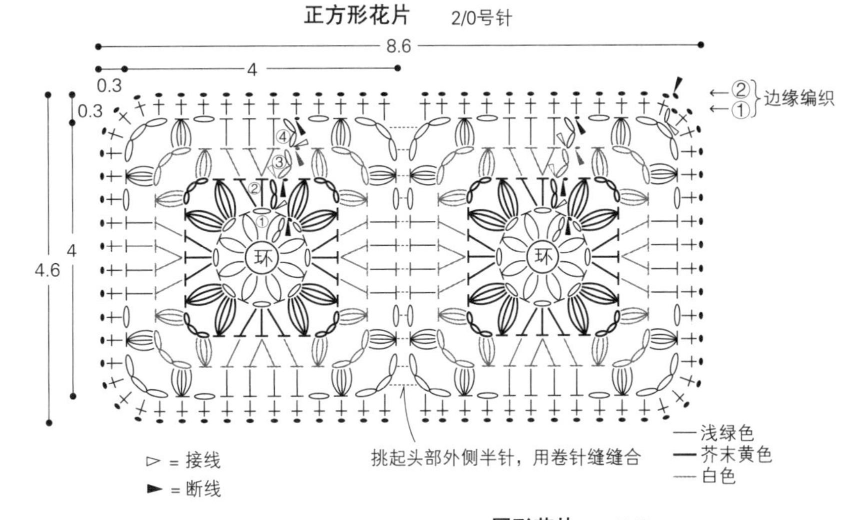

圆形花片 2/0号针

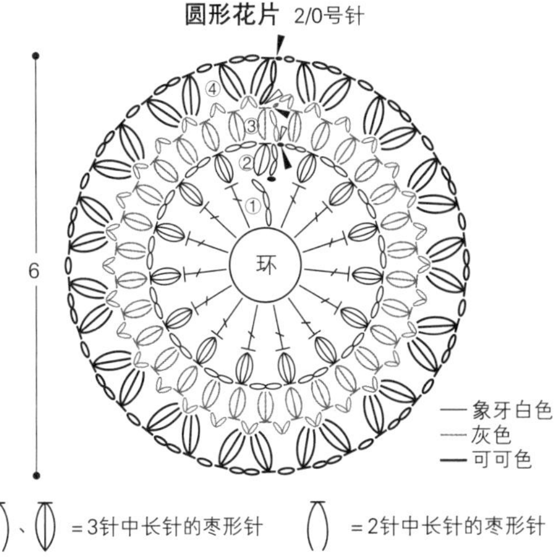

圆形花片的组合方法

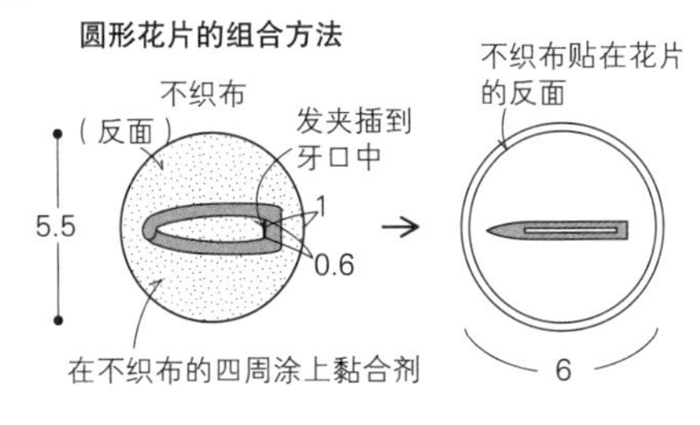

正方形花片的组合方法

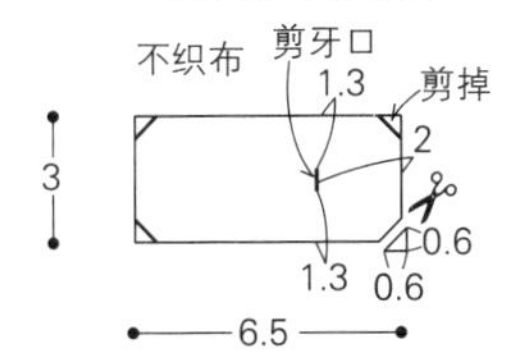

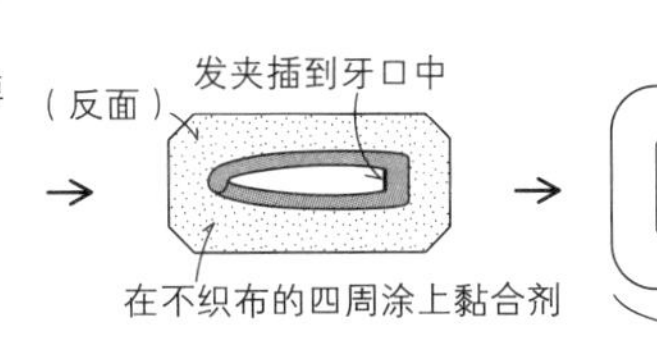

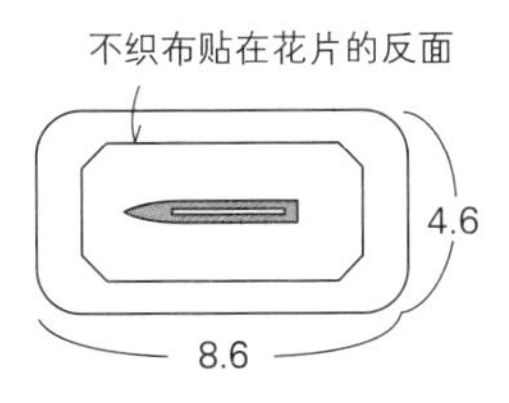

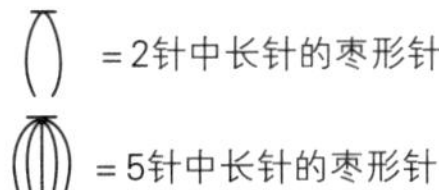

发带 图片 p.94

材料和工具

棉线（中粗） 浅灰色10g、直径6mm的带4个孔的带爪串珠（灰白色）1颗、半透明白色大圆珠2颗、橡皮筋26cm、钩针4/0号

成品尺寸

头围约45cm

编织要点

- 如图示钩织38行，钩织2根。
- 橡皮筋连成圆形，穿过串珠。
- 如图所示，橡皮筋从织片的两端穿过，缝合。

主体 2根 4/0号针

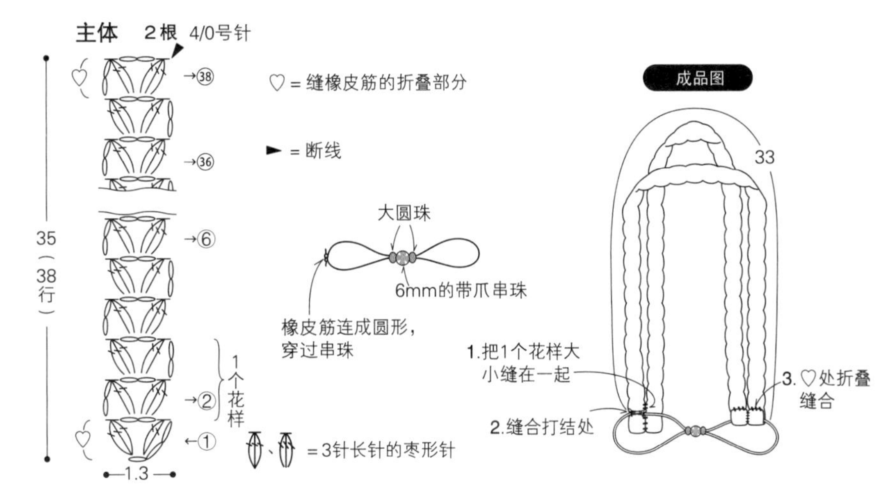

花朵花片的小饰物 图片 p.95

材料和工具

项链：奥林巴斯　金票　原白色（101）28g、钩针5/0号

戒指：奥林巴斯　金票　原白色（101）3g，珍珠 3mm 5颗、4mm 3颗，戒托1个，黏合剂，钩针5/0号

胸针：奥林巴斯　金票　原白色（101）9g，珍珠 3mm 9颗、4mm 3颗，直径2.5cm的带夹子的别针1个，黏合剂，钩针5/0号

成品尺寸

参照图示

编织要点

项链：

●环形起针，按钩织1片花片B、5片花片A、1片花片B的顺序，在最后一行把花片连接到一起。然后再钩织7片花片C、5片花片B，按照图中所示把花片重叠缝合。钩织绳子，从花片连接的边端穿过。

戒指：

●环形起针，钩织1片花片B、1片花片C。花片C放在花片B上，在花片的中心缝上珍珠。最后用黏合剂固定在戒托上。

胸针：

●环形起针，花片B、花片C分别钩织3片，然后把花片C分别放在花片B上，在花片的中心缝上珍珠。参照图示把3组花片缝合到一起，最后用黏合剂和带夹子的别针固定。

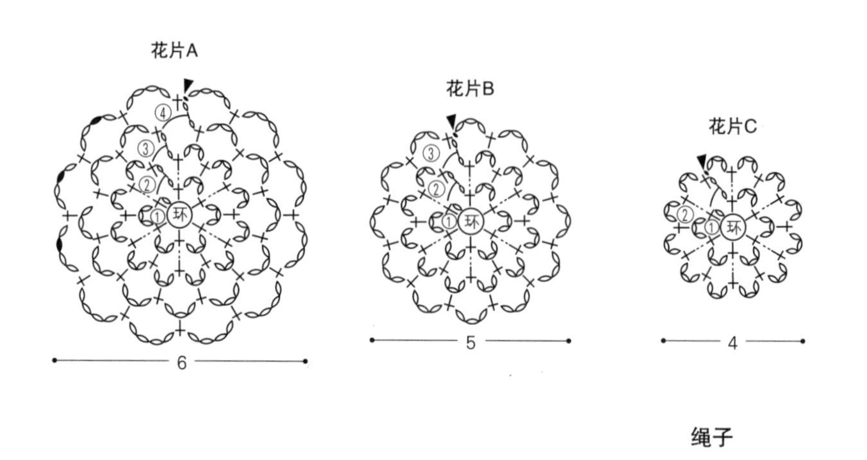

绳子

136（300针）

项链

花片 A　5 片
花片 B　7 片
花片 C　7 片

花片连接

花片B 1　花片A 2　3　6　7 花片B

5　4　6

穿绳子的位置

※按照花片连接的方法钩织 1 片花片 B、5 片花片 A、1 片花片 B。然后再钩织 5 片花片 B、7 片花片 C，正面朝上重叠后缝合

成品图

项链的组合

绳子从花片 B 的边端穿过

1 和 7 是把花片 C 放在花片 B 上缝合

1　2　3　4　5　6　7

40

2~6 是把花片 B、花片 C 放在花片 A 上缝合

戒指

花片 B　1 片
花片 C　1 片

戒指的组合方法

花片 B
花片 C
珍珠缝在花片的中心
5
戒托
在花片的反面用黏合剂把花片与戒托粘在一起

胸针

花片 B　3 片
花片 C　3 片

胸针的组合方法

（正面）
花片 B
花片 C
在花片的中心缝上 1 个 4mm、3 个 3mm 的珍珠
7.5
8

（反面）
用黏合剂把带夹子的别针缝在胸针的反面

浅口布艺鞋襻（花朵）

图片 p.95

材料和工具

奥林巴斯　Emmy Grande〈Herbs〉粉红色（119）20g、宽15mm的橡皮筋2根、钩针3/0号

成品尺寸

6cm×6cm（不包含橡皮筋）

编织要点

●环形起针，如图所示钩织4片花片。

●参照图示把花片每2片缝合在一起，然后再缝上橡皮筋。

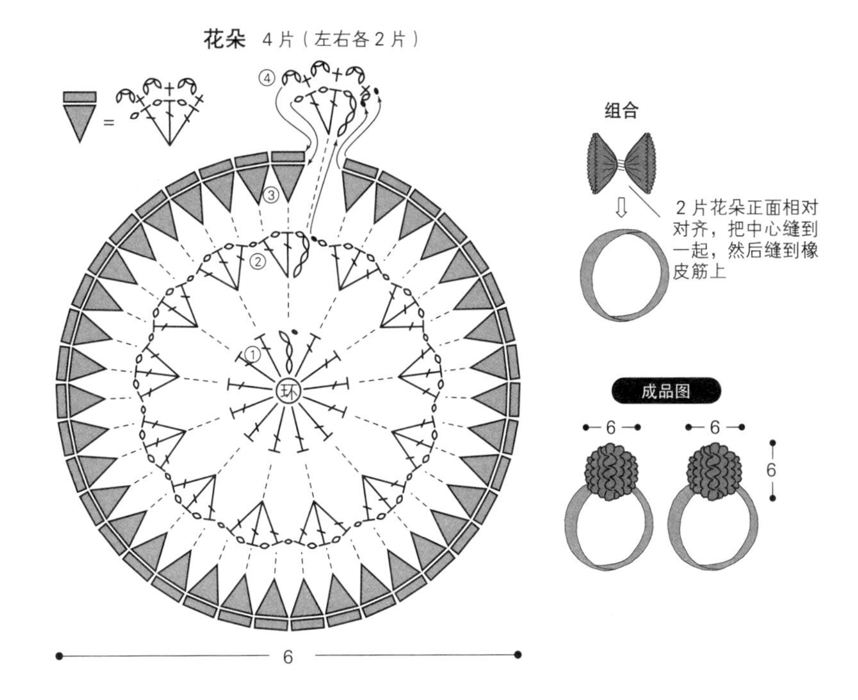

浅口布艺鞋襻（圆形花片）

图片 p.95

材料和工具

奥林巴斯　Emmy Grande〈Rame〉灰白色（L804）6g、宽15mm的橡皮筋（黑色）2根、钩针2/0号

成品尺寸

4cm×12cm（不包含橡皮筋）

编织要点

●花片环形起针，如图所示把3片连接到一起。

●参照图示翻折橡皮筋的边端，缝到花片上。

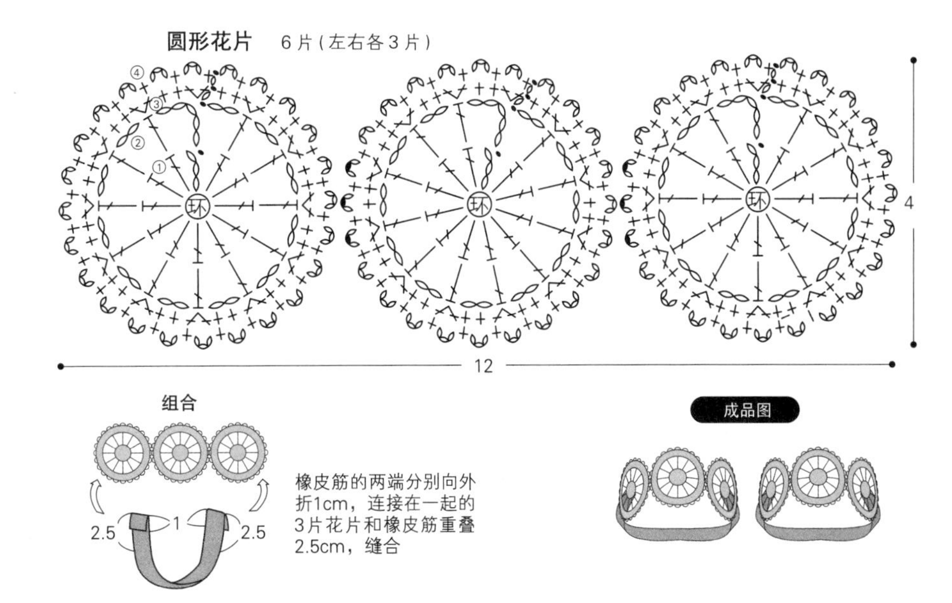

Photographers：YUKARI SHIRAI, MINA IMAI, MIYUKI TERAOKA, CHIEMI NAKAJIMA, YASUO NAGUMO, HITOSHI YASUDA, NOBUO SUZUKI, MARTH KAWAMURA, KANA WATANABE
Original Japanese edition published in Japan by NIHON VOGUE CO., LTD.,
Simplified Chinese translation rights arranged with BEIJING BAOKU INTERNATIONAL CULTURAL DEVELOPMENT Co., Ltd.

备案号：豫著许可备字-2015-A-00000466

图书在版编目（CIP）数据

从零开始玩钩针：最详尽的小物件编织教科书 / 日本宝库社编著；甄东梅译. —郑州：河南科学技术出版社，2021.1
ISBN 978-7-5725-0171-5

Ⅰ. ①从… Ⅱ. ①日… ②甄… Ⅲ. ①钩针-编织 Ⅳ.①TS935.521

中国版本图书馆CIP数据核字(2020)第229663号

出版发行：河南科学技术出版社
地址：郑州市郑东新区祥盛街 27 号　邮编：450016
电话：（0371）65737028　65788613
网址：www.hnstp.cn
策划编辑：刘　欣
责任编辑：刘　瑞
责任校对：马晓灿
封面设计：张　伟
责任印制：张艳芳
印　　刷：北京盛通印刷股份有限公司
经　　销：全国新华书店
开　　本：889 mm × 1 194 mm　1/16　印张：8.5　字数：200千字
版　　次：2021 年 1 月第 1 版　2021 年 1 月第 1 次印刷
定　　价：49.00元

如发现印、装质量问题，影响阅读，请与出版社联系并调换。